여행이 즐거워지는 유럽 식당 가이드

유럽의 맛집

김보연 지음

시공사

유럽의 '진짜' 음식을 찾아 떠나는 여행

지금으로부터 5년 전, 어렵사리 찾아간 피렌체의 한 레스토랑에서 저녁을 먹을 때였다. 그 당시 유럽 맛집에 대한 괜찮은 정보가 턱없이 부족했기에, 이리저리 발품을 팔아 동네 단골들만 간다는 가정식 백반집 같은 곳을 찾아갔다. 페코리노 치즈 향이 그윽한 파스타에 그 지방의 풀잎을 곁들여낸 고기 요리에는 진짜 이탈리아가 스며 있었다. 단골들로 북적거리는 훈훈한 분위기는 덤이었다. 그렇게 현지에서만 맛볼 수 있는 정겨운 음식과 분위기에 흠뻑 빠져버렸다.

좀더 자세히 알고 싶은 갈망을 억누르기 어려웠다. 유럽 음식과 그것을 만드는 사람들에 대한 자료를 찾아보았고, 그렇게 2년의 준비를 거쳐 100일 동안 300여 곳의 맛집을 다니며 그곳의 사람들과 음식을 만났다. 돌아온 후에는 맛집 정보를 알려주고 예약을 도와주는 홈페이지를 열었지만 무언가 개운치 않았다. 결국 '음식 맛은 장맛'이라는 생각에 치즈, 햄, 요리 장인들을 찾아가기로 마음 먹고 다시 50일간 유럽을 누볐다.

작년에 발간한 〈유럽 맛보기〉가 '유럽의 맛 기본서'라면 이 책은 실제로 유럽을 어떻게 맛볼지에 대한 실용적인 가이드이다. 아무 것도 몰랐던 스물 여섯의 평범한 직장인이 유럽 맛기행을 꿈꾸고 준비하고 경험한 5년간의 기록이기도 하다. 2년 동안 찾아낸 지식과 정보들은 현지에서 직접 몸으로 부딪히며 다듬어졌다. 사실과 다른 내용도 많았다. 결국 두 발로 찾아가서 그곳 사람들을 만나고, 먹어보고, 몸으로 느낀 정보가 진짜였다.

이 책에서는 유럽의 맛집 중 추천할 만한 220여 곳을 소개했다. 1.5짜리 피자집부터 한 끼에 200나 하는 레스토랑까지 다양한 곳을 담았다. 비싼 곳도 있지만 90% 이상은 나처럼 평범한 사람이 큰 부담 없이 가볼 수 있는 곳들이다. 아직 한국에 한번도 소개되지 않은 '알짜배기 숨은 맛집'도 가득 포함되어 있다. 2년 동안 준비하면서 고르고 골라 리스트를 만들고, 현지에서 직접 검증하고, 현지인들의 조언까지 더한 곳들이니 자신 있게 권할 수 있다.

맛집 소개만큼이나 중요한 것이 레스토랑에서 어떻게 해야 제대로 먹을 수 있느냐이다. 국제전화까지 걸었는데 왜 아무도 전화를 안 받는지, 파란 눈의 웨이터는 어떻게 불러야 하는지, 영어 단어 외우듯 음식 단어를 외웠는데 막상 메뉴판을 보니 까막눈이 되고, 두꺼운 테이블 매너 책을 달달 외워 갔는데 어쩔 줄 몰라 당황하고, 얼떨결에 고개를 끄덕이는 바람에 쓸데 없는 주문을 하게 되어 무시무시한 계산서에 슬퍼지기도 하고, 팁을 줘야 할지 말아야 할지 소심한 고민에 휩싸이기도 했다.

그래서 이 책에는 '유럽 레스토랑에 가서 이것만 알면 된다'는 엑기스만을 뽑았다. 초등학교 영어만 알아도 되는 예약법에서 테이블 매너와 레스토랑 이용 팁, 누구나 한 번쯤 꿈꿔보는 미슐랭 스타 레스토랑의 합리적인 이용법을 담았다. 특히 가장 어려운 단계인 '메뉴 주문'을 위해서 메뉴 주문법과 메뉴 해석법을 실었다. 현지 레스토랑의 메뉴판들을 철저히 분석해서 뽑아낸 내용들이다. 불필요한 군더더기와 철 지난 정보는 빼고 꼭 필요한 필수 정보만을 담았다. 5년 전 아무 것도 몰랐을 때로 돌아가, 그 때의 생생한 당혹감을 기억해내며 '이것만 알면 된다'를 압축해냈다.

이제 당당하고, 똑똑하게 유럽을 맛보자! 유럽에서의 제대로 된 한 끼에는 생각보다 많은 것들이 담겨 있다.

2011년 가을
김보연

Content

파리 Paris 낭만의 파리, 구석구석 맛보다   42

맛집 65 (디저트 6/ 파티스리 5/ 쇼콜라트리 6/ 아이스크림 3/ 식료품점과 시장 4/ 브런치와 카페 11 / 간식 3/ 비스트로 20/ 고급 레스토랑 7)

로마 Roma 개성만점 로마의 맛집, 진짜 이탈리아 식탁에 앉다   150

맛집 35 (카페 7/ 간식 4 / 젤라테리아 7/ 식료품점과 시장 3/ 트라토리아 11/ 고급 레스토랑 3)

유럽 레스토랑
알고 가면 어렵지 않다

읽기 전에

● '도보 ~분'이라고 명시해 놓은 것은 '성인 여자의 느리지 않은 걸음'을 기준으로 하였다. 따라서 초행길이라 헤맬 것을 예상한다면, 표기된 도보 예상 시간보다 2배 정도 잡고 이동을 준비하는 것이 좋다.

● 유럽의 카페나 레스토랑, 상점은 여름 휴가철(7월 중순~8월 말 사이)과 연말연시에 일주일~최대 한 달 가량 휴무하는 경우가 대부분이다. 휴무일은 매년 바뀌는 경우가 많으므로, 그때쯤 방문한다면 꼭 미리 확인해 보고 간다.

● 레스토랑의 메뉴와 가격은 계절마다 수시로 바뀐다. 홈페이지가 있는 레스토랑의 경우, 홈페이지에서 상세 가격과 메뉴 정보를 제공하기도 하니 참고해 보자.

● 표기된 가격은 모두 와인과 음료의 가격을 제외한 값이다. 따라서 와인과 음료를 주문한다면 예산을 좀더 넉넉하게 잡아야 한다. 와인을 음식만큼이나 중요시 여기는 유럽 사람들의 경우 와인을 음식값의 최소 0.5배 이상 잡곤 한다. 코키지 시스템(와인을 직접 가지고 가서 일정 금액을 지불하고 마시는 방식)은 유럽에는 거의 존재하지 않는다.

● 마스터나 비자 등 해외에서 사용 가능한 신용카드는 대부분 통용된다.

알쏭달쏭한 부분만 콕콕 짚었다
유럽 레스토랑에서 알아야 할 키워드 10

파리에서 처음 고급 레스토랑에 갔을 때가 떠오른다. 뭘 입어야 할지 한참을 고민하다가 준비해간 원피스를 차려 입고 들어갔는데 어찌나 두근거리고 낯설던지…. 그중에서도 가장 두려웠던 것은 역시 테이블 매너. 나름 두꺼운 책부터 인터넷 검색까지 이런 저런 정보들을 빵빵하게 알아보았는데도 영 어색하고 주눅이 드는 기분이었다. 사실 그 많은 정보들 중에서 얼마나 지켜야 하는지도 난감하기 이를 데 없었다. 하지만 이제 그럴 필요가 전혀 없다. 미리부터 겁 먹고 고민하지 말고 정말 이 정도만 지키면 되는 알짜배기 정보를 지금부터 공개한다.

한 가지 강조하고 싶은 것은 당당한 자신감이 무엇보다 중요하다는 것. 아무리 멋지게 빼입은 현지 사람들도 실수를 하는 것이 테이블 매너다. 괜히 머뭇거리거나 당황하지 말고 당당하게 즐기는 것이 진짜 멋진 테이블 매너라는 것을 잊지 말자.

드레스 코드 Dress Code

고급 레스토랑이라면 어느 정도 격식을 갖추어야 하겠지만, 점점 드레스 코드에 대한 개념이 사라지고 있다. 스페인에서 다섯 손가락 안에 드는 레스토랑에서도 청바지를 입은 남자를 본 적이 있으니 말이다. 물론 극단적인 예이긴 하지만 드레스 코드 때문에 지나치게 신경 쓰거나 스트레스를 받을 필요는 없다.

일반 레스토랑

특별히 입장이 금지되는 옷은 없다. 그러나 남성의 경우 슬리퍼나 반바지는 눈총을 받을 수 있다.

미슐랭 별 2개 이상의 최고급 레스토랑

● **남자** 재킷과 타이를 반드시 착용해야 하는 경우는 점점 없어지는 추세. 꼭 재킷을 입어야 할 경우에는 입구에서 재킷을 빌려주기도 한다. 단, 티셔츠나 반바지, 슬리퍼 차림은 입장을 거부 당하는 민망한 상황이 발생할 수 있다. 단정한 면바지에 간단한 재킷 정도면 입장이 거부될 염려는 없다.

● **여자** 여성에게는 드레스 코드가 좀더 관대한 편이다. 한마디로 말해 입장 불가인 옷은 없다. 그래도 쪼리 같은 슬리퍼는 피하는 것이 좋다. 잘 구겨지지 않는 가벼운 원피스를 둘둘 말아 가방에 넣어가서 레스토랑에 들어가기 전에 갈아입는 것도 좋은 방법이다.

그러나 이것은 모두 '최소한의 가이드라인'이다. 정장에 슬리퍼가 어울리지 않듯 적당히 분위기에 어울리는 복장이 제일 좋다. 그리고 잘 차려입을수록 분위기가 좀더 부드러워지고, 웨이터도 친절하게 대해주는 것은 전 세계 어디서나 마찬가지이다.

물 Water

물은 탄산이 들어간 물과 그렇지 않은 일반 물의 두 종류로 나뉜다. 메뉴판에 있는 물의 브랜드명을 보고 판단해서 주문할 수도 있지만, 간단하게 웨이터가 'gas or still'이라고 물어볼 수도 있다. 탄산수가 익숙하지 않다면 꼭 'still water'라고 답한다.

프랑스 유료 물을 주문할 수도 있지만 웬만한 레스토랑에서는 공짜 물 carafe d'eau (카라페 도)을 요청할 수도 있다. 단, 미슐랭 스타 레스토랑처럼 최고급 레스토랑에서는 고가의 유료 물(€5 이상)을 주문해야 한다. 그리고 유럽의 레스토랑에서는 보통 얼음물은 나오지 않는다.

이탈리아, 스페인 프랑스와 달리 무료 물이라는 것이 없으며, 크기에 따라 €1~3 정도 부가된다. 최고급 레스토랑에서는 가격이 더 올라간다.

영국 무료 물을 원할 경우 탭 워터 tap water라고 말하면 된다. 고급 레스토랑에서는 보통 유료 물을 주문하게 된다.

포크와 나이프 Fork & Knife

포크와 나이프는 대부분 한 세트씩 놓여 있으며, 새로운 음식이 나올 때마다 교체된다. 아래에 자세한 설명을 해 놓았지만, 단순하게 딱 두 가지만 지켜도 충분하다. 식사 중에는 '자연스럽게 ㅅ자 모양'으로, 식사 후에는 '비스듬하게 나란히' 놓는다.

포크는 왼손, 나이프는 오른손에 잡고 사용하는 것이 일반적이다. 식사 중에 물을 마시거나 빵을 먹는 등 포크와 나이프를 사용하지 않을 때는 그림 1처럼 포크의 날이 아래로 향하게 하고 나이프 위를 덮도록 두거나, 그림 2처럼 겹치지 않고 자연스럽게 두면 된다. 그러면 '식사 중'이라는 의미가 되어 웨이터가 접시와 포크, 나이프 등을 치워 버리는 불상사가 생기지 않는다.

매 단계의 요리를 먹고 난 후에는 접시 위에 그림 3처럼 포크 날이 아래로, 나이프 날은 안쪽으로 오게 한쪽에 나란히 올려 둔다. 그러면 식사를 다했다는 의미가 되어 웨이터가 접시와 함께 포크와 나이프를 치우고, 다음 요리를 위한 새로운 포크와 나이프를 세팅해 준다. 만약 처음부터 테이블에 여러 쌍의 포크와 나이프가 세팅되어 있다면 매 단계마다 바깥쪽부터 한 세트씩 사용하면 된다. 매 단계의 요리를 다 먹은 후에 웨이터가 사용한 포크와 나이프를 접시와 함께 치워간다.

냅킨 Napkin

냅킨은 펴서 무릎 위에 올려놓는 것이 자연스럽다. 식사 중 자리를 비울 때는 사용하던 냅킨을 어떻게 해야 할까? 식사 중이라면 의자 위에, 식사를 마친 후에는 테이블 위에 올려두면 된다.

빵 Bread

빵은 입으로 베어 물거나 칼로 잘라 먹는 것이 아니라, 한 입 정도의 크기를 손으로 뜯어 먹으면 된다. 최고급 레스토랑이 아니면 버터는 보통 나오지 않는다. 고급 레스토랑이 아니고서는 빵을 놓을 수 있는 접시가 따로 세팅되지 않는 경우가 대부분인데, 빵을 먹고 있을 때 빈 빵 바구니를 치워간다고 해도 당황하지 말자. 그릇을 치워가더라도 먹던 빵을 다른 음식 접시 위에 두는 것이 아니고 테이블 위에 두는 것이 자연스럽다.

웨이터 Waiter

웨이터를 부를 때는 눈을 마주치거나 자연스럽게 손을 들어 부르는 것이 좋다. '어이' 하고 소리 내어 부르는 것은 불쾌감을 줄 수 있다. 최고급 레스토랑을 제외하고는, 단골이 아닌 이상 발 빠르고 친절한 서비스는 기대하지 않는 편이 낫다.

팁과 세금 Tip & Tax

최종 계산서에 이미 팁이 포함되어 있으므로, 반드시 지불해야 할 의무는 없다. 그러나 서비스에 만족했다면 상황에 따라서 3~7% 정도의 팁을 테이블에 두고 올 수도 있다.

프랑스 보통 메뉴판에 표기된 가격에 세금과 봉사료가 이미 포함되어 있다(메뉴판 하단에 명시됨). 따라서 팁을 꼭 놓고 올 필요는 없지만, 서비스가 마음에 들었다면 5% 정도의 팁을 놓고 와도 된다.

이탈리아 보통 음식 가격 외에 빵 값을 포함한 자릿세pane e coperto (파네 에 코페르토)로 1인당 €1~3가 부가되며, 10% 이상의 봉사료가 또 부가되기도 한다(보통 메뉴판 하단에 명시됨). 서비스가 마음에 들었다면 나오기 전에 5% 정도의 팁을 놓고 와도 되지만, 그러지 않아도 전혀 문제가 없다.

스페인 보통 음식 가격에 7% 정도의 세금이 부가된다(보통 메뉴판 하단에 명시됨). 서비스가 마음에 들었다면 나오기 전에 5% 정도의 팁을 놓고 와도 되지만, 그러지 않아도 문제 없다.

영국 보통 음식 가격에 12.5% 정도의 봉사료가 부가된다(보통 메뉴판 하단에 명시됨). 서비스가 마음에 들었다면 나오기 전에 5% 정도의 팁을 놓고 와도 되지만, 그러지 않아도 문제 없다.

식사 후 커피 Coffee

식사 후에는 항상 커피를 마실 것인지 물어보는데 이때 나오는 커피는 에스프레소이다. 따라서 다른 커피나 차를 원할 때에는 꼭 말을 해야 한다. 자연스럽게 물어봐서 무료라고 생각할 수도 있지만, 대부분 €1~3 정도가 청구되므로 원하지 않으면 거절한다.

계산서 Bill

계산은 식사 후, 계산서를 요청해서 테이블에서 지불하게 된다.
"계산서를 가져다 주세요."는 아래와 같이 말하면 된다.

프랑스   ◀)) L'addition, s'il vous plaît. [라디씨용, 실부쁠레]
이탈리아   ◀)) Il conto, per favore. [일 콘토, 페르 파보레]
스페인   ◀)) La cuenta, por favor. [라 꾸엔따 뽀르 파보르]
영국   ◀)) Can I have my bill? (=Bill, please.)

어느 나라든 그냥 간단하게 "Bill, please"라고 해도 의사소통에는 전혀 문제가 없다.

인사 Greeting

간단한 인사지만 레스토랑에 들어갈 때 이 말을 하고 안 하고의 차이는 크다. 인사를 했을 경우 식사 분위기가 훨씬 좋아지기 때문이다.

프랑스

낮 인사   ◀)) Bonjour [봉주르]
저녁 인사   ◀)) Bonsoir [봉수와]
감사합니다   ◀)) Merci [메르씨]

영국

낮 인사   ◀)) Good afternoon [굿 애프터눈]
저녁인사   ◀)) Good evening [굿 이브닝]
감사합니다   ◀)) Thank you [땡큐]

이탈리아

아침, 낮 인사 ◀)) Buon giorno [부온 조르노]
저녁 인사   ◀)) Buona sera [부오나 쎄라]
감사합니다   ◀)) Grazie [그라치에]

스페인

아침, 낮 인사 ◀)) Hola [올라]
저녁 인사 ◀)) Buenas noches [부에나스 노체스]
감사합니다   ◀)) Gracias [그라씨아스]

유럽에서 혼자 밥 먹기

누구나 한번쯤은 꼭 물어본다.

"그 많은 것들을 혼자 먹었어요?"

그렇다고 대답하면 나오는 반응은 모두들 하나 같다.

"와, 용감하시네요!"

그리고 마음속에는 왠지 모를 연민(?)을 가질지도 모르겠다.

'쯧쯧, 혼자 그 많은 것들을 쓸쓸히 먹었단 말이야?'

젊은 날의 치기가 곁들여진 스무 살의 배낭여행에서부터 지금까지, 수많은 여행 중에 절반 이상은 혼자였다. 신나게 수다 떨 친구나, 든든한 가족과 함께 가는 것도 좋지만, 그래도 가볍게 훌훌 떠날 때가 좋았다. 혼자 하는 여행에서는 거기서 만난 사람들과 소통할 여유가 있어 더욱 좋았다.

나는 소심한 A형인지라, 서울에서 혼자 끼니를 챙길라치면 그냥 대충 때워 버리기 일쑤다. 그러나 언제 또 올지 모르는 유럽에서라면? '무엇을 먹을까?'를 하루에 열 번쯤은 생각하는 천성 먹보라 이 기회를 놓칠 수 없다. 혼자여도 거침없이 당당하다. 물론 이 당당함의 배경은 그쪽 분위기에도 있다.

식사시간에 웬만한 레스토랑을 둘러보면 30% 이상은 혼자 먹는 이들. 그렇다고 다급해 보이지도 않는다. 여기서의 식사 문화가 늘 그렇듯 느긋하게 2~3코스를 즐긴 후 커피까지 마시고 일어난다. 혼자 먹는 이들이 더 멋져 보인다면 지나친 미화일까? 고급 레스토랑에서는 혼자 먹으러 오는 미식가가 많아서 그런지 몰라도, 혼자일 경우 오히려 조금더 특별한 대접과 배려도 받을 수 있다. 혼자 즐기는 식사의 또 다른 장점은 주변을 돌아볼 여유를 준다는 것. 편한 사람과 즐기는 한 끼 식사는 행복함을 주지만, 오직 거기에만 집중을 하게 된다. 혼자라면 주변을 돌아보게 되고, 그곳의 밥상 문화도 엿보게 된다. 거기다 음식 자체에 집중하게 되는 것은 당연지사.

누구는 홀로 먹는 만찬은 좋은 사람과 먹는 누룽지만도 못하다고 하지만, 천상 먹보인 나는 그 의견에 완강히 'No'라고 외친다. 유럽에서 소심함을 조금만 떨쳐 버리면 모든 식탁들을 점령할 수 있다. 혼자이기에 예약 없이 가도 자리가 있을 확률이 높은 것은 보너스다.

최고급 레스토랑 알뜰하게 이용하기

유럽 미식의 꿈이라 할 수 있는 파인 다이닝 레스토랑. 한 끼 식사에 한 달 치 용돈을 지불해야 하는데 어떻게 가보겠냐고 미리부터 포기한다면 두고두고 후회할 일이다. 조금만 부지런히 알아보면 크게 부담되지 않는 비용으로 우아하고 멋진 식사를 즐길 수 있다. 이왕 머나먼 유럽까지 왔으니 이 정도 호사는 누려보기를 권한다. 두고 두고 잊지 못할 추억으로 남게 될 것이다. 이제부터 파인 다이닝 레스토랑을 알뜰하고 현명하게 즐길 수 있는 7가지 비결을 소개한다.

어디로 갈까?

파리의 경우 미슐랭 별 2~3개의 최고급 레스토랑에는 대부분 합리적인 가격대의 런치 코스 메뉴가 준비되어 있다. 3코스(중간중간에 서비스가 제공되므로 거의 6~7코스)를 €80 선에서 즐길 수 있는 곳들도 많다. 런던에서도 £40~50면 런치 코스를, 바르셀로나에서도 €70 선에서 테이스팅 메뉴(6가지 이상의 코스 요리)를 즐길 수 있다. 물론 와인과 물 값이 추가되지만, 와인은 잔으로 시킬 수 있기 때문에 많이 부담되는 수준은 아니다. 단, 이탈리아는 코스 메뉴가 발달되어 있지 않아서 단품 메뉴로 시키다 보면 가격대가 많이 올라간다.

유럽의 여러 나라를 방문하며 최고급 레스토랑을 합리적인 비용으로 즐기고 싶다면, 스페인의 테이스팅 메뉴(대부분 점심과 저녁이 동일)와 파리의 런치 코스 메뉴, 런던의 런치 코스 메뉴 순으로 권하고 싶다. 역시 만만치 않은 가격대이기는 하지만, 후회하지 않을 것이다. 메뉴와 가격이 자주 바뀌므로 각 레스토랑의 홈페이지를 꼼꼼히 체크해 보자.

예약하기

인기 레스토랑은 2~3개월 전에 예약해야 하는 시절이 있었다지만 전 세계 불황의 여파인지 평일에는 며칠 전이라도 예약이 가능할 수 있다. 그러나 원하는 날짜와 시간에 예약하기 위해서는 한 달 전쯤 미리 하는 것을 권장한다. 물론 특히 인기 있는 일부 레스토랑은 서너 달 전에 예약을 해야 하는 경우도 있다. 전화 예약이 기본이며, 이메일이나 홈페이지를 통해 예약을 받기도 한다.

예약 재확인

절대 놓치지 말아야 할 중요한 단계이다. 보통 호텔 이름을 남기면 레스토랑에서 호텔로 연락을 해오기도 하지만, 그렇지 않다면 방문일 2~3일 전이나 최소 하루 전 오전까지 레스토랑으로 직접 전화를 걸어서 리컨펌Reconfirm을 해야 한다. 특히 미슐랭 스타 레스토랑의 경우 리컨펌은 필수 사항이며 리컨펌을 안 하면 예약이 취소되므로 꼭 기억하자. 레스토랑에 전화를 해서 "I'd like to reconfirm my reservation"이라고 하면 상대방이 예약한 날짜와 시간, 예약자명을 물어볼 텐데, 정확히 답하면 된다.

**점심 코스 메뉴가 경제적인
파리의 파인 다이닝 레스토랑**

라르페주 L'Arpège ☞p.149
르 모리스 Le Meurice ☞p.140
타이유방 Taillevent ☞p.147
르 브리스톨 Le Bristol ☞p.143
르 생크 Le Cinq ☞p.139

아페리티프

자리에 앉자마자 웨이터가 다가와서 무엇을 마시겠냐고 물어본다. 식사 전에 마시는 식전 주, 아페리티프aperitif를 물어보는 것인데 샴페인 정도가 무난하고, 스페인에서라면 카바 cava (스페인의 발포성 포도주) 등 다양한 종류가 있다. 보통 한 잔당 €10 이상이므로 예산이 빠듯하다면 거절하고, 바로 와인 주문으로 들어갈 수도 있다.

주문

아 라 카르트à la carte (개별 요리를 일일이 주문하는 방식)로 주문하는 것보다 코스 요리로 주문하는 것이 훨씬 경제적이다. 코스 메뉴의 가격이 아 라 카르트 요리 하나보다 더 저렴할 수도 있다. 파리의 경우 대부분 세금과 봉사료가 포함된 가격으로 표시되며, 스페인과 영국은 세금과 봉사료가 추가되는지의 여부를 메뉴판 하단에서 확인해 볼 필요가 있다.

와인

소믈리에가 두꺼운 책자를 안겨 줄 것이다. 바로 와인리스트. 그 가격이 만만치 않은 것은 당연한 사실. 그렇기에 많이 부담 된다면 그냥 잔으로 시켜도 된다. 와인 한 잔은 최소 €10 정도. 그마저도 부담 된다면 사양할 수 있지만 그래도 와인 한두 잔 정도는 곁들이는 것이 좋다.

물

물이 뭐 대수냐고 할 수도 있지만 고급 레스토랑에서는 물 한 병에 €10를 거뜬히 넘기도 한다. 그래서 지인 한 명은 와인만 시키고 물은 안 시켰는데, 그렇게 물 없이 두 시간을 버티려니 정말 힘들었다는 처절한 비하인드 스토리를 들려주기도 했다. 물은 일반 물still water과 탄산수gas water가 있는데, 탄산수에 익숙하지 않다면 꼭 일반 물을 시킨다. 물은 브랜드에 따라 가격 차이가 크기 때문에, 메뉴판을 보고 고르는 것도 좋다.

팁

팁이 최종 계산서에 포함되어 있다고는 하지만 그래도 왠지 나올 때 좀 머뭇거려지는 것이 사실이다. 서비스에 만족했다면 식사값의 5% 정도의 팁을 계산 후 테이블 위에 두고 올 수도 있다. 그러나 팁을 두고 나오지 않더라도 전혀 문제될 건 없다.

세계의 유명한 레스토랑 평가 매체

유럽 레스토랑들을 정기적으로 평가하고 소개하는 가이드북이나 잡지는 십여 가지가 넘는다. 그 중 가장 유명한 레스토랑 가이드로 미슐랭Michelin을 들 수 있다. 프랑스의 타이어회사 미셸린(프랑스식 발음은 미슐랭)이 출판하는 것으로 엄선된 평가원이 익명으로 레스토랑을 방문하여 심사를 한다. 전문가의 평가를 알 수 있고, 고급 식당의 경우 미슐랭의 평가에 따라 레스토랑의 수입이 좌지우지 될 만큼 권위 또한 매우 높다. 별 하나(매우 잘하는 집)에서 별 셋(그 음식을 맛보기 위해 여행할 가치가 있을 만큼 특별한 곳)까지로 선정하며, 별을 줄 정도까지는 아니지만 괜찮은 곳은 포크 등급으로 소개된다.

그러나 고급 음식점에 대한 평가가 주를 이루고, 다른 나라의 음식을 프랑스식 관점으로 판단하는 면이 있기 때문에 한계가 있다. 프랑스 내에서는 가장 믿을 만한 가이드이지만 타 유럽 국가에 대해서는 참고 정도만 하는 편이 낫다. 웹사이트(www.viamichelin.com/web/Restaurants)에서도 그 정보를 찾아볼 수 있다.

고급 레스토랑에 대한 또 다른 지표로 '세계 50대 레스토랑'을 들 수 있다. 정식 명칭은 '산 펠레그리노의 세계 50 레스토랑Pellegrino World's 50 Best Restaurants'으로 영국의 레스토랑 매거진이 매년 발표한다. 그 이름에 걸맞게 세계 최고급 수준의 레스토랑이 리스트에 오르는데, 미슐랭에 비하면 좀더 혁신성과 창의성에 주안점을 두고 있다. 매년 그 순위를 보면 세계 미식계의 트렌드를 짐작할 수 있는데, 영국에서 발간한 잡지답게 영국 레스토랑에 대한 편애도 엿볼 수 있다. 웹사이트(www.theworlds50best.com)에서 그 순위를 볼 수 있다.

미슐랭과 감베로 로소

이탈리아에서 믿을 만한 것으로는 '감베로로로소Gambero rosso'를 들 수 있다. 감베로로로소는 이탈리아에서 가장 유명한 와인과 레스토랑 가이드로서 그 권위를 인정받고 있다. 국내에서는 구하기 어렵지만, 이탈리아 내 대형 서점에 가면 영문판 레스토랑 가이드를 찾아볼 수 있다. 이탈리아 레스토랑에 대한 가장 실질적이고 정확한 정보를 얻을 수 있다.

초등학교 영어만 알면 OK! 레스토랑 예약하기

예약은 꼭 해야 할까?

아주 인기 있는 레스토랑이 아니라면 예약을 하지 않아도 조금 일찍 서둘러서 가면 자리를 잡을 수 있다. 하지만 유럽에서는 레스토랑에 가기 전에 예약을 하는 것이 필수 매너이다. 레스토랑 입장에서도 예약을 하지 않고 가면 뜨내기 손님으로 여기기도 한다. 조금 번거롭더라도 예약은 꼭 하는 것이 좋다.

얼마 전에 예약을 해야 할까?

미슐랭 스타 레스토랑의 경우 원하는 날짜와 시간에 예약하기 위해서는 한 달 전쯤 미리 하는 것이 안전하지만 며칠 전에도 가능할 수 있다. 물론 특히 인기 있는 일부 레스토랑은 서너 달 전에 예약을 해야 하는 경우도 있다. 전화로만 예약을 받는 보통 레스토랑의 경우 극성수기가 아닌 이상 너무 일찍 해도 오히려 이상하고, 열흘 전쯤에 하는 것이 가장 좋다.

예약은 어떻게 해야 할까?

가장 일반적인 방법은 역시 전화이다. 현지 언어에 익숙하지 않은 우리 입장에서는 이메일로 예약하는 것이 가장 편하지만, 이메일 주소가 있어도 확인하지 않는 경우가 많다. 가끔 홈페이지를 통해서나 외국 예약 사이트를 통해서 예약을 받는 경우도 있지만 극히 일부이다.

언제 전화를 걸어야 할까?

시차를 고려해야 하기 때문에 은근히 중요한 문제다. 일단 서머타임 때가 아니라면 유럽 주요 도시는 우리보다 보통 8시간(런던은 9시간)이 늦다. 시차를 고려해서 영업 시작 시간 1시간 전쯤에 전화를 거는 것이 가장 좋다. 현지 시간을 기준으로 오전 11시 30분~12시 30분, 저녁 7~8시 사이가 가장 좋다. 영업 시간이 아닌 오전 11시 전이나 오후 3~6시 사이에는 아예 전화를 받지 않는 경우도 있고, 한창 영업 시간에는 너무 바쁘기 때문에 전화 응대가 불충분할 수도 있다.

예약 시간은 언제로 잡아야 할까?

그들의 느긋함이 부럽다. 일단 우리보다 훨씬 늦게 식사를 한다. 프랑스, 영국, 이탈리아의 경우 보통 점심은 12시 30분에, 저녁은 이르면 7시 30분부터 8시 이후에 시작한다. 특히 스페인의 식사 시간은 더 늦어서 점심은 빨라야 1시, 저녁은 9시부터인 경우도 많다.

예약자 이름은 간단하게 미리 준비해 두자

영어가 모국어가 아닌 두 사람 사이의 전화 통화에서 이름을 영어 스펠링으로 정확하게 전달하는 것은 무리가 있다. 우리나라 이름을 그대로 사용하는 것은 난감하다. 반드시 간단한 영어 이름이나 Kim, Park 같은 성으로 이름을 남기자. 그 편이 오히려 정확하다.

전화해서 뭐라고 해야 할까?

어차피 중요한 것은 핵심 내용이다. 언제, 누가, 몇 명이 가는지를 정확히 전달하는 것이 가장 중요하다. 웬만한 중급 이상의 레스토랑에서는 예약에 관한 간단한 영어는 다 통하니, 영어로 핵심 내용만 꼭 집어서 간단히 전달하자. 문법 같은 것도 신경 쓰지 말고 ==필요한 내용만 짧게 말하자.== 영어가 모국어가 아닌 유럽 대부분 나라에서는 괜히 영어로 길게 문장을 말하려고 하면 상대방도 부담스러워 한다.

초간단 영어 예약 스크립트

레스토랑: 레스토랑 이름, May I help you? (이것은 런던 기준이고 다른 나라는 각국의 언어로 답하는데, 그 내용은 대부분 비슷하다)

나: I'd like to make a reservation.

레스토랑: Hold on for seconds… (조금 시간이 흐른다. 우리가 먼저 영어로 얘기를 하면 상대방이 영어로 답하고, 영어를 못할 경우에는 영어를 할 줄 아는 사람을 바꿔준다) Which date?

나: 7th of September (완벽한 문장에 대한 압박은 버리고, '언제'인지를 정확히 전달한다)

레스토랑: … (뭔가를 찾아볼 것이다) What time?

나: 12:30 P.M. (참고로 12:30 P.M.은 낮 12시 30분이다)

레스토랑: How many people(persons)?

나: 2 people(persons).

레스토랑: Your name?

나: Julia Kim (아니면 그냥 Kim도 괜찮다)

레스토랑: 7th of September, 12:30 P.M, Kim right? (이 과정은 생략되는 경우도 있다. 이쯤 되면 웨이터는 빨리 전화를 끊고 싶어하는 목소리가 역력하다)

나: That's right.

레스토랑: Your reservation is confirmed.

나: Thank you, bye

레스토랑: Thank you, madame (남자인 경우는 무슈 monsieurs)

이렇게 전화 한번으로 끝나는 게 아니라고?

미슐랭 스타 레스토랑 같은 유명 레스토랑에서는 ==예약 재확인==이라는 ==리컨펌reconfirm 과정==이 있다. 원래는 우리의 번호를 남기면 레스토랑 측에서 방문 예정일 며칠 전에 예약대로 올 것인지를 묻는 과정을 뜻하는데, 안타깝게도 우리 같은 여행자는 현지의 전화번호가 없다. 이럴 때는 현지에 가서 방문일 2~3일 전이나 최소 하루 전 오전에 다시 전화를 한다. 예약 리컨펌을 한다고 말하고 이름을 밝히면 그쪽에서 언제, 몇 명이 오는지를 확인해 줄 것이고 그럼 완료된다. 레스토랑에 따라 리컨펌이 되지 않으면 예약을 자동으로 취소해 버리는 경우도 있으므로 리컨펌은 매우 중요하다.

LE TIMBRE

ENTREE
PLAT
DESSERT

TERRINE DE CAMPAGNE CONFITURE D'OIGNON
CREME DUBARRY AU MAGRET FUMÉ
CROUSTILLANT DE HURE DE COCHON AUX CÂPRE
EFFEUILLE DE HADDOCK AUX ENDIVES
POÊLÉE D'ESCARGOTS AUX LENTILLES DU PUY EN
PERSILLADE (+3€)

FILET DE CABILLAUD, TOPINAMBOURS A LA CRÈME (+3
MAGRET DE CANARD, FONDUE DE POIREAUX
BOUDIN NOIR BÉARNAIS, POMME EN L'AIR
PARMENTIER DE CIVET DE LIÈVRE, PURÉE DE CÉLERI R
COMPOTE DE CHOUX AU FAISAN ET LARD
PALOMBE ENTIÈRE RÔTIE, PURÉE DE BETTERAVE (+5
DEMI CANARD SAUVAGE NAVET AU BOUILLON (+

유럽 메뉴판의 이해와 주문하기

'유럽에서 메뉴판 이해하기'는 암호 해독과 맞먹는 골치 아픈 과정이다. 가끔 영문 메뉴판이 있기도 하지만, 그 또한 토익 고득점 실력으로도 이해되지 않는 용어들이 가득하다. 주문하는 방법도 만만치 않다. 우리나라의 이탈리아 레스토랑에서는 파스타와 피자 주문만으로도 OK지만, 이탈리아에서는 그렇지 않다. 로마에서는 로마법을 따라야 한다. 유럽 메뉴판 이해와 주문하기의 기초 정보를 소개한다.

프랑스의 메뉴와 주문하기

프랑스 메뉴 구성의 기본 법칙

프랑스의 코스 요리는 앙트레Entrée – 플라 프랭시팔Plat principal (간단하게 '플라'라고도 함) – 데세르Dessert의 순서로 이어진다.

가장 먼저 나오는 앙트레는 메인 요리를 먹기 전에 먹는 음식으로, 샐러드나 수프뿐만 아니라 튀김류, 생선이나 야채, 고기 요리, 테린(파테) 등 어떤 형태로도 가능하다.

플라 프랭시팔은 메인 요리로 농어, 숭어, 송어 등의 다양한 생선 요리와 돼지, 토끼, 송아지, 닭, 오리 등의 고기 요리가 주를 이룬다. 고기나 해산물을 굽고, 튀기고, 끓이고, 볶는 다양한 요리들이 있다.

데세르는 말 그대로 디저트. 디저트 왕국답게 디저트의 종류가 셀 수 없이 많다. 클래식한 디저트로는 크렘 브륄레Crème brûlée, 타르트 타탱Tarte tatin, 퐁당 오 쇼콜라Fondant au chocolat, 바바 오 럼Baba au rhum 등이 있다.

미슐랭 2스타 이상의 최고급 레스토랑에 가면 단계가 좀더 늘어나서, 앙트레 전에 아뮤즈 부슈Amuse buche라고 입맛을 돋우는 적은 양의 요리가 나오고, 디저트 전에 치즈 코스 혹은 프리디저트(정식 디저트 전에 나오는 적은 양의 디저트)가 나오게 된다. 메인 요리도 그 계절의 풍미를 느낄 수 있는 재료를 중심으로 고기, 생선 요리 등이 조화되어 2~5단계로 늘어난다.

비스트로에서는 칠판에 메뉴를 적어놓는 곳도 많다.

프랑스 메뉴 주문 팁

프랑스의 레스토랑에서는 크게 므뉘Menu와 아 라 카르트A la carte의 2가지 방식으로 주문할 수 있다.

므뉘는 우리식대로 읽으면 메뉴라고 읽혀 '메뉴판'으로 착각하기 쉽지만, 미리 정해져 있는 코스 메뉴를 일컫는다. 플라 뒤 주르Plat du jour (오늘의 요리)라고 불리기도 한다. 점심에는 보통 2코스, 저녁에는 최소한 3코스 이상이다. 딱 하나의 코스만으로 고정되어 있는 것이 아니라 각 단계별로 몇 가지 중에서 선택할 수도 있다.

아 라 카르트는 개별 요리를 일일이 주문하는 방식이다. 앙트레, 플라, 데세르 메뉴에서 각각 개별로 선택하여 코스를 구성해서 먹게 된다. 보통은 3코스를 주문하지만, 점심에 간단히 먹을 때에는 기본 3코스에서 앙트레 또는 데세르를 뺀 2코스를 주문하게 된다. 일반적으로 아 라 카르트 방식이 므뉘보다 훨씬 비싸다. 요리 하나의 가격이 므뉘보다도 비싼 경우도 있다. 따라서 특별히 먹어보고 싶은 것이 있는 경우가 아니라면 므뉘가 훨씬 합리적인 선택이다.

프랑스 메뉴판 해독하기

메뉴 이름은 기본적으로 재료+조리법+곁들이는 것으로 구성된다.

예 Homard grillé, topinambours et artichauts

돼지감자와 아티초크를 곁들인 바닷가재 구이

☞ Homard은 바닷가재, grillé는 그릴에 구운, topinambours는 돼지감자, artichauts는 아티초크, et는 영어의 and에 해당한다.

그러나 이는 가장 기본적인 예이고, 보통 들어가는 개별 재료의 요리방식이 붙으며 더 길어진다. 정말 난감하기 그지 없는데, 그래도 약간은 도움이 될 만한 팁이 있다. 일단 문장에서 ,(쉼표) 와 et로 쪼개어 보면, 거기에 들어가는 각각의 '재료+조리법' 또는 '재료'를 파악하는데 도움이 된다.

그리고 문장에서 de를 찾아본다. De는 영어의 of에 해당하는 단어로, 뒤의 단어가 앞의 단어를 수식하게 된다. 음식 이름(종류) 뒤에 'de+재료'가 붙는 경우 Fricassée de thon(참치 스튜, Thon은 참치, Fricassée는 스튜)처럼 그 재료가 들어간 음식 이름(종류)을 뜻하는 경우도 있고, Côte de boeuf(쇠고기 갈비, cote는 갈비, boeuf는 쇠고기)처럼 고기의 부위를 설명할 때도 있다. 그 외에도 여러 가지로 쓰인다.

그리고 가장 메인이 되는 육류나 생선 뒤에는 보통 Grillé(그릴에 구운), sauté(팬에서 살짝 튀긴) 등 조리방식이 이어지므로, P.24~25를 참조해서 식재료와 그 조리법을 추측해 볼 수 있다. 그러나 프랑스 요리의 세계는 끝없이 복잡하다. 재료와 요리의 방식을 알면 되는 것 같지만, 복잡 다양한 음식 이름, 지역 특산물, 조리법이 있기에 일부 재료 이름과 조리법만을 안다고 완전히 이해하기는 매우 어렵다.

자주 보게 되는 식재료 단어

채소류 Légumes

artichaut [아르티쇼] 아티초크

asperge [아스페르주] 아스파라거스

aubergine [오베르진] 가지

cèpe [세프] 버섯의 일종

champignon [샴피뇽] 버섯

chou [슈] 양배추

citron [시트롱] 레몬과 비슷한 시큼한 과일

cresson [크레송] 물냉이

epinard [에피나르] 시금치

fenouil [퍼누이] 회향(향이 강한 채소)

figue [피그] 무화과

gingembre [쟁장브르] 생강

girolles [지롤] 버섯의 일종

haricot [아리코] 강낭콩

lentille [랑티으] 렌즈콩

morille [모히으] 버섯의 일종

parmentier [파르망티에] 감자를 이용한 요리

poireau [포아로] 파

pomme de terre [폼 드 테르] 감자

potiron [포티롱] 호박

truffe [트뤼프] 송로버섯

생선 · 해물류 Poissons

bar [바르] 농어

cabillaud [카비요] 대구

crevette [크레베트] 새우

daurade [도라드] 도미

gamba [감바] 왕새우

homard [오마르] 바닷가재

huître [위트르] 굴

langouste [랑구스트] 바닷가재의 일종

langoustine [랑구스틴] 작은 바닷가재

lotte [로트] 아귀

moules [물] 홍합

oursin [우르생] 성게

saint jacque [생자크] 가리비

saumon [소몽] 연어

sole [솔] 혀가자미

thon [통] 참치

truite [트뤼트] 송어

turbot [튀르보] 돌가자미

고기류 Viandes

boeuf [뵈프] 소

caille [카유] 메추라기

canard [카나르] 오리

truffe

foie gras

coq [코크] 수탉

escargot [에스카르고] 달팽이

foie gras [푸아·그라] 거위 또는 오리의 간

grenouille [그레누이] 개구리

lapin [라팽] 토끼

pigeon [피종] 비둘기

porc [포르크] 돼지

poulet [풀레] 영계

veau [보] 송아지

volaille [볼라이으] 새나 닭 같은 가금류

고기의 부위

côte [코트] 갈비

▶ côte de boeuf(소갈비)처럼 보통 de 뒤에 고기의 종류가 붙는다.

cuisse [퀴스] 소의 다리

filet [필레] 생선이나 고기의 살

▶ filet de bar(농어살)처럼 보통 de뒤에 고기의 종류가 붙는다.

gigot [지고] 양의 다리

moelle [무알르] 골수

pied [피에] 발

ris [리] 가슴살

rognon [로뇽] 콩팥

tête [테트] 동물의 머리

앙트레 메뉴에서 자주 등장하는 음식 이름과 요리 방식

andouillette [앙두이에트] 돼지 창자로 만든 소시지

assiette [아시에트] 원래는 접시라는 뜻으로, 모듬 요리를 일컬음

▶ assiette de charcuterie의 경우 샤퀴트리(햄, 테린, 소시지 같은 돼지고기 가공품) 모듬을 뜻함

foie gras [푸아 그라] 거위나 오리의 간

jambon [장봉] 햄

salade [살라드]’ 샐러드

tartare [타르타르] 육회나 생선회처럼 날고기 요리

terrine [테린], pate [파테] 고기와 지방, 내장을 다지고 양념해서 틀에 구워 식힌 음식

플라 프랭시팔 메뉴에서 자주 등장하는 음식 이름과 요리 방식

a la plancha [아 라 플란차] 철판에 조리한

boeuf bourguignon [뵈프 부르기뇽] 쇠고기를 레드 와인에 재웠다가 익힌 것

cassoulet [카술레] 콩, 고기, 야채 등을 넣고 두께 있는 냄비에 끓인 스튜

coq au vin [코코뱅] 닭고기와 양파, 햄, 버섯 등을 넣고 레드 와인으로 조리한 것

andouillette

terrine

confit [콩피] 지방질이 많은 고기를 오래 저장하기 위한 방법으로, 뭉근하게 끓여 고기에서 나온 지방으로 고기를 익히는 것

croustillant [크루스티앙] '바삭바삭한'이란 뜻으로 요리에서는 매우 넓은 의미로 쓰이는데, 메인 요리에서는 얇은 피를 입혀 바삭하게 튀긴 요리를 지칭할 때도 쓰인다.

entrecôte [앙트레코트] 등심살 또는 스테이크

escalope [에스칼로프] 얇게 썬 고기, 또는 그 요리

farci [파시] 속을 채워서 구운 요리, 비둘기나 메추리 몸통에 속을 채워 구운 요리 등이 대표적

flambé [플랑베] 고기나 생선을 조리할 때 브랜디나 럼을 부어 재료에 불이 붙게 해, 조리하는 방법

fricassée [프리카세] 스튜

fume [푸메] 훈제한

gratin [그라탱] 그라탕

grillé [그리에] 그릴에 구운

julienne [줄리엔느] 채소, 고기 등을 채썰기한 것

poêlé [푸알레] 프라이팬에 구운

rôti [호티] 구운, 로스트한

sauté [소테] 뜨거운 버터나 기름에 갈색이 나도록 살짝 튀긴 것

sauvage [소바주] 야생의

데세르 메뉴에서 자주 등장하는 음식 이름과 요리 방식

baba au rhum [바바 오 럼] 럼을 넣은 스폰지 케이크

riz au lait [히오레] 달콤한 쌀 푸딩

crème brûlée [크렘 브륄레] 크림의 윗부분만 살짝 그을린 부드럽고 달콤한 디저트

mille feuilles [밀푀유] '천 겹의 잎사귀'라는 뜻으로 수백 겹의 나뭇잎이 겹쳐 있는 듯한 모양의 패스트리

fondant au chocolat [퐁당 오 쇼콜라] 안에 초콜릿이 흘러내리는 동그란 초콜릿 케이크

mousse au chocolat [무스 오 쇼콜라] 초콜릿 무스

panna cotta [판나 코타] 크림에 우유, 설탕등을 넣어 젤라틴으로 굳힌 푸딩

profiterole [프로피트홀] 초콜릿 등이 아이싱된 크림 슈

soufflé [수플레] 달걀 흰자를 거품 내어 각종 재료를 넣고 구워서 부풀린 디저트

tarte [타르트] 각종 파이

tarte tatin [타르트 타탱] 캐러멜라이징하여 새콤달콤한 사과 파이

cassoulet

mille feuilles

이탈리아의 메뉴와 주문하기

이탈리아 메뉴 구성의 기본 법칙

이탈리아의 코스 요리는 안티파스티Antipasti - 프리모 피아티Primo piatti - 세콘디 피아티Secondi piatti - 돌치Dolci의 순서로 이어진다.

안티파스티는 입맛을 돋우는 애피타이저, 프리모 피아티는 첫 번째 요리, 세콘디 피아티는 두 번째 요리로 메인 요리, 돌치는 디저트를 뜻한다. 그리고 함께 곁들여 먹는 채소 요리를 콘토르니 Contorni라고 한다.

이탈리아에서는 안티파스티의 비중이 상당하다. 아티초크, 아스파라거스, 가지 등 각종 채소를 굽고, 볶고, 데치고, 튀긴 요리들이 대표적이다. 어떤 레스토랑에서는 안티파스티 뷔페라고 해서 10가지 이상의 갖가지 채소 요리를 즐길 수 있는데, 현지인들에게 인기 만점이다. 생햄인 프로슈토 Prosciutto나 살라미 같은 소시지 종류도 있고, 빵 위에 채소나 각종 재료를 올려 만든 브루스케타 Bruschetta도 여기에 속한다.

프리모 피아티는 리조토Risotto(쌀 요리)와 수프류를 제외하고는 대부분 파스타가 차지한다. 이탈리아에서는 파스타가 메인 요리 전의 음식에 해당되는 셈이다. 우리는 몇몇 종류에만 익숙하지만, 파스타의 종류만 해도 수백 가지가 넘고 비슷하게 생긴 파스타도 지역에 따라 다른 이름으로 불리기도 한다. 따라서 파스타 이름을 '정복'하겠다는 것은 지나친 욕심. 그나마 다행이라면 스파게티나 펜네처럼 대부분 '밀로 만들어진 면이나 작은 덩어리'란 점이다. 그러나 예외도 있다.

우리의 만두처럼 속을 채워 넣은 토르텔리 Tortelli, 토르텔리니Tortellini, 라비올리Ravioli, 판소티Pansotti, 카펠레티Cappelletti, 칸넬로니 Cannelloni 등이 있고, 메밀로 만든 피초케리 Pizzocheri, 감자로 만든 뇨키Gnocchi 등이 그 예이다.

세콘디 피아티는 크게 육류를 이용한 카르네

Carne, 생선을 이용한 페세Pesce로 나뉜다. 주로 고기나 생선을 튀기고, 볶고, 굽고, 익히는 다양한 요리들이 여기에 해당된다.

돌치로는 티라미수, 판나코타Panna cotta처럼 달콤하고 부드러운 크림Crema 종류가 많다. 셔벗Sorbetto이나 젤라토 같은 차가운 디저트, 비스코티Biscotti 같은 딱딱한 비스킷류, 파이Torta, 담백한 가정식 케이크 등 그 외에도 다양하다. 디저트로 커피를 주문하면 보통 에스프레소가 나온다.

이탈리아 메뉴 주문 팁

프랑스와 달리 미리 정해 놓은 코스 메뉴는 거의 없으며, 아 라 카르트 방식으로 각 단계별 음식을 선택해서 주문하게 된다. 간단한 점심이라면 파스타만 주문할 수도 있지만, 보통 식사에서는 안티파스티, 프리모 피아티, 세콘디 피아티 중 적어도 2개를 주문하게 된다. 저녁 시간에 레스토랑에서 파스타 하나만 시킨다면 한정식 집에 가서 비빔밥만 시킨 것처럼 의아하게 여길 수도 있다. 메인 요리가 부담스럽다면 안티파스티와 프리모 피아티를 시키고, 그렇지 않으면 프리모 피아티와 세콘디 피아티를 주문하는 것이 일반적이다. 거기에 원할 경우 돌치(디저트)로 마무리하면 된다. 안티파스티 – 프리모 피아티 – 세콘디 피아티 – 돌치를 모두 주문해도 되지만, 프랑스 요리에 비해 양이 많은 편임을 감안해야 한다.

안티파스티는 여럿이 갔을 경우 다양하게 주문해서 나누어 먹으면 좋다. 서양 요리는 보통 나누어 먹지 않는다고들 하지만 이탈리아에서는 비교적 자유로운 편이다.

프리모 피아티는 파스타의 종류가 워낙 많기 때문에 살짝 고민할 수 있다. 일단 웨이터에게 파스타의 모양이 어떻게 생겼는지, 만두처럼 속을 채운 파스타인지 확인할 필요도 있다. 그리고 파스타류는 대부분 '파스타의 종류+소스와 들어간 재료'로 구성되므로, 그 맛이 궁금하다면 앞 단어보다는 뒷 단어에 집중해서 물어보자.

또한 우리에게 익숙하지 않은 수프나 국 같은 파스타도 있는데 대표적으로 파스타 에 파졸리Pasta e fagioli(파스타와 콩이 들어간 되직한 수프)나 토르텔리니 인 브로도Tortellini in brodo(작은 만두인 토르텔리니가 들어간 만두국)를 들 수 있다.

세콘디 피아티는 채소 요리도 있지만 대부분 고기나 생선 요리이다. 이후에 소개하는 단어의 뜻을 참조해서 좋아하는 종류를 선택하면 된다.

트리토리아

이탈리아 메뉴판 해독하기

안티파스티 일단 안티파스티에는 채소 요리가 많다. 채소 요리의 경우 가지나 아티초크, 버섯 등의 각종 채소를 어떻게 조리했는지(튀기거나, 굽거나, 조리거나, 데치는 등)를 보면 된다.

[보는 법] 재료+조리법

㉾ Fiori di zucca fritti

튀긴fritti 호박꽃Fiori di zucca

프리모 피아티 중 파스타 파스타는 종류가 워낙 많아서 우리에게 생소한 파스타들도 많다. 보통 앞쪽에 '파스타의 형태(면발 등의 생김새)'가 들어가고 뒤에는 '소스나 들어가는 재료'가 붙는다. 어떤 맛인지 궁금하다면 앞 단어보다 뒷 단어를 유심히 보는 것이 포인트이다.

[보는 법] 파스타의 종류+소스와 들어간 재료

㉾ Tagliatelle al Ragu

토마토 미트소스Ragu의 탈리아텔레 tagliatelle(굵은 파스타의 일종)

세콘디 피아티 메인 요리는 주로 고기나 생선을 어떤 방식으로 익혔는지, 무엇이 곁들여져 있는지를 보면 된다. 이름이 길어서 헷갈린다면, 일단 앞의 단어들에 집중하자.

[보는 법] 재료+조리법+곁들이는 것

㉾ Spigola al forno con patate croccanti

바삭바삭한croccanti 감자patate를 곁들인 구운al forno 농어Spigola

☞ con은 '～를 곁들인'(영어의 with)에 해당한다.

그리고 di는 '～의'(영어의 of)에 해당하기에 '조리법(음식이름)+재료' 또는 '고기의 부위+종류' 등이 될 수 있다. e는 '～와'(영어의 and)에 해당한다.

㉾ Tagliata di manzo, rosmarino e rughetta

루게타rughetta와 로즈마리rosmarino를 곁들인, 쇠고기manzo를 얇게 썰어서 조리한 요리(tagliata는 고기를 얇게 썰어 조리한 음식을 뜻함)

그리고 alla(또는 al)는 Bistecca alla fiorentina(피렌체식 스테이크)에서처럼 '～식'이라는 뜻도 되고, 그냥 별 의미 없이 붙이기도 하므로 해석상 무시하면 된다.

Bistecca alla Fiorentina

Fiori di zucca fritti

자주 보게 되는 식재료 단어

채소류 Légumes

asparago [아스파라고] 아스파라거스

carciofo [카르치오포] 아티초크

cipolla [치폴라] 양파

fagioli [파졸리] 콩

fiori di zucca [피오리 디 주카] 호박꽃

melanzana [멜란차나] 가지

patata [파타타] 감자

peperoncino [페페론치노] 고추

peperone [페퍼로네] 피망

riso [리조] 쌀

rughetta [루게타] 시금치의 일종

zucca [주카] 호박

생선·해물류 Pesce

aragosta [아라고스타] 바닷가재

baccalà [바칼라] 염장대구

branzino [브란치노] 농어

calamari [칼라마리] 오징어

cefalo [체팔로] 숭어

cozze [코제] 홍합

frutti di mare [프루티 디 마레] 해산물

gambero [감베로] 왕새우

merluzzo [메를루초] 대구

polpo [폴포] 문어

salmone [살모네] 연어

sarda [사르다] 정어리

scampi [스캄피] 작은 새우

seppia [세피아] 오징어

spigola [스피골라] 농어

tonno [톤노] 참치

triglia [트릴리아] 숭어의 일종

trota [트로타] 송어

고기류 Carne

abbacchio [아바키오] 어린 양

agnello [아넬로] 양

anitra(또는 anatra) [아니트라] (또는 [아나트라]) 오리

cinghiale [칭기알레] 멧돼지

coniglio [코닐리오] 토끼

lepre [레프레] 산토끼

manzo [만조] 쇠고기

piccione [피초네] 비둘기

pollo [폴로] 닭고기

porco [포르코] 돼지고기

quaglia [콸리아] 메추라기

vitello [비텔로] 송아지

고기의 부위

cervella [체르벨라] 뇌

fegato [페가토] 간

rognone [로노네] 신장

trippa [트리파] 소의 위

carciofo

향신료, 치즈 및 기타

burro [부로] 버터

cacio [카치오] 치즈

formaggio [포르마지오] 치즈

mozzarella di bufala [모차렐라 디 부파라] 물소젖 치즈

parmigiano-reggiano [파르미지아노 레지아노] 파르마와 주변에서 만드는 하드 치즈의 일종

pecorino [페코리노] 양젖 치즈

pepe [페페] 후추

salvia [살비아] 샐비어

안티파스티 메뉴에서 자주 등장하는 음식 이름과 요리 방식

arancini di riso [아란치니 디 리조] 쌀에 양념을 해서 빵가루를 입혀 튀긴 이탈리아식 주먹밥

bruschetta [브루스케타], crostino [크로스티노] 빵을 자른 자그마한 단면 위에 다양한 재료를 올린 것

carpaccio [카르파쵸] 익히지 않은 육류나 생선을 얇게 썬 요리

crochette [크로케테] 크로켓

insalata [인살라타] 샐러드

insalata caprese [인살라타 카프레제] 생모차렐라, 바질, 올리브 오일, 토마토로 맛을 낸 요리

mista(또는 misto) [미스타] (또는 [미스토]) 혼합이라는 뜻으로 보통 모듬 요리에 붙는다.

panzanella [판차넬라] 굳은 빵, 양파, 토마토, 채소 등을 넣은 샐러드 요리

prosciutto [프로슈토] 이탈리아 생햄

prosciutto e melone [프로슈토 에 멜로네] 멜론을 곁들인 프로슈토

salami [살라미] 소시지

프리모 피아티 메뉴에서 자주 등장하는 음식 이름과 요리 방식

arrabiata [아라비아타] 매콤한 토마토 소스

brodo [브로도] 수프

farfalle [파르팔레] 나비 모양의 파스타

gnocchi [뇨키] 감자, 밀가루 등으로 반죽해서 만든 동글동글한 파스타

pappardelle [파파르델레] 폭이 2~3cm 정도로 넓은 면의 파스타

pasta e fagioli [파스타 에 파졸리] 파스타와 콩이 들어간 되직한 수프

ragù [라구] 토마토 미트 소스

rigatoni [리가토니] 튜브 모양의 파스타

risotto [리조토] 쌀로 만든 요리

tagliolini [탈리올리니], tagliatelle [탈리아텔레], fettuccine [페투치네] 폭이 넓은 파스타면으로 페투치네가 가장 두껍다.

penne [펜네] 짧은 대롱 모양의 파스타

tortelli [토르텔리], tortellini [토르텔리니], ravioli [라비올리] 속을 채워 만든 만두 스타일의 파스타로, 안에 들어가는 재료로는 치즈, 돼지고기, 프로슈토 등이 대표적이지만, 시금치, 으깬 호박 등 다양한 종류가 들어갈 수 있다.

zuppa [주파] 수프

gnocchi

세콘디 피아티 메뉴에서 자주 등장하는 음식 이름과 요리 방식

affumicato [아푸미카토] 훈제한

ai ferri [아이 페리] 그릴 등에 구운

al forno [알 포르노] 오븐에 구운

al vapore [알 바포레] (증기에) 찐

alla diavola [알라 디아볼라] 고추 등을 넣은 매운 양념의

alla griglia [알라 그릴리아] 그릴에 구운

arrosto [아로스토] 로스트한 구이

bistecca alla fiorentina [비스테카 알라 피오렌티나] 피렌체식 티본 스테이크

bollito [볼리토] 삶은

cotoletta alla milanese [코토레타 알라 밀라네제] 밀라노식 송아지 튀김 요리

filetto [필레토] 생선이나 고기의 살. 이 단어 뒤에 고기의 종류가 붙는다.

fritto [프리토] 기름에 튀긴

involtini [인볼티니] 얇은 고기에 재료를 넣고 돌돌 말은 형태의 요리

lombatina [롬바티나] 얇게 자른 고기

ossobuco [오소부코] 송아지의 정강이 살을 와인, 채소 등으로 찐 요리

ripieno [리피에노] 가득 채운

spezzato [스페차토] 스튜 요리의 일종

tagliata [탈리아타] 얇게 썰어서 조리하는 방식

돌치 메뉴에서 자주 등장하는 음식 이름과 요리 방식

crème brûlée [크렘 브륄레] 크림 윗부분만 살짝 그을린 부드럽고 달콤한 디저트

crème caramel [크렘 카라멜] 캐러멜 푸딩

frutta di stagione [프루타 디 스타지오네] 계절 과일

gelato [젤라토] 젤라토

panna cotta [판나 코타] 크림에 우유, 설탕 등을 넣어 젤라틴으로 굳힌 푸딩

tiramisu [티라미수] 마스카포네 치즈로 만드는 부드러운 케이크

torta [토르타] 파이류

torta al cioccolato [토르타 알 초콜라토] 초콜릿 케이크

스페인의 메뉴와 주문하기

스페인 메뉴 구성의 기본 법칙

기본적으로 프리메르 플라토(Primer plato, 첫 번째 접시)–세군도 플라토(Segundo plato, 두 번째 접시)–포스트레(Postre, 디저트)의 순서를 따른다. 그러나 대부분의 메뉴판은 엔트란테스Entrantes 또는 엔트레메세스Entreméses(둘 다 애피타이저라는 의미), 아로시스(Arroces, 쌀 요리), 페스카도스 이 마리스코스(Pescados y mariscos, 생선과 해산물 요리)와 카르네스(Carnes, 육류 요리), 포스트레(Postre, 디저트)로 구성되어 있다.

엔트레메세스에는 스페인식 햄이나 소시지(☞p.312~313), 냉토마토 수프Gazpacho, 샐러드Ensalada 같은 가벼운 음식에서 모듬 튀김Frito mixto 같은 풍성한 메뉴까지 매우 다양하다. 야채Verduras를 찌고 굽고 튀기는 메뉴들도 여기에 포함되곤 한다. 엠파나다(Empanada, 고기 야채 파이 튀김)와 크로켓Croquetas, 수프Sopa, 꼴뚜기 마늘소스 볶음Chipirones al ajillo 등 무궁무진하다.

유럽의 대표적인 쌀 생산국답게 쌀 요리Arroces도 빠지지 않는다. 해산물 파에야가 가장 유명하지만 야채 파에야Paella de Verduras나 스튜처럼 걸쭉한 쌀 요리Arroz caldoso, 오징어 먹물밥Arroz Negro을 비롯해 종류가 매우 많다. 일단 Arroz가 맨 앞에 오면 쌀이 주가 되는 요리다.

스페인은 해산물 요리가 매우 발달해 있는데 'Pescados y mariscos' 메뉴에는 다양한 해산물을 철판에 요리하고(A la plancha), 튀기고(Frito), 오븐에 굽는(Al horno) 요리가 많다. 보통 음식 이름에 'Plato(접시라는 뜻) de marisco'나 'mixto(모듬)' 등의 단어가 포함되면 모듬 해산물 음식으로, Pescados란 단어가 들어가면 다양한 생선이 들어간 요리로, Marisco가 들어가면 다양한 해산물이 들어간 요리로 보면 된다. 자르주엘라Zarzuela는 스페인식 해물 스튜를 뜻하고, 카주엘라Cazuela는 토기냄비 요리, 프리투라Fritura는 통째로 튀긴 생선류, 알 아이호Al ajillo는 마늘 소스요리를 뜻한다.

카르네Carnes에는 돼지, 송아지, 양고기, 닭고기 등 육류를 굽거나 튀기거나 조리는 다양한 요리를 포함한다. 건조한 열을 가해 굽는Asado 방법 중 알 오르노Al horno는 오븐에 구은 것, 아 라 파리야A la parrilla는 그릴에 구운 것을 뜻한다. 새끼돼지 통구이(코치니요 아사도 Chinillo Asado) 등이 관광객의 인기를 끄는데, 우리 입맛에는 다소 안 맞을 수도 있다.

포스트레Postre로는 크레마 카탈라나Crema catalane(크림의 윗부분만 그을린 부드럽고 달콤한 디저트)가 대표적이며, 커스터드 푸딩류인 플랑Flan, 아이스크림류Helado로는 셔벗류Sorbet도 있다. 프랑스나 이탈리아와 비슷한 종류가 많으니 다른 나라의 디저트 부분도 참조하자.

스페인 메뉴 주문 팁

스페인의 레스토랑에서 합리적으로 식사를 하기에 가장 좋은 방법은 메뉴 델 디아Menu del dia를 주문하는 것이다. 비교적 저렴한 가격대의 점심 코스로 전채와 고기 또는 생선 요리, 간단한 디저트와 빵이 나온다. 고급 레스토랑이 아니라면 €10대에 음료까지 포함한 식사를 해결할 수 있다. 아 라 카르트 방식으로 주문한다면 엔트레메세스와 아로스, 메인 요리(페스카도 또는 카르네) 중에서 2개 정도를 주문하고 원할 경우 디저트를 주문하면 된다. 엔트레메세스 중에 푸짐한 모듬 음식들은 여럿이서 나누어 먹기에 좋다.

jamon

고급 레스토랑이라면 5코스 이상의 테이스팅 메뉴(메뉴 데구스타치오, Menu degustacio)가 있다. 스페인은 이탈리아나 프랑스에 비해 고급 코스 요리를 합리적인 가격에 즐기기에 아주 좋다.

pan con tomate

€70 정도로 7코스 이상의 요리를 맛볼 수 있는 곳이 많기 때문에, 그런 곳에서라면 당연히 테이스팅 메뉴를 추천한다.

그리고 스페인에서 자주 가게 되는 곳 중 하나가 타파스 바르이다. 타파스 바르에는 특별한 주문 규칙이 없다. 메뉴판을 보고 주문할 수도 있고, 원하는 음식을 손가락으로 짚어서 주문할 수도 있다. 하나씩 주문한다고 해서 눈치를 주는 것도 아니므로 한꺼번에 많이 주문할 필요도 없다. 판 콘 토마테Pan con tomate(토마토와 올리브 오일을 바른 빵)와 파타타 브라바Patatas bravas(매콤한 소스를 곁들인 감자 튀김)를 기본으로 주문하면 어떤 요리와도 잘 어울린다. 그리고 타파스 바르에서도 역시 놓치지 말고 맛보아야 할 것이 스페인의 햄과 소시지(☞p.312~313)이므로 꼭 먹어보자.

스페인 메뉴판 해독하기

프랑스나 이탈리아 요리처럼 기본은 '재료+조리법+곁들이는 것'으로 구성된다.

예 Pulpo a la plancha con sofrito de sepia y tallarines negro

오징어sepia 소프리토sofrito와 검은negro 파스타tallarines를 곁들인 문어Pulpo 철판요리a la plancha

☞ a la는 '~식'이라는 뜻이고, de는 '~의'(영어의 of), con은 '~와'(영어의 with), y는 '~와'(영어의 and)에 해당한다.

자주 보게 되는 식재료 단어

채소류 Verduras

ajo [아호] 마늘

alcachofa [알카초파] 아티초크

arroz [아로스] 쌀

berenjena [베렌헤나] 가지

calabaza [칼라바사] 호박

cep [세프] 버섯의 일종

champiñón [참피뇬] 버섯

huevo [우에보] 달걀

oliva [올리바] 올리브

patata [파타타] 감자

pepino [페피노] 오이

pimiento [피미엔토] 피망

tomate [토마테] 토마토

생선 · 해물류 Pescados · Mariscos

bacalao [바칼라오] 대구

calamar [칼라마르] 오징어

chipirón [치피론] 꼴뚜기

dorada [도라다] 도미

gamba [감바] 새우

langosta [랑고스타] 바닷가재

langostino [랑고스티노] 중간 크기의 새우

lenguado [렝과도] 혀가자미

merluza [메를루사] 대구의 일종

salmón [살몬] 연어

sardina [사르디나] 정어리

sepia [세피아] 오징어 먹물

trucha [트루차] 송어

고기류 Carnes

buey [부에이] 쇠고기

carnero [카르네로] 숫양

cerdo [체르도] 돼지

cochinillo [코치니요] 새끼돼지

conejo [코네호] 토끼

cordero [코르데로] 양

jabalí [하발리] 멧돼지

pato [파토] 오리

pollo [포요] 닭고기

ternera [테르네라] 송아지 고기

vaca [바카] 암소

고기의 부위

callos [카요스] 위

higado [이가도] 간

rabo [라보] 꼬리

calamar

sardina

엔트레메세스 메뉴에서 자주 등장하는 음식 이름과 요리 방식

anchoa [안초아] 안초비

butifarra [부티파라] 카탈루냐풍 소시지

croqueta [크로케타] 크로켓

empanada [엠파나다] 고기와 채소로 속을 채워 튀긴 파이

ensalada [엔살라다] 샐러드

gaspacho [가스파초] 토마토, 채소 등으로 만든 차가운 수프

jamón ibérico [하몬 이베리코] 이베리아산 토종 흑돼지로 만든 최고급 햄

pan con tomate [판 콘 토마테] 자른 빵 위에 토마토를 바르고 올리브 오일과 소금을 뿌린 것

sopa [소파] 수프

anchoa

frito [프리토] 기름에 튀긴

fritura [프리투라] 모듬 생선 튀김

hervido [에르비도] 데친, 삶은

negro [네그로] 검은

picante [피칸테] 아주 매운

zarzuela [사르수엘라] 해산물 스튜

메인 요리 메뉴에서 자주 등장하는 음식 이름과 요리 방식

a la planca [아 라 플란차] 철판에 조리한

al ajillo [알 아히요] 마늘 소스로 조리한

al horno [알 오르노] 오븐에 구운

al vapor [알 바포르] 스팀에 찐

asado [아사도] 건조한 열을 가해 구운

filete [필레테] 고기나 생선의 뼈 없는 조각

포스트레 메뉴에서 자주 등장하는 음식 이름과 요리 방식

crema catalana [크레마 카탈라나] 크림 윗부분만 살짝 그을린 부드럽고 달콤한 디저트

flan al caramel [플란 아 카라멜] 캐러멜이 들어간 푸딩

butifarra

crema catalana

영국의 메뉴와 주문하기

영국 메뉴 구성의 기본 법칙

크게 '개별 음식을 주문해서 코스로 즐기는 방법A la carte'과 '정해진 코스 요리를 주문'하는 두 가지 방법으로 나뉜다.

개별 음식을 주문할 경우, 보통 Starter-Main course-Dessert 메뉴에서 각각 1개씩, 총 3개쯤을 고르게 되는데, 점심이거나 간단히 식사할 때에는 스타터나 디저트 중 하나를 빼기도 한다.

보통 코스 요리로 주문하는 편이 훨씬 저렴하고 합리적인 선택이 된다. 특히 점심에는 세트 런치Set lunch, 런치 메뉴Lunch menu처럼 합리적인 가격대로 3코스의 런치 코스 메뉴를 선보이는 곳이 많기에 실속파라면 노려볼 만하다.

때때로 메뉴판에서 테이스팅 메뉴Tasting menu라는 단어를 보게 되는데 이는 셰프가 자신 있게 내놓을 만한 대표 음식들을 코스로 구성한 메뉴라고 보면 된다. 해당 레스토랑의 다양한 음식들을 제대로 즐기고 싶다면 좋은 선택이 될 수 있다.

일부 고급 레스토랑에서는 저녁 6~7시 사이에 '이른 저녁 코스메뉴Early supper menu'를 선보이기도 한다. 극장을 가기 전의 식사라는 뜻의 Pre theatre menu라고도 한다. 정식 디너 코스에 비해 짧은 코스 요리인데 저렴한 가격대로 즐길 수 있어 합리적인 선택이 될 수 있다.

영국 메뉴판 해독하기

메뉴 이름은 기본적으로 '주 재료와 조리법+곁들이는 재료와 조리법'으로 구성된다.

예 Roast duck breast with green beans, smoked aubergine and beetroot relish

☞ 그린빈green beans, 훈제 가지smoked aubergine, 비트 초절임beetroot relish을 곁들인 구운Roast 오리duck 가슴살breast 요리

비트 요리

자주 보게 되는 식재료 단어

채소류

truffle 송로버섯

beetroot 비트

watercress 물냉이

artichoke 아티초크

spinach 시금치

girolle 지롤 버섯

cauliflower 콜리 플라워

cucumber 오이

chicory 치커리

parsley 파슬리

lentil 렌즈콩

parsnip 파스닙(향이 있는 채소 뿌리과의 일종)

cabbage 양배추

aubergine 가지

fennel 회향(향이 강한 채소로 잎은 향신료로도 쓰임)

생선·해물류

mulle 숭어

turbot 가자미

razor clam 맛조개

squid 오징어

eel 장어

salmon 연어

sea bass 농어

cod

moule 홍합

sardine 정어리

prawn 새우

octopus 문어

halibut 넙치

cod 대구

mussel 홍합

haddock 대구의 일종

oyster 굴

scallop 가리비

고기류

lamb 양

pigeon 비둘기

veal 송아지

duc 오리고기

quail 메추라기

escargot 달팽이

pork 돼지고기

hare 토끼의 일종

venison 사슴고기

pheasant 꿩고기

suckling pig 새끼 돼지

고기의 부위

yripe 위(양)

liver 간

breast 가슴살

loin 허리 주변부 고기 (등심)

그 외 자주 쓰이는 식재료

chorizo 초리조(스페인식 소시지)

foie gras 푸아그라(거위 간)

pancetta 이탈리아식 베이컨

parmesan 파마산 치즈, 이탈리아 치즈의 일종

coriander 코리앤더, 고수의 씨로 만든 향신료

basil 이탈리아 요리에 많이 쓰이는 허브의 일종

메뉴에서 자주 등장하는 음식 이름과 요리 방식

(프랑스, 이탈리아 음식 용어를 그대로 가져다 쓰는 경우도 많기에, 프랑스, 이탈리아편도 참조해야 한다.)

roast 오븐이나 건조한 열을 가해 구운

grilled 그릴에 구운

marinated 양념장에 재워둔

sashimi 날고기로 만든 음식

fillet 뼈를 발라낸 살코기

tartare 날고기나 가열하지 않은 해산물을 양념한 요리

game 야생고기를 뜻함

pan-fried 팬에서 볶은

carpaccio 고기나 해산물을 (거의) 익히지 않고 얇게 잘라 양념한 요리

sauté 뜨거운 버터나 기름에서 갈색이 나도록 살짝 튀긴

plancha 철판 요리

*디저트 메뉴는 프랑스와 이탈리아편을 참조하자.

유럽 레스토랑에서 사용하는 기본회화

영어

기본 단어

안녕하세요 Hello

안녕하세요 (저녁) Good evening

안녕히 가세요 Good bye

네 Yes

아니오 No

감사합니다 Thank you.

천만에요 You're welcome.

실례합니다 Excuse me.

미안합니다 I'm sorry.

오늘 today

내일 tomorrow

예약 reservation

개점 open

폐점 closed

0 zero

1 one

2 two

3 three

4 four

5 five

6 six

7 seven

8 eight

9 nine

10 ten

100 one hundred

1000 one thousand

10,000 ten thousand

기본 문장

예약한 김입니다.

I have a reservation for Kim.

영어 메뉴판이 있나요?

Do you have a menu in English?

저 사람들이 먹고 있는 것이 무엇인가요?

What are they eating?

추천 메뉴는 무엇인가요?

What dish do you recommend?

저쪽의 저 사람이 먹고 있는 것과 같은 것을 먹고 싶은데요.

I would like the same dish as those people over there.

이 음식에 어울리는 와인은 어떤 것이 있나요?

Which wine would you recommend with this dish?

이것은 주문한 것과 다른데요.

This is not what I ordered.

아주 맛있어요.

It was very delicious.

계산해 주세요.

Can I have the bill, please? (=Check, please.)

프랑스어

프랑스인들은 영어를 잘 못하는 편이다. 고급 레스토랑이어도 상황은 별반 다르지 않다. '영어를 할 수 있는 사람이 있습니까?'의 Est-ce qu'il y a quelqu'un qui parle anglais? ◀)) [에스낄리야 껠껑 끼 빠흘르 엉글레]를 기억해두자.

기본 문장

예약한 김입니다.

J'ai une réservation au nom de Kim.

◀)) [줴 윈느 레제르바씨옹 오 농 드 킴]

영어 메뉴판이 있습니까?

Avez-vous une carte en anglais?

◀)) [아베부 윈느 까르트 엉넝글레?]

저 사람들이 먹고 있는 것이 무엇인가요?

Qu'est-ce qu'il mangent?

◀)) [께스낄 망쥬?]

추천 메뉴는 무엇인가요?

Qu'est-ce que vous me recommandez?

◀)) [께스끄 부 므 허꼬망데?]

저쪽의 저 사람이 먹고 있는 것과 같은 것을 먹고 싶은데요.

Je voudrais le même plat que les personnes là-bas, SVP?

◀)) [쥬 부드레 르 멤 쁠라 끌 레 빽쏜느 라 바, 씰 부 쁠레?]

이 음식에 어울리는 와인은 어떤 것이 있나요?

Quel vin me conseilles vous avec ce plat?

◀)) [꿸 뱅 므 꽁세이예 부 아벡 스 쁠라?]

이것은 주문한 것과 다릅니다.

Ce n'est pas ce que j'ai commandé.

◀)) [쓰 네 파 쓰 크 제 코망데]

아주 맛있어요.

C'est très bon.

◀)) [쎄 트레 봉]

계산서 가져다 주세요.

L'addition, SVP.

◀)) [라디씨옹, 씰 부 쁠레]

기본 단어

안녕하세요(오전) Bonjour [봉주르]

안녕하세요(오후) Bonsoir [봉수아]

안녕히 가세요 Au revoir [오 흐부아]

네 Oui [위]

아니오 Non [농]

감사합니다 Merci [메르씨]

천만에요 Je vous en prie [주 부장 프리]

실례합니다 Excusez-moi [엑쓰퀴제-무아]

미안합니다 Pardon [파르동]

오늘 aujoud'hui [오주르뒤]

내일 demain [드맹]

예약 reservation [레제르바씨옹]

개점 ouvert [우베르]

폐점 fermé [페르메]

0 zéro [제로]

1 un [욍]

2 deuz [되]

3 trois [트루아]

4 quatre [카트르]

5 cinq [쌩크]

6 six [씨쓰]

7 sept [쎄트]

8 huit [위트]

9 neuf [뇌프]

10 dix [디쓰]

100 cent [썅]

1000 mille [밀]

10,000 dix mille [디 밀]

이탈리아어

이탈리아어는 대부분 로마자를 그대로 발음하면 된다. 단, c, g는 a, o, u 앞에서 차례로 ㅋ, ㄱ 발음이 되고, e, i 앞에서 ㅊ, ㅈ발음이라는 것을 주의한다. 또한 '영어를 할 수 있는 사람이 있습니까?'라는 뜻의 C'e qualcuno che parli inglese? ◀)) [체 콸쿠노 케 파를리 잉글레세]를 기억해 두자.

기본 단어

안녕하세요 Buon giorno [부온 조르노]

안녕하세요(오후) Buona sera [부오나 세라]

안녕히 가세요 Arrivederci [아리베데르치]

네 Si [씨]

아니오 No [노]

감사합니다 Grazie [그라치에]

천만에요 Prego [프레고]

실례합니다 Scusi [스쿠지]

미안합니다 Mi scusi [미 스쿠지]

오늘 oggi [오지]

내일 domain [도마니]

예약 prenotazione [프레노타치오네]

개점 aperto [아페르토]

폐점 chiuso [키우조]

0 zero [제로]

1 uno [우노]

2 due [두에]

3 tre [트레]

4 quattro [콰트로]

5 cinque [친퀘]

6 sei [세이]

7 sette [세테]

8 otto [오토]

9 nove [노브]

10 dieci [디에치]

100 cento [첸토]

1000 mille [밀레]

10,000 diecimila [디에치밀라]

기본 문장

예약한 김입니다.

Ho prenotazione a nome Kim.

◀)) [오 프레노타치오네 아 노메 킴]

영어 메뉴판이 있습니까?

Avete un menu scritto in inglese?

◀)) [아베테 언 메뉴 스크리토 인 잉글레제?]

저 사람이 먹고 있는 것이 무엇인가요?

Cosa stanno mangiando?

◀)) [꼬자 스탄노 만지안두?]

추천 메뉴는 무엇인가요?

Che cosa mi consiglia? ◀)) [체 코자 미 콘실리아]

저쪽의 저 사람이 먹고 있는 것과 같은 것을 먹고 싶은데요.

Vorrei lo stesso piatto che quelle persone stanno mangiando, per favore.

◀)) [보레이 로 스테소 피아토 케 퀠레 페르소네 스타노 만잔도, 페르 파보레]

이 음식에 어울리는 와인은 어떤 것이 있나요?

Quale vino è consigliabile con questo piatto?

◀)) [퀠레 비노 에 꼰실리아빌레 꼰 꿰스토 삐아또?]

이것은 주문한 것과 다릅니다.

Questo non é quello che ho ordinate.

◀)) [퀘스토 논 에 로 퀠로 케 오 오르디나토]

아주 맛있어요.

É buonissimo. ◀)) [에 부오니씨모]

계산서 가져다 주세요.

Il conto, per favore.

◀)) [일 콘토, 페르 파보레]

스페인어

스페인어는 예외사항도 있지만, 대부분 로마자를 그대로 발음하면 된다. 또한 '영어를 할 수 있는 사람이 있습니까?'라는 뜻의 ¿ Hay alguien que hable ingles? ◀)) [아이 알기엔 께 아블레 잉글레스]를 기억해 두자.

기본 문장

예약한 김입니다.

Tengo una reservación a nombre de Kim.

◀)) [땡고 우나 레세르바씨온 아 놈브레 데 킴]

영어 메뉴판이 있습니까?

¿ Tiene el menu escrito en ingles?

◀)) [띠에네 엘 메누 에스크리또 엔 잉글레스?]

저 사람이 먹고 있는 것이 무엇인가요?

¿ Qué están comiendo ellos?

◀)) [꿰스딴 꼬미엔도 엘료스?]

추천 메뉴는 무엇인가요?

¿ Qué me recomienda usted?

◀)) [께 메 레꼬미엔다 우스떼드]

저쪽의 저 사람이 먹고 있는 것과 같은 것을 먹고 싶어요.

¿ Quiero probar el plato igual que aquél.

◀)) [끼에로 쁘로바르 엘 쁠라또 이구알 께 아껠]

이 음식에 어울리는 와인은 어떤 것이 있나요?

¿ Cuál me recomienda para acompañar este plato?

◀)) [꽐 메 레꼬미엔다 파라 아꼼빠냐르 에스떼 쁠라또?]

이것은 주문한 것과 다릅니다.

Yo no pedí esto.

◀)) [요 노 뻬디 에스또]

아주 맛있어요.

Qué rico está. ◀)) [께 리꼬 에스따]

계산서 가져다 주세요.

La cuenta, por favor.

◀)) [라 꾸엔따, 뽀르 파보르]

기본 단어

안녕하세요(점심) Hola [올라]

안녕하세요(저녁) Buenas noches
[부에나스 노체스]

안녕히 가세요 Adiós [아디오스]

네 Si [씨]

아니오 No [노]

감사합니다 Gracias [그라씨아스]

천만에요 De nada [데 나다]

실례합니다 Perdón [뻬르돈]

미안합니다 Perdone / Lo siento
[뻬르도네 / 로 씨엔또]

예약 reservacíon [레세르바씨온]

개점 cerrado [쎄라도]

폐점 abierto [아비에르또]

0 cero [쎄로]

1 uno [우노]

2 dos [도스]

3 tres [트레스]

4 cuatro [꾸아뜨로]

5 cinco [씽꼬]

6 seis [세이스]

7 siete [씨에떼]

8 ocho [오초]

9 nueve [누에베]

10 diez [디에스]

100 cien [씨엔]

1000 mil [밀]

10,000 diez mil [디에스 밀]

Paris

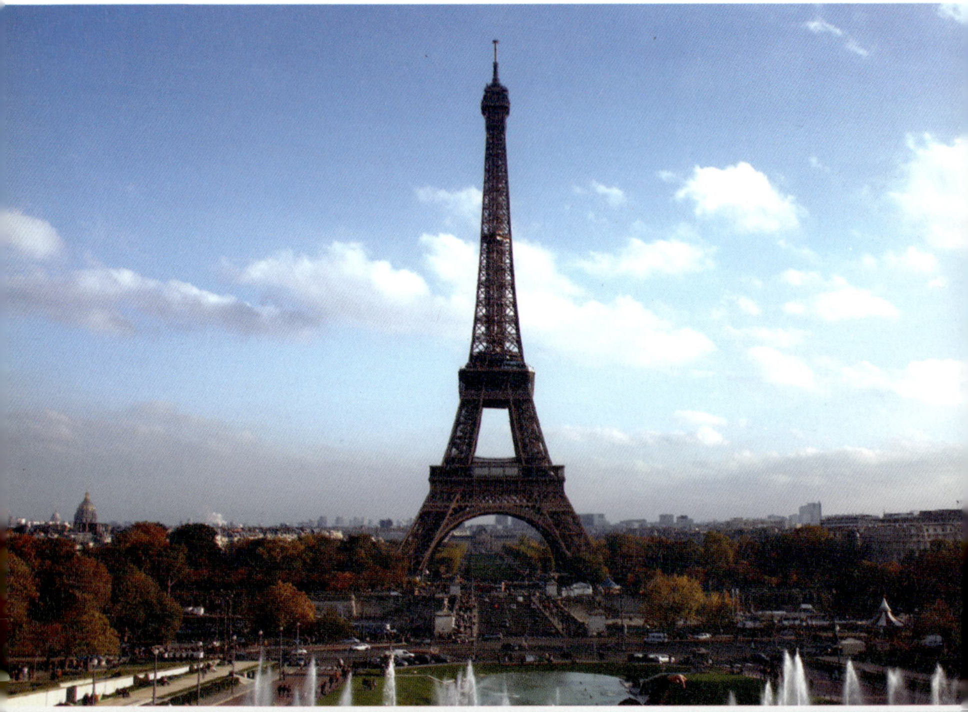

LE LUTÉTIA ILE SAINT
Glaces et Sorbets Berthillon

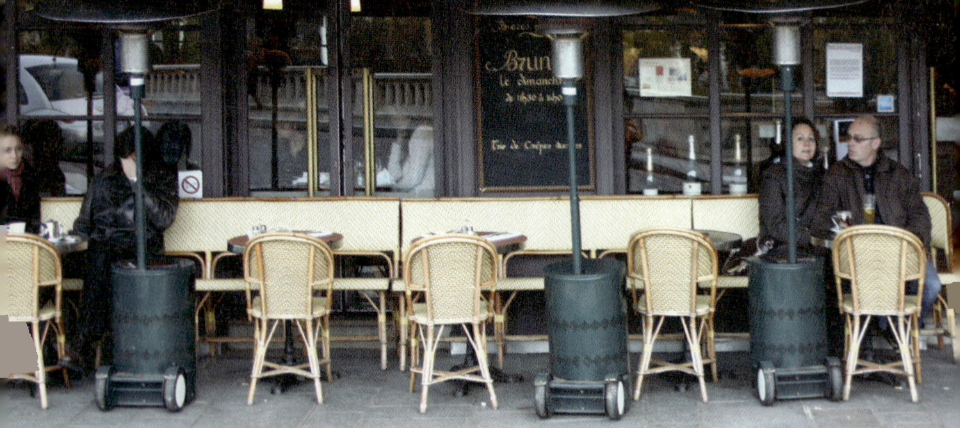

파리는 미식을 위한, 미식에 의한, 미식의 도시

새벽부터 동네 불랑제리(Boulangerie 빵집)에서는 고소한 빵 굽는 냄새가 솔솔 스며 나오고, 사람들은 그 향에 이끌려 갓 구운 빵을 사기 위해 길게 줄을 늘어선다. 그리 고 따사로운 햇살이 내리쬐는 한낮이 되면 식당들은 너도나도 활기를 띤다. 샌드위 치로 한 끼를 때우는 사람들이 늘어났다지만, 맥도날드에서도 디저트를 찾는 게 파 리지앵이다. 전채(Entrée 앙트레)나 디저트(Dessert 데쎄르) 중 하나를 생략하고 2코 스를 먹는 것을 슬퍼하며 셰프의 정성 어린 요리들을 향유한다. 나도 모르게 하품이 나는 오후에는 달달한 그 무엇이 간절해진다. 쇼콜라트리(Chocolaterie 초콜릿 가게) 의 쌉싸래한 카카오 냄새는 코 끝을 황홀케 하고, 화려한 쇼윈도에 보석처럼 빛나는 케이크들은 발길을 사로잡는다. 어스름이 깔리는 해질녘 레스토랑에 하나 둘씩 불이 켜지면 소박한 저녁 만찬이 시작된다. 삼삼오오 들어오는 단골들로 자그마한 식당은 쉴새 없이 복닥거리지만, 오랜 친구와 와인이 함께 하여 낭만이 흐른다.

한 접시에 €250를 호가하는 고급 요리이든, 단돈 €1면 살 수 있는 바게트이든 그들 의 음식에 대한 자부심은 대단하다. 그래서 이른 아침에도 장바구니를 들고 나가 좀 더 신선한 채소와 고기를 사기 위해 한참 동안 줄을 서는 것을 마다하지 않는다. 이 렇게 먹는 것에 관한 한 완벽주의에 가까운 파리지앵의 깐깐함 덕분에 이방인의 혀는 즐겁기만 하다. 거기에 관광객이라고 해서 바가지를 씌우는 등의 비양심적인 행동도 용납하지 않기 때문에 더욱 행복하다. 다만, 넘쳐나는 음식들의 유혹에 자제력을 잃 고 매번 넘어간다면 무시무시한 카드 청구서가 날아올 것이다. 따라서 어디서 무엇을 먹을 것인지 계획을 세우는 행복한 고민의 시간을 가져보는 것이 좋겠다.

레스토랑, 비스트로, 브라스리, 카페

우리의 '밥집, 식당, 음식점'처럼 파리에는 '레스토랑Restaurant, 비스트로Bistro, 브라스리Brasserie, 카페Café'가 있다. 레스토랑은 비용을 지불하고 음식을 먹는 곳을 뜻하는 가장 일반적인 단어이다. 동네 식당부터 미슐랭 3스타 레스토랑 같은 최고급 레스토랑까지 모두 여기에 포함된다.

비스트로는 대중적인 스타일의 레스토랑으로, 파리지앵들이 가장 무난히 들르는 곳이다. 모던한 곳도 있지만 보통은 소박한 분위기이고 테이블 간의 간격도 넓지 않은 편이다. 지역 향토색이 강한 요리들과 가정식 요리를 기반으로, 때론 거기에 셰프의 응용력이 더해진 음식을 선보인다. 비스트로란 러시아어로 '빨리빨리'라는 뜻이다. 나폴레옹 전쟁 시절, 파리로 진군한 러시아 병사들이 먹을 것을 빨리 달라고 재촉한 데에서 유래했다고 한다.

브라스리는 원래 맥주와 소시지 등의 안주류를 팔던 곳으로, 비스트로보다는 넓은 실내에서 휴식 시간 없이 활기찬 분위기로 음식을 제공한다.

카페는 커피나 차를 마시는 곳이기도 하지만 샌드위치나 샐러드, 간단한 요리로 식사를 해결하는 곳이기도 하다. 코스 요리나 거한 식사가 부담스러울 때 카페는 괜찮은 대안이 될 수 있다.

원래 유명 셰프들이 하는 요리를 먹기 위해서는 한 끼에 최소 100가 넘는 고급 레스토랑으로 향해야 했다. 그런데 요즘은 이런 경계가 무너지고 있다. 고급 호텔과 레스토랑에서 승승장구하던 셰프들이 화려한 실내 인테리어 대신 음식 맛은 그대로 유지하고 어깨에 힘을 뺀 가벼운 느낌의 레스토랑을 열기 시작한 것이다. 가정에서도 즐겨먹는 재료들을 활용하여 친근하면서도 수준 높은 음식들을 선보이고 있다. 이러한 현상을 비스트로노미(Bistronomie, 비스트로Bistro와 미식을 뜻하는 갸스트로노미 Gastronomie의 합성어)라고 일컬으며, 그러한 곳들을 네오 비스트로Neo Bistro 또는 갸스트로 비스트로Gastro Bistro라고 부른다. 이 책에 소개한 크리스티앙 콩스탕의 레스토랑들(☞p.128~129)과 이브 캉데보르드의 르 콩투아르 뒤 클레(☞p.132) 등이 대표적인 예라고 할 수 있다.

"Vous desirez un apéritif?

모르면 당황한다! 아페리티프

파리에서 고급 레스토랑에 들어가면 메뉴판도 받기 전에 난감한 상황을 겪게 될 때가 있다.
"Vous desirez un apéritif? (아페리티프를 마시겠습니까?)"

아페리티프? 이게 무슨 뜻이었더라? 애피타이저를 말하는 건가? 모르는 말이 나왔다고 당황하지 말고 이제라도 알아두자.
아페리티프 apéritif는 식사를 시작하기 전에 식욕을 돋우기 위해 마시는 술의 일종으로, '열다'라는 의미의 라틴어 동사 aperire에서 기원한 말이다.
가장 좋은 방법은 하우스 아페리티프가 있는지 물어보는 것이다. 가격도, 맛도 괜찮은 경우가 많다. 그렇지 않으면 조금 달달하거나 쌉싸래한 종류를 마시는 것이 좋은데 샴페인, 키르, 셰리, 캄파리, 마티니, 베르무스 등이 무난하다. 원래 '프랑스 아페리티프의 대표'라고 하면 키르Kir가 꼽혔다. 키르는 블랙 커런트(포도 계통의 과일)를 재료로 한 리큐어에 화이트 와인을 섞은 것이고, 비슷한 이름의 키르 루아얄은 블랙 커런트 리큐어에 화이트 와인 대신 샴페인을 넣은 것이다. 하지만 요즘은 아페리티프로 키르를 선택하는 건 약간 한물간 스타일이다.
그럼, 아페리티프라는 건 꼭 마셔야 하는 걸까?
중급 수준의 레스토랑에서 아페리티프는 더 이상 필수 코스가 아니다. 거절한다 해서 전혀 이상하지도 어색하지도 않다. 럭셔리한 인테리어에 압도되어 살짝 기가 죽는 고급 레스토랑이라도 마찬가지이다. 차라리 그 돈으로 좀더 좋은 와인을 마시는 것이 나을 수도 있다. 웨이터가 권유했다고 해서 얼떨결에 고개를 끄덕였다가, 밥만큼 비싼 샴페인을 먹고 나중에 속이 쓰릴 수 있다. 산뜻한 시작을 위한 아페리티프, 가격만큼은 절대 산뜻하지 않다는 걸 기억해두자.

달팽이 요리는 전채 요리일 뿐이다

프랑스를 다녀왔다면 누군가 꼭 이렇게 물어보는 사람이 있다.

"달팽이 요리는 먹고 왔어?"

7살 때인가, 프랑스에는 달팽이 요리가 있다는 말을 들었을 때 그 충격은 지금도 생생하다. 비 오는 날 징그럽게 기어 다니는 그 달팽이를? 그 후 식용 달팽이는 우리의 골뱅이와 비슷하다는 사실을 알게 되었지만 그때의 충격은 지워지지가 않는다. 다른 사람들도 그렇게 생각했는지 프랑스 요리하면 달팽이를 제일 먼저 떠올린다.

달팽이 요리 에스카르고Escargot는 사실 만드는 과정이 상당히 까다롭다. 아니 잔혹하다. 먼저 24시간 동안 달팽이를 단식시킨다. 그리고 점액질을 제거하기 위해 소금과 식초를 탄 물에 한나절 정도 담가두었다가(!) 헹구어 삶는다. 그리고 속살만 끄집어내서 포도주와 각종 재료를 섞은 물에 삶아내고 다시 그 속살을 껍질에 넣어서 버터, 마늘, 파슬리 등의 양념을 하여 오븐에서 구워낸다.

팔딱거리는 생선을 뜨거운 물에 집어넣는 것만큼이나, 단식한 달팽이를 소금물에 담가 모조리 기운을 빼는 모습을 생각하면 소름이 끼친다. 뭐 그런 것까지 생각하냐고

하면 할 말은 없지만, 예민한 성격 탓인지 동물에 감정이입(?)이 될 때가 있다. 그래서 채식주의를 선포한 적도 몇 번 있다. 물론 그때마다 향기로운 고기 냄새에 끌려 사흘을 못 넘기고 포기했지만 말이다.

그런데 뜻밖에도 우리에게 가장 많이 알려진 프랑스 요리 에스카르고는 프랑스 메뉴에서 메인 요리가 아니다. 메인 요리를 먹기 전에 먹는 전채 요리 앙트레Entrée에 포함되는 경우가 대부분이다. 그리고 고급 레스토랑에서는 웬만해선 찾아보기도 어려운 메뉴이다.

달팽이 요리 중 가장 일반적인 것은 에스카르고 부르기뇽Escargots Bourguignons이다. 마늘향 나는 버터로 굽는 부르고뉴식의 달팽이 요리로, 새콤달콤한 골뱅이 무침만큼이나 우리 입맛에도 잘 맞는다.

바바 오 럼의 탄생 이야기

바바 오 럼은 폴란드 스타니슬라우스 왕의 파티시에였던 스토레에 의해 탄생되었다. 왕의 행차에 따라 나섰던 스토레는 왕에게 올리려고 했던 빵이 딱딱하게 굳어 버리자 말라가Malaga라는 와인에 담그고 샤프론 향을 가미한 후 건포도와 크림을 곁들여서 바쳤는데, 그 맛에 반한 왕은 〈천일야화〉에 등장하는 알리바바의 이름을 따서 이 빵의 이름을 붙여줬다. 1725년 왕의 딸이었던 마리 레슈친스카가 프랑스의 루이 15세와 결혼하면서 스토레를 데리고 프랑스 왕실로 들어오게 된다. 그는 5년 동안 베르사유 궁정에서 일하다가 파리에 자신의 이름을 내건 지금의 빵집을 열었다.

🚲 왕실 전통의 맛을 자랑하는 스토레의 바바 오 럼과 바바 샹티이

스토레 Stohrer

루이 15세가 좋아했다는 바로 그 맛

280년 이상의 역사를 간직한 파리에서 가장 오래된 빵집으로, 프랑스 왕실의 파티시에였던 스토레가 왕실에서 만들었던 특별한 디저트 두 가지를 맛볼 수 있다. 루이 15세가 좋아했다고 알려진 바바 오 럼Baba au Rhum (럼을 넣은 스폰지 케이크)과 르 퓌 다무르Le Puits D'amour (바닐라 크림이 들어있고 겉이 갈색으로 그을린, 달콤한 패스트리)로 유명한데, 지금도 당시의 레시피 그대로 만들어진다고 한다. 바바 오 럼은 기본 맛의 바바 오 럼과 휘핑 크림을 얹은 바바 샹티이Baba Chantilly가 있다. 럼주의 맛이 무척 강한 편이라 술에 약하거나 달콤한 디저트를 기대했다면 실망할 수도 있지만 왕실 전통의 맛을 느껴보고 싶다면 도전해 볼 만하다.

이곳의 또 하나의 볼거리는 화려한 유리 천장이다. 섬세하고 우아한 화풍으로 유명한 폴 보드리Paul Baudry가 1864년에 완성시킨 것이라고 한다.

SHOP INFO.
Map P.413-D
Add. 51 rue Montorgueil 75002, Paris
Tel 01 42 33 38 20
Access Étienne Marcel역에서 도보 4분 **Open** 매일 07:30~20:30 **Price** 바바 오 럼 €3.5~, 케이크 평균 €5
URL www.stohrer.fr

칼 마를레티 Carl Marletti

밀푀유로 유명한 무프타 시장의 맛집

파리에서 가장 활기 넘치는 무프타 시장(☞p.105)의 끝자락에 위치해 있으며 밀푀유Mille-Feuille와 타르트Tarte가 맛있기로 유명하다.

오너 셰프인 칼 마를레티는 르노트르Lenôtre에서 인턴쉽을 시작하고 1992년 르 그랑 호텔의 유명 레스토랑 카페 드 라 페Café de la Paix에서 일하기 시작해 2002년에는 23명의 파티시에를 이끌며 매일 200개의 밀푀유를 만드는 수석 파티시에로 성장했다. 이후 2007년 자신의 이름을 내건 지금의 패스트리 숍을 열었다.

여러 유명 디자이너들과의 합동 작업으로 탄생시킨 쌩쌍푀유(밀푀유의 절반인 500겹이라는 뜻)는 감각적인 파리지앵들의 주목을 끌기에 충분했으며, 2009년 5월 피가로지에서는 그의 타르트 시트롱Tarte au Citron을 파리 최고의 타르트로 뽑았다. 눈과 입을 행복하게 하는 화려한 맛이 일품이다.

SHOP INFO.
Map P.411-H
Add. 51 rue Censier 75005, Paris
Tel 01 43 31 68 12
Access Censier-Daubenton 역에서 도보 3분
Open 화~토 10:00~20:00, 일 10:00~13:30, 월요일 휴무
Price 타르트 및 케이크 평균 €4
URL www.carlmarletti.com

blé
sucré
Square
Trousseau
PARIS
blé sucré
Pâtissier
Boulanger

블레 쉬크레 **Blé Sucré**

달콤한 마들렌으로 인기

관광객의 발길이 드문 12구의 조용한 동네에 위치해 있지
만 단골들의 발길이 끊이지 않는 사랑스런 빵집이다. 크
루아상, 바게트, 케이크 등 다양한 종류를 갖추고 있는데
그중에서도 가장 인기 있는 메뉴는 설탕을 입힌 마들렌
Madeleine Sucrée이다.

마들렌은 프랑스 가정에서도 쉽게 구워먹는, 조개 껍질 모
양의 작은 빵인데, 단골들 사이에서는 이곳의 오렌지 설탕
을 입힌 마들렌을 파리 최고의 마들렌으로 평가한다.

오너 셰프인 파브리스Fabrice는 르 브리스톨Le Bristol이
나 알랭 뒤카스 오 플라자 아테네Alain Ducasse au Plaza
Athénee 같은 파리의 유명 레스토랑에서, 그리고 뉴욕 최
고의 레스토랑 중 하나인 다니엘 블루드Daniel Boulud에
서 경력을 쌓은 실력파 파티시에이다. 가게 앞에는 작은
테이블이 놓여 있어 따뜻한 햇살과 함께 여유로운 휴식을
즐길 수 있다.

SHOP INFO.
Map P.418-F
Add. 7 rue Antoine Vollon
75012, Paris
Tel 01 43 40 77 73
Access Ledru-Rollin역에서
도보 3분 **Open** 화~토
08:00~17:30, 일 09:00~12:00,
일요일 오후와 월요일 휴무
Price 케이크류 평균 €4, 큰
케이크 한 판 평균 €34

아르노 라레 Arnaud Larher

몽마르트르의 아티스트가 선보이는 환상적인 맛

몽마르트르 언덕의 한적한 길가에 있는 이곳은 지하철 역
에 내려서도 한참 동안 오르막길을 올라가야 하는 꽤 불
편한 위치에 있다. 하지만 도착하는 순간 그 고생을 까맣
게 잊을 만큼 아름다운 파티스리가 기다리고 있다.
'몽마르트르의 아티스트'라고도 불리는 아르노 라레는
2007년 M.O.F.(프랑스 국가 공인 최고 장인)를 획득한 최
고의 실력파 파티시에로, 화려하고 아름다운 패스트리로
인기가 높다. 영롱한 빛깔의 마카롱, 보석처럼 빛나는 케
이크, 앙증맞은 초콜릿까지 어느 것 하나 눈을 떼기가 힘
들 정도로 유혹적이다.
그 중에서도 블랙베리가 들어간 초콜릿 무스 쉬프헴
Suprême au chocolat은 파리 최고의 케이크라는 찬사
를 받는다. 진하고 매력적인 맛의 쇼콜라쇼Chocolat
Chaud(핫초코)도 즐길 수 있다. 최근에는 초콜릿과 마카
롱만 전문으로 파는 가게를 근처에 또 하나 열었다.

SHOP INFO.
Map P.418-B
Add. 53 rue Caulaincourt
75018, Paris
Tel 01 42 57 68 08
Access Lamarck-Caulaincourt
역에서 도보 5분 **Open** 화~토
10:00~19:30, 일요일·월요일
휴무 **Price** 마카롱 평균 €1.5,
밀푀유를 비롯한 디저트류 평균 €4.5
URL www.arnaud-larher.com

그레고리 르나르 Grégory Renard

주인 부부의 사랑처럼 아기자기한 마카롱과 초콜릿

도미니크 거리는 이곳 주민들이 애용하는 세탁소와 슈퍼마켓이 늘어서 있는 골목이기도 하지만, 내공 있는 맛집들이 빼곡하게 모여있는 미식의 거리이기도 하다. 이곳에서 입맛 까다롭기로 소문난 파리지앵에게 10년 넘게 꾸준한 사랑을 받아온 것만으로도 그 맛이 예사롭지 않음을 짐작할 수 있을 것이다. 10평 남짓한 아담한 가게에서 아내는 마카롱을 만들고, 남편은 초콜릿을 만들며 이들 부부의 아기자기한 사랑이 담긴 달콤한 맛을 선보이고 있다. 특히 가격 대비 훌륭한 맛으로 최고의 인기를 모으는 초콜릿 마카롱은 초콜릿 애호가들에게도 호평을 받고 있다. 그 뛰어난 맛으로 최고급 레스토랑과 호텔에 납품 되기도 한다. 화려한 인테리어보다는 마음씨 좋은 주인 아저씨가 항상 가게를 돌보며 손님의 어떤 질문에도 친절하게 대답해주어 따뜻함이 느껴지는 곳이다. 최근에 파리 5구와 15구에 분점을 내었다(주소는 홈페이지 참조).

SHOP INFO.
Map P.414-F
Add. 120 rue Saint Dominique 75007, Paris
Tel 01 47 05 19 17
Access École Militaire역에서 도보 8분   **Open** 화~토 09:30~19:00, 일요일·월요일 휴무
Price 마카롱 평균 €1.3
URL www.cacaoetmacarons.com

Macaron Rose
Biscuit macaron rose,
crème aux pétales de rose
Macaron Caramel à la
Fleur de Sel
Biscuit macaron caramel et grains
de fleur de sel, crème au
caramel au beurre demi-sel
Macaron Chocolat
Biscuit macaron chocolat,
ganache au chocolat amer

피에르 에르메 Pierre Hermé

예술적 디저트와 마카롱을 만날 수 있는 곳

세계 최고의 파티시에가 모여 있는 파리에서도 피에르 에르메의 위상은 독보적이다. '제과업계의 피카소'라는 별명이 있을 만큼 독창적인 역량을 발휘하는 그는 디저트의 한계는 어디일까 시험이라도 하듯 되 밀푀유Deux Mille-Feuille(2천 겹이라는 뜻)라는 디저트를 탄생시켰다.
또한 그의 손길을 거친 마카롱은 라뒤레(☞p.89)와 함께 파리에서도 최고로 손꼽힌다. '캐러멜과 소금꽃Caramel à la Fleur de Sel', '올리브 오일과 바닐라Huile d' Olive et Vanille', '초콜릿과 유자Chocolate et Yuzu'처럼 이질적인 재료들이 어우러져 환상적인 조화를 보여준다. 그중에서도 올리브 오일과 바닐라 마카롱은 꾸준한 인기를 모으는 베스트 메뉴이다.
파리의 대표적인 백화점 중 하나인 갤러리 라파예트 안에도 입점해 있으며, 튈르리 정원 근처의 지점을 비롯해서 파리에 총 7개의 지점이 있다(다른 지점의 정보는 홈페이지 참조).

SHOP INFO.
Map P.410-B
Add. 72 rue Bonaparte 75006, Paris
Tel 01 43 54 47 77
Access St. Sulpice역에서 도보 3분 **Open** 화~일 10:00~19:00, 월요일 휴무 **Price** 케이크 €5~7, 마카롱 €1.5 내외
URL www.pierreherme.com

에릭 케제르 Eric Kayser

프랑스 빵의 명성을 세계에 알린 빵집

파리에는 세계적으로 내로라하는 유명 불랑제리가 많이 있다. 그중에서도 최정상급에 속하는 에릭 케제르는 자연 효모를 이용하여 전통 방식으로 만드는 바게트와 브리오 슈 같은 기본에 충실한 빵으로 명성이 높다. 파리에 총 17 개의 매장이 있고, 최근에는 우리나라에도 서울과 천안에 총 4개의 매장이 입점되어 있다.

가장 무난히 즐길 수 있는 것은 담백하면서도 씹을수록 깊은 맛이 느껴지는 바게트이지만, 화려한 장식의 타르트 나 케이크류도 남녀노소 누구나 좋아한다. 그가 개발한 자연 액체효모, 게랑드산 소금, 맷돌에 갈은 통밀로만 만 드는 뿌르뜨 몽쥬Tourte Monge는 크기가 커서 여행자로 서는 선뜻 사먹기 힘들지만, 식사용 프랑스 빵의 매력을 느낄 수 있어 파리지앵의 꾸준한 사랑을 받고 있다. 올리 브, 무화과 등이 들어간 통밀 발효빵도 일품이다. 나머지 지점은 홈페이지에서 참조할 수 있다.

Map P.411-D
Add. 8 Rue Monge, 75005 Paris **Tel** 01 44 07 01 42
Access Maubert-Mutualite역 에서 도보 1분
Open 월~금 06:45~20:30, 토~일 06:30~20:30, 화요일 휴무
Price 바게트 €1.1, 샌드위치 €5
URL www.maison-kayser.com

Poilâne
BONBONS AU SUCRE DE CANNE
CANE SUGAR CANDIES
BOURGEON DE SAPIN
EVERGREEN
MENTHE / MINT
MIEL / HONEY
EUCALYPTUS
CITRON / LEM
Bonbons
au sucre de canne
Le paquet de 150 g / 2.50 €
LE PETIT MITRON
Délice d'Automne
"Autumn Delight"
Châtaigne
"Sweet Chestnut"
Myrtille
"Blueberry"
Citron Miel
"Lemon Honey"
Fraise
"Strawberry"

Miche Poilâne
4,26 € / kg
farine de blé moulue à la meule de pierre, eau, sel de Guérande

푸알란 Poilâne

프랑스 빵의 살아있는 전설

1932년에 문을 연 역사와 전통을 자랑하는 빵집. 가장 대표적인 빵은 가게의 이니셜 'P'가 찍혀 있는 커다란 미슈 Miche이다. 바게트가 나오기 훨씬 전부터 수백 년 동안 먹어왔던 프랑스의 전통 빵을 부활시켜 만든 것으로, 돌로 거칠게 간 밀과 물, 소금 이 세 가지 재료만 사용해서 만들어진다. 달고 부드러운 흰 빵에 익숙한 우리 입맛에는 조금 심심할 수도 있지만 먹으면 먹을수록 담백하고 깊은 맛이 매력이다. 푸알란의 대표적인 빵인 미슈는 조각으로 잘라서도 팔고 있어(서너 조각에 €1~2) 부담 없이 맛볼 수 있다. 푸알란의 빵은 함께 먹는 음식의 풍미를 높여 주는 것으로도 잘 알려져 있어 유명 식당에서는 샌드위치나 식재료용 빵으로 이곳의 빵을 선호한다. 그 밖에도 타르트 오 폼므Tarte aux Pommes (사과 파이)가 유명한데, 사각 거리는 사과 슬라이스와 바삭함을 잃지 않는 패스트리 크러스트의 완벽한 조화를 느낄 수 있다.

Map P.410-A
Add. 8 rue du Cherche-Midi, Paris
Tel 01 45 48 42 59
Access St. Sulpice역에서 도보 3분 **Open** 월~토 07:15~20:15, 일요일 휴무
Price 미슈 1kg당 €4.5
URL www.poilane.fr

불랑제리 말리노 Boulangerie Malineau

마레 중심부의 아기자기한 빵집

동심을 불러일으키는 파란 외벽과 아기자기한 쇼윈도가 눈길을 사로잡는 이 예쁜 빵집에는 바둑판 무늬의 알록달록한 사브레, 올망졸망 귀여운 카넬레Canelé (보르도 지방의 특산 빵으로 속은 달걀 반죽으로 만들어 부드럽고, 겉은 갈색으로 그을려 단단하고 달콤함) 등의 앙증맞은 빵들이 보는 이의 미소를 자아내게 한다. 하나같이 먹음직스러운 빵들 중에서도 바게트 파리지앵Baguette Parisienne이라는 이름의 담백한 바게트와 팽 오 쇼콜라 프랑브와즈Pain au Chocolat Framboise (산딸기와 초콜릿을 넣은 크루아상)는 시간에 맞춰 가지 않으면 구입하지 못할 때도 있을 만큼 인기 절정이다. 이렇게 빵이 나오는 시간에 맞춰 분주히 사러 오기 때문에 늘 신선한 빵을 만날 수 있고 그것이 이곳의 인기 비결인지도 모르겠다.

1 알록달록한 사브레 **2** 푸른색의 입구가 눈에 잘 띈다. **3** 담백한 맛이 일품인 바게트 파리지앵

SHOP INFO.
Map P.417-D
Add. 18 rue Vieille du Temple 75004, Paris
Tel 01 42 76 94 54
Access Saint-Paul역 또는 Hôtel de Ville역에서 도보 5분
Open 월~금 07:30~21:00, 토 08:00~22:00, 화요일·일요일 휴무 **Price** 카넬레 큰 것 €2.2

르 팽 오 나튀렐 Le Pain au Naturel

100% 유기농 빵으로 인기를 모으는 곳

깐깐하기로 유명한 프랑스 유기농 농산물 인증(AB)을 받은 재료만 사용하여 만드는 이곳의 빵은 창업자가 개발한 특수 발효 방식을 거쳐 맛은 물론 소화도 잘 되고 건강에도 좋아 인기가 많다. 1997년 100% 유기농 빵을 처음 선보인 이래 10년 사이에 급속도로 성장하여 파리에만 8개의 지점이 있고, 300개가 넘는 레스토랑에 빵을 공급하고 있다. 깨와 견과류, 올리브 등 다양한 재료들을 사용하는데, 특히 깨가 듬뿍 얹어진 피셀르 세잠 바이오Ficelle Sésame Bio (피셀르는 작고 가는 바게트)는 고소한 맛이 일품이다. 유기농이라고 해서 가격이 크게 비싸지도 않아 파리 주부들의 사랑을 듬뿍 받고 있다. 여러 지점 중 지하철역에서 가깝고 중심부에 있는 대표 지점을 소개하며, 나머지 지점은 홈페이지를 참조하기 바란다.

1 양이 많아 부담스러운 사람은 미니 사이즈를 구입하자. **2** 피셀르 세잠 바이오. 깨가 듬뿍 뿌려져 있어 입안 가득 고소함이 퍼진다.

SHOP INFO.
Map P.412-B
Add. 7 rue Bourdaloue 75009, Paris **Tel** 01 48 74 04 55
Access Notre-Dame-de-Lorette역에서 도보 1분
Open 월~토 07:30~19:00, 일요일 휴무 **Price** 미니 피셀르 바이오 €1.2, 투르트 바이오 €6.5
URL www.painmoisan.fr

제라르 뮐로 Gérard Mulot

소박하지만 맛있는 빵들이 가득한 곳

파리지앵들이 동네 단골 빵집처럼 무척 사랑하는 곳이다. 크루아상, 브리오슈, 바게트 같은 식사 대용 빵부터 마카롱, 타르트, 케이크 같은 예쁘장한 파티스리에 이르기까지 어느 것을 선택해도 후회하지 않을 곳이다.

파리의 유명 디저트 숍들이 시각적인 면에 많이 치중하고 값도 비싸서 여행자에게는 부담스럽게 느껴질 때도 있지만, 이곳은 그들에 비하면 모양새도 소박하고 가격도 적당하다.

간단한 음식을 포장해서 갈 수 있는 트레퇴르Traiteur도 함께 운영하고 있어 파테(테린), 크로크 무슈, 샌드위치, 각종 샐러드 등 바로 먹을 수 있는 음식들도 구입할 수 있다. 파리에 총 3개의 매장이 있다.

1 생과일이 먹음직스런 과일 타르트 **2** 파테는 원하는 만큼 잘라서 판매한다. **3, 7** 멋지게 장식되어 있는 마카롱이 시선을 끈다. **4** 바게트를 비롯한 각종 빵들이 여행자를 기다린다. **5,6** 진열대 안에 가득한 디저트와 케이크

● 생제르맹점

Map p.410-B
Add. 76 rue de Seine 75006, Paris
Tel 01 43 26 85 77
Access Odéon역 또는 Mabillon역에서 도보 5분
Open 목~화 06:45~20:00, 수요일 휴무
Price 디저트 및 케이크류 평균 €4, 크로크 무슈 €4
URL www.gerard-mulot.com

● 글라시에르점

Add. 93 rue de la Glacière 75013, Paris
Tel 01 45 81 39 09
Access Glacière역에서 도보 5분
Open 화~일 10:00~19:30, 월요일 휴무

● 마레점

Add. 6 rue du Pas de la Mule 75003, Paris
Tel 01 42 78 52 17
Access Chemin Vert역에서 도보 4분
Open 화~일 08:00~20:00, 월요일 휴무

파리에서 빵 사먹기

파리의 빵집들을 보면 어떤 곳에는 불랑제리Boulangerie, 또 어떤 곳에는 파티스리 Pâtisserie라는 간판이 붙어 있다. 전자는 우리가 흔히 생각하는 식사용 빵을 파는 곳이고, 후자는 달콤한 디저트와 케이크를 파는 곳이다. 둘의 경계가 뚜렷하지 않기 때문에 한 가게에서 모두 파는 경우가 대부분이다.

파리의 불랑제리에서 놓치지 말아야 할 것은 바로 바게트이다. 바게트 하나가 너무 크다 싶으면 드미 바게트Demi Baguette(바게트의 절반)라고 외치면 된다. 바게트 하나가 €1를 조금 넘고 드미 바게트는 그 절반 가격이다. 생수 한 병도 안 되는 값으로 고소한 행복을 느낄 수 있으니 얼마나 고마운가! 버터를 발라 먹거나 샐러드 하나를 사서 곁들이면 그 맛은 더욱 살아난다.

딱딱한 바게트에 싫증이 났다면 팽 오 쇼콜라Pain au chocolat (초코 크루아상)나 팽 오 레젱Pain aux raisins (건포도 크루아상)도 좋다. 우리의 콩나물이나 두부처럼 파리지앵의 일상에서 이 두 빵이 차지하는 비중은 상당하다.

또 한 가지 빼놓을 수 없는 것이 바로 타르트이다. 배 타르트, 사과 타르트, 딸기 타르트 등 타르트의 종류는 셀 수 없이 많다. 달콤한 과일과 부드러운 크림이 조화되어 약간 달더라도 한번 입을 대면 한 조각 정도는 거뜬히 해치우게 된다.

바게트가 예상보다 저렴하다면 다른 빵들은 유럽의 물가 수준이다. 동네 빵집의 수더분한 타르트는 €2부터이고 좀 유명하다는 곳에서는 €4도 훌쩍 넘는다. 팽 오 쇼콜라도 €1 동전 한 개로는 부족하다.

파리의 웬만한 빵집들은 항상 기대 이상의 맛을 보여주어 행복감을 느끼게 한다. 꼭 유명한 곳이 아니어도 동네 빵집들의 수준은 감탄할 만하다. 돌아다니다가 불랑제리가 보이면 꼭 한번 들어가보자. 그곳에서는 그냥 고개를 끄덕거리는 정도였더라도, 한국에 돌아오면 그 맛이 눈물 나게 그리워질 것이다.

드보브 에 갈레 Debauve et Gallais

프랑스 왕실에서 즐기던 명품 초콜릿

파리에서 가장 오래된 쇼콜라티에이자 프랑스 초콜릿의 전설로 불리는 곳. 왕실의 약제사였던 슐피스 드보브 Sulpice Debauve가 루이 16세와 마리 앙투아네트의 치료를 위해 초콜릿을 만들기 시작하면서 그의 초콜릿 인생이 시작되었다. 몸에 이로운 초콜릿을 만드는 것이 평생의 신조였기에 원료 선정부터 제조 공정까지 까다롭게 이루어졌다. 화학자였던 조카 갈레와 손을 잡고 자신들의 이름을 딴 초콜릿 브랜드를 만들어 루이 18세, 샤를르 10세, 루이 필립에 이르기까지 왕실의 공식 납품 업체로서 명성을 떨쳤다.

그리고 지금까지 200년이 넘게 전통과 명성을 지켜오며 파리 최고(最高)의 초콜릿 하우스로 위상을 떨치고 있다. 다양한 종류의 가나슈Ganache (크림이 들어가서 맛이 부드러운 초콜릿)가 두루 인기가 많은데 가격은 비싸지만 뛰어난 품질을 유지하며 변함 없는 사랑을 받고 있다.

SHOP INFO.
Map P.410-A
Add. 30 rue des Saints-Pères, Paris **Tel** 01 45 48 54 67
Access Rue du Bac역 또는 Saint-Germain des Près역에서 도보 7분
Open 월~토 09:00~19:00, 일요일 휴무
Price 가나슈 100g당 €12
URL www.debauve-et-gallais.com

MONIN
Noisette
Fruit de la passion
GANACH
ET P
Coffret de 250 Gr
Coffret de 500 Gra
Coffret de 750 Gra
Coffret de 1 Kilogra
En sachet – Prix au k
Nos clients peuvent ch
les bonbons qui leur
Les boîtes préparées peuv
Toutes indications sur la
des articles peuvent être fourn
Christian Constant
Oranges an
Myrtiles
Christian Constant
RUE DE FLEURUS

크리스티앙 콩스탕 Christian Constant

최고급 카카오와 이색적인 재료의 독특한 조화

프랑스의 대표적인 쇼콜라티에 중 한 사람인 크리스티앙 콩스탕은 자유로운 상상력과 실험 정신으로 독창적인 초콜릿을 선보인다. 그래서 그의 초콜릿은 좀처럼 어울리기 힘들어 보이는 재료들까지 동원된다. 그 중에서도 오렌지 꽃, 일랑일랑Ylang Ylang 등의 이색적인 향과 최고급 카카오를 조화시킨 초콜릿들은 색다른 감동을 전한다. 초콜릿 외에도 초코 타르트, 오페라 같은 파티스리와 잼, 콩피튀르(설탕 절임류) 등 다양한 종류의 식품들도 구입할 수 있다.

SHOP INFO.
Map P.410-F
Add. 37 rue d'Assas 75006, Paris
Tel 01 53 63 15 15
Access Saint-Placide역 또는 Rennes역에서 도보 5분
Open 월~금 09:30~20:30, 토~일 09:00~20:00
Price 각종 가나슈 150g당 €17
URL www.christianconstant.fr

1 초콜릿이 들어간 케이크나 타르트류도 훌륭하다. **2** 네모난 상자에 담겨진 다양한 초콜릿 디저트류 **3** 꽃 향과 카카오가 매혹적으로 조화된 가나슈

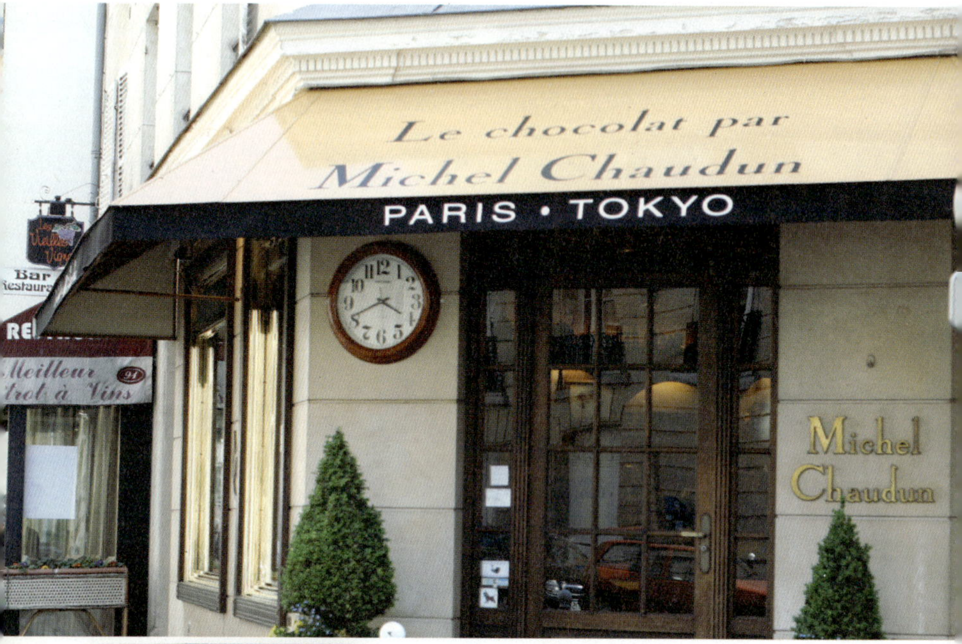

SHOP INFO.
Map P.415-C
Add. 149 rue de l'Université 75007, Paris
Tel 01 47 53 74 40
Access Pont de l'Alma역에서 도보 7분 **Open** 월 09:30~18:00, 화~토 09:15~19:00, 일요일 휴무 **Price** 트러플 초콜릿 100g당 평균 €10

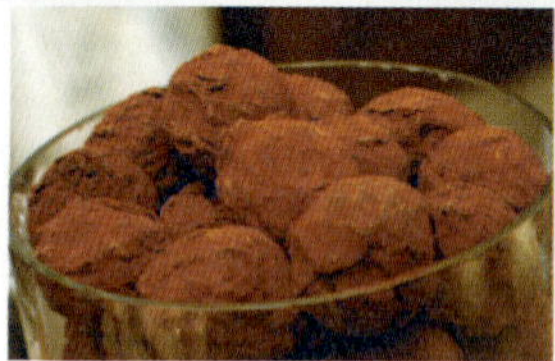

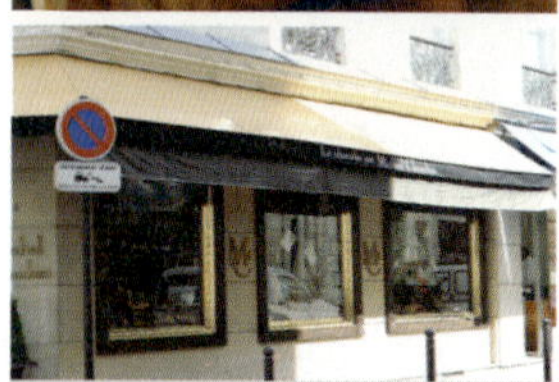

미셸 쇼당 Michel Chaudun

초콜릿 장인의 연륜이 묻어나는 곳

세계 최고의 실력을 갖추었다고 평가 받는 초콜릿 장인 미셸 쇼당의 숍이다. 주택가에 위치한 아담한 가게는 장 폴 에벵(☞p.82)이나 피에르 마르콜리니(☞p.79)의 숍처럼 도시적이고 세련된 느낌보다는 따뜻한 인간미가 느껴지는 것이 특징이다. 25년 넘게 쇼콜라티에로 일하면서 초콜릿 조각 작품 등으로 파리의 많은 젊은 쇼콜라티에에게 예술적 영감을 주었고, 그의 가게에서 수련한 제자들이 전 세계에서 활약하고 있는 것을 낙으로 여긴다. 그래서인지 그의 얼굴에서는 권위자라기 보다는 장인의 온화함과 푸근함이 느껴진다. 심플한 초콜릿 바부터 예술 작품처럼 정교한 초콜릿 에펠탑까지 폭넓은 사랑을 받고 있으며, 특히 부드러운 초콜릿 파베Pavé가 인기 있다. 파베는 코코아가루를 묻힌 네모난 모양의 가나슈 초콜릿으로, 상자에 담겨있어 선물용으로 인기이다. 단 잘 녹기 때문에 보관에 주의가 필요하다.

피에르 마르콜리니 Pierre Marcolini

세계인의 입맛을 사로잡은 벨기에 출신의 쇼콜라티에

1995년 리옹에서 열린 세계 파티시에 대회에서 당당하게 우승을 거머쥐고, 2000년 로마에서 열린 유럽 챔피언 대회까지 석권한 피에르 마르콜리니는 초콜릿에 대한 열정 하나로 달려왔다고 해도 과언이 아니다.

그는 최고의 초콜릿을 만들기 위해 전 세계를 돌아다니며 그만의 재료를 찾는다. 타히티의 바닐라, 모로코의 페퍼 베리 등 이색적인 재료를 사용한 초콜릿은 이러한 열정으로 탄생되었다. 각 시즌별 한정 상품에서는 독특한 맛을 경험할 수 있다. 또한 희소 가치가 있는 최상급 카카오빈만을 엄선해 만든 태블릿Tablettes류는 선물용으로 그만이다. 또한 그의 초콜릿을 말할 때 디자인을 빼놓을 수 없는데, 초콜릿 자체의 디자인은 물론 명품 숍에 온듯한 고급스러운 품격이 느껴진다. 벨기에를 비롯해 뉴욕, 도쿄 등 전 세계에 지점을 두고 있으며, 파리에는 생제르맹과 오페라역 근처에 2개의 지점이 더 있다.

SHOP INFO.
Map P.410-B
Add. 89 rue de Seine 75006, Paris
Tel 01 44 07 39 07
Access Mabillon역이나 Odéon역에서 도보 4분
Open 월 14:00~18:00, 화~토 10:00~19:00, 일 10:20~17:30
Price 초콜릿 100g당 평균 €10
URL www.marcolini.be

48€
34€

파트리크 로제 Patrick Roger

자유와 꿈을 보여주는 초콜릿 세상

매장에 들어서자마자 보이는 거대한 초콜릿 조각 작품에서도 알 수 있듯이 파트리크 로제는 초콜릿을 통해 자유와 꿈을 이야기한다. '초콜릿계의 이단아'라고 불리는 그는 젊었을 때 오토바이로 프랑스 전역을 여행 다녔을 만큼 자유분방하고 모험심 넘치는 사람이다.

이러한 모험심과 상상력은 그의 초콜릿 세계에 고스란히 구현된다. 베를린 장벽 붕괴 20주년을 기념하여 만든 작품처럼 정치성과 예술성을 접목시킨 초콜릿 작품들은 그가 말하고 싶은 것이 무엇인지 한번쯤 생각하게 한다. 그래서 그를 일컫는 또 하나의 별명이 '쇼콜라티에계의 로댕'이다. 가장 인기 있는 것은 헤즐넛 프랄리네Praliné와 상큼한 신맛이 입안에서 퍼지는 반 구슬 모양의 꿀뢰르Couleurs로, 마니아에게 큰 사랑을 받고 있다. 생강, 식초, 아시아의 향신료 등 이색적인 재료가 들어간 초콜릿도 있기에, 독특한 미각을 경험할 수 있다.

SHOP INFO.
Map P.411-C
Add. 108 Boulevard Saint-Germain 75006, Paris
Tel 01 43 29 38 42
Access Odéon역에서 도보 2분
Open 매일 10:30~19:30
Price 프랄리네, 가나슈 등 초콜릿 100g당 평균 €10
URL www.patrickroger.com

장 폴 에벵 Jean Paul Hevin

최상의 재료로 만든 고품격 초콜릿

1986년 M.O.F.(프랑스 국가 공인 최고 장인)를 받은 장 폴 에벵은 최상의 원료로 최고의 초콜릿을 만들어내는 쇼콜라티에로 유명하다. 엄선된 카카오만을 고집하여 만든 프랄리네Praliné부터 다양한 종류의 패스트리까지 초콜릿에 관한 모든 것이 있다.

클래식한 프랄리네Praliné부터 독특한 향신료를 넣은 가나슈Ganache까지 스무 가지가 넘는 초콜릿이 있으며, 하나씩 까서 먹기 좋은 팔레 장 폴 에벵Palets JPH도 인기이다. 치즈 아페리티프 초콜릿Chocolats apéritifs au fromage이 눈길을 끄는데 염소젖, 로크포르 치즈 등 최상급 치즈와 어우러지는 깊은 초콜릿의 맛이 이색적이다.

파리에 3개의 지점이 있는데, 튈르리역 근처에 있는 지점이 가장 규모가 크고 티룸까지 갖추고 있어 살롱 드 테와 식사를 즐길 수도 있다. 특히 살롱 드 테의 클래식한 핫초코Chocolat Chaud를 강력 추천한다.

● 튈르리역점

Map p.412-F
Add. 231 rue Saint-Honoré 75001, Paris
Tel 01 55 35 35 96
Access Tuileries역에서 도보 4분
Open 월~토 10:00~19:30(런치 12:00~14:30, 티룸 12:00~19:00), 일요일 휴무
Price 가나슈, 프랄리네 100g당 평균 €10
URL www.jphevin.com

● 에콜 밀리테르역점

Map p.415-G
Add. 23 bis avenue de la Motte-Picquet 75007, Paris
Tel 01 45 51 77 48
Access École Militaire역에서 도보 2분
Open 화~토 10:00~19:30, 일요일·월요일 휴무

● 마레점

Map p.410-F
Add. 3 rue Vavin 75006, Paris
Tel 01 43 54 09 85
Access Vavin역 또는 Notre-Dame-des-Champs역에서 도보 4분
Open 화~토 10:00~19:00, 일요일·월요일 휴무

르 박 아 글라세 Le Bac à Glaces

프랑스 홈메이드 아이스크림의 진수

봉 마르셰Le Bon Marché 백화점 뒤편에 위치한 아담한 규모의 아이스크림 가게이다. 무심코 지나치기 쉽지만 입맛 까다롭기로 유명한 파리지앵에게 30년 넘도록 꾸준한 사랑을 받아온 내공이 있는 집이다.

천연 재료만 사용해서 만드는 이곳의 아이스크림은 진하면서도 깔끔한 맛이 인기 비결. 아이스크림은 글라스 glace와 소르베sorbet 두 종류가 있는데, 글라스는 크림을 넣어 부드러운 맛이 내는 것이고, 소르베는 크림을 넣지 않고 원재료 자체의 맛을 깔끔하게 내는 것이다.

망고나 레몬 같은 진한 과일 소르베도 맛있지만, 특히 이 집의 초콜릿 소르베Sorbet de Chocolate는 혀가 얼얼할 정도로 진하면서 카카오의 풍미가 가득하다. 가게 안 테이블에서 먹을 수도 있지만, 테이크 아웃해서 먹으면 더욱 저렴하게 즐길 수 있다.

SHOP INFO.
Map P.410-A
Add. 109 rue du Bac 75007, Paris Tel 01 45 48 87 65
Access Sèvres-Babylone역에서 도보 5분
Open 월~금 11:00~19:00, 토 11:00~19:30, 일요일 휴무
Price 콘 또는 컵 최소 €3부터(테이크 아웃), 가게 안에서 먹을 경우 3스쿱 €7.5부터.
URL www.bacaglaces.com

1 가게 앞에 커다란 아이스크림 모형이 있다. **2** 인기 메뉴인 초콜릿 소르베

베르티용 Berthillon

왕실에도 납품되었던 프랑스 명품 아이스크림의 원조

1954년에 창업하여 지금까지 변함 없는 사랑을 받고 있는 프랑스의 대표 아이스크림 가게이다. 이렇게 오랫동안 사랑을 받을 수 있었던 비결은 교품질의 신선한 재료에 있다. 질 좋은 우유, 생크림, 계란, 설탕만을 사용하고 맛을 내는 재료들도 100% 천연으로만 사용한다.

또한 창업 이후 아이스크림의 품질을 직접 관리하는 창업주는 그 어떠한 첨가물도 허용하지 않는다고 하니 이런 모든 노력이 오늘의 베르티용을 있게 했을 것이다.

가장 명성이 자자한 소르베Sorbet는 과일을 갈아서 그대로 얼려놓은 듯 진한 맛이 일품이다. 그래서 여름철이면 매장 앞에 긴 행렬이 늘어설 때가 많은데 그 기다림이 결코 아깝지 않을 만큼 혀끝을 감동시킨다. 이렇게 인기가 좋다 보니 생 루이 섬에 있는 대부분의 카페와 레스토랑에서도 베르티용의 아이스크림을 팔고 있다. 오래 기다릴 시간이 없다면 그곳으로 가도 좋다.

SHOP INFO.
Map P.417-D
Add. 29-31 rue Saint Louis en l'ile 75004, Paris
Tel 01 43 54 31 61
Access Pont Marie역에서 도보 4분 **Open** 수~일 10:00~20:00, 월요일·화요일 휴무
Price 콘 또는 컵 최소 €3부터 (테이크 아웃)
URL www.berthillon.fr

아모리노 Amorino

이탈리아에서만큼 맛있는 파리 젤라토의 매력

프랑스 아이스크림의 자존심인 베르티용의 아성을 위협할 정도로 인기가 많은 이탈리안 젤라테리아이다. 2002년 생 루이 섬에 첫 매장을 낸 후 크게 성공을 거두어 지금은 파리 전역에 39개의 분점이 성업 중이고, 독일과 영국에까지 진출해 세계인의 입맛을 사로잡고 있다.

인공 색소와 첨가제는 전혀 사용하지 않고, 유기농 계란과 신선한 우유를 포함한 고품질의 천연 재료만을 사용하여 그 맛이 특별하다. 매장의 수가 많지만 완제품 상태로 공급되기 때문에 어느 곳에서 먹든 동일한 맛을 즐길 수 있다.

재미있는 것은 콘을 주문하면 젤라토 디 피오레Gelato di Fiore라고 활짝 핀 꽃처럼 어여쁜 모양으로 정성스럽게 퍼주는데, 여러 가지 맛을 선택하면 알록달록 꽃잎마다 각기 다른 맛을 즐길 수 있어 보는 즐거움까지 더해준다. 각 매장 정보는 홈페이지를 참조하자.

SHOP INFO.
Map P.417-D
Add. 47 rue Saint Louis en l'ile 75004, Paris
Tel 01 44 07 48 08
Access Pont Marie역에서 도보 4분
Open 매일 12:00~24:00
Price 콘 또는 컵 최소 €3부터(테이크 아웃)
URL www.amorino.com

파리에서 커피 주문하기

파리에서는 레스토랑에서 식사를 하고 나면 꼭 물어보는 말이 있다.
"Vous voulez un café? (커피 드시겠습니까?)"
카페에 가서 뭘 고를지 망설일 때도 마찬가지로 묻는다.
"Vous voulez un café? (커피 드시겠습니까?)"
이럴 때 무심코 고개를 끄덕인다면 잠시 후 무척이나 후회하게 될 지도 모른다. 아주 조그마한 잔에 에스프레소를 들고 올 것이기 때문이다. 파리에서는 보통 카페에서 Café(커피)라고 하면 밤톨처럼 작은 잔에 담겨 나오는 에스프레소를 뜻한다. 거기에 약간의 물이 추가된 것을 카페 세레Café Serré라고 하고, 약간의 우유가 추가된 것을 카페 누아제트Café Noisette라고 한다. 누아제트는 개암 열매(밤과 비슷한 열매)라는 뜻인데, 우유를 개암 열매만큼만 넣었다고 해서 붙여진 이름이다.

우유가 듬뿍 들어간 커피는 카페 크렘Café Crème이라 한다. 카페 오레Café Au Lait라는 표현은 별로 쓰이지 않는다. 우리가 가장 많이 마시는 연한 커피는 카페 아메리캥Café Américain이라고 말한다. 파리지앵들은 이 커피가 너무 연해서 양말 빨은 물이라고까지 말한다니, 사람의 입맛이 이리도 다른가 싶다. 여기에 물이 조금 덜 추가된 것이 카페 알롱제Café Allongé이다. 에스프레소 추출 시 조금 더 긴 시간을 들이며, 거기에 물을 탄 커피를 말한다. 카페 아메리캥보다는 약간 진한 편이다.

카페 크렘도 아침에만 가끔 마실 뿐 선호되는 커피는 아니다. 그럼 이쯤에서 떠오르는 것이 카푸치노! 카푸치노도 메뉴에 있긴 하지만 카푸치노는 뭐니 뭐니 해도 이탈리아가 최고의 맛을 자랑한다. 만일 다음 행선지가 이탈리아라면 그때를 위해 조금만 참는 것이 좋겠다.

라뒤레 **Ladurée**

마카롱뿐 아니라 브런치도 유명

1862년에 빵집으로 문을 열어 제과점으로 거듭나고 살롱 드 테까지 갖추며 점점 발전하더니 현재는 영국, 일본, 스위스 등 11개국에 분점을 두고 있는 세계적으로 유명한 곳이 되었다. 가장 인기를 모으는 것은 마카롱이지만, 안쪽의 카페 겸 레스토랑에서는 우아한 분위기에서 차를 즐길 수도 있고, 비에누아즈리Viennoiserie (주로 아침에 먹는 빵 종류)와 함께 하는 아침식사와 브런치도 인기가 많다. 크루아상, 팽 오 쇼콜라, 브리오슈 등과 주스나 홍차, 쇼콜라, 직접 만든 잼과 꿀 등이 곁들여진 기본 아침 메뉴가 €20 정도인데, 가격 대비 그다지 실속이 없기에 단품 메뉴로 각각 주문하는 게 낫다.

건물 외벽의 쇼윈도에는 매 시즌 새로운 종류의 마카롱을 디스플레이하여 지나가는 사람들의 눈길을 끈다. 파리에 총 4개의 지점이 있는데 그 중 샹젤리제점이 가장 찾기 쉽고 규모도 크다.

Map P.416-D
Add. 75 avenue des Champs Elysées 75008, Paris
Tel 01 40 75 08 75
Access George V역에서 도보 4분   **Open** 월~금 07:30~23:30, 토 08:30~00:30, 일 08:30~23:30
Price 마카롱 €1.6
URL www.laduree.fr

레 되 자베이유 Les Deux Abeilles

단아하고 세련된 브런치와 살롱 드 테

파리에서도 부촌으로 꼽히는 7구 지역에 위치한 카페&레스토랑으로, 뉴욕 타임즈에서는 이곳을 센 강 근처의 브런치 명소라고 추천했다. 전체적으로 화이트 톤의 심플한 인테리어와 단아한 분위기가 멋스러우며, 군데군데 칠이 벗겨진 의자나 벽에 걸려 있는 무채색 액자들은 빈티지한 느낌도 준다. 분위기만 좋은 것이 아니라 음식도 정갈하게 잘 나와서 언제나 만족스러운 식사를 할 수 있는 곳이다. 그래서인지 브런치나 런치를 즐기려는 단골들로 늘 예약이 찬다. 그 중에서도 당근 퓨레와 함께 나오는 따뜻한 렌틸콩 샐러드Salade de Lentilles와 호박 그라탱Gratin de Potiron 등이 인기 메뉴이며, 생강을 첨가한 레모네이드 등 특별한 음료도 맛볼 수 있다. 음료와 식사, 디저트까지 포함하여 €22 정도.

1 따뜻한 렌틸콩 샐러드가 입맛을 돋운다. 2 차와 함께 즐기기 좋은 홈메이드 디저트도 인기 3 생강을 첨가해 건강함이 더해진 레모네이드

SHOP INFO.

Map P.414-B
Add. 189 rue de Université 75007, Paris
Tel 01 45 55 64 04
Access Pont de l'Alma역에서 도보 4분
Open 월~토 09:30~19:00, 일요일 휴무
Price 커피 €3, 런치 €22

"Tea Time d'Après thé"
...maine: 15ʰ à 18ʰ
Week-end: 16ʰ à 18ʰ30
Toutes nos pâtisseries sont faites
maison
...assiette de deux scones servis ave...
...eurre et confitures maisons: 7€
...scone nature: 3€
...scone confitures maison 4€
...scone mou de mascarpone et si...
...érable: 5€
...cake à l'américaine et...
...fruits rouges 7€
...brownies aux deux chocolats 6...
...tarte confiture de framboise...
...crumble 7€
...on chocolat 6€
...chocolat 6,5€
...hadija's Delight 6,5€
...thé au choix de la maison

아 프리오리 테 **A Priori Thé**

아름다운 파사주에서 즐기는 오후의 홍차

파리에서 가장 아름다운 파사주(19세기에 유행했던 건축 양식으로 천장이 있는 좁은 아케이드)로 꼽히는 갈르리 비비엔의 안뜰에 있는 살롱 드 테다. 천장의 유리를 통해 들어오는 햇살이 150년도 더 된 우아한 아케이드 내부를 따사롭게 비추어 편안하면서도 고전적인 분위기가 느껴진다. 30년 동안 파리지앵의 사랑을 꾸준히 받아온 곳이다. 그런데 아이러니하게도 이곳 주인은 미국인이다. 그래서 아메리칸 스타일의 치즈 케이크 같은 메뉴도 있다. 신기한 점은 조각 케이크 반쪽도 주문이 된다는 것. 클래식한 홍차에 브라우니, 타르트, 스콘 등을 곁들여서 여유롭게 오후의 티타임을 즐길 수 있다.

주말에는 12:00~16:00까지 브런치도 제공되는데 인기가 많아서 미리 예약을 하고 가야 한다. 식사 시간에는 차 메뉴만 주문하는 것이 불가능하니 살롱 드 테를 즐기기 위해서라면 식사 시간을 피해서 방문하는 것이 좋다.

SHOP INFO.

Map P.413-G
Add. 35 Galerie Vivienne 75002, Paris
Tel 01 42 97 48 75
Access Bourse역에서 도보 4분
Open 월~금 09:00~18:00, 토 09:00~18:30, 일 12:00~18:30
Price 커피 €2.5, 카페 크렘 €4, 디저트 및 케이크 €4~7

르 루아 당 라 테이예르
Le Loir Dans la Théière

동화 속 이야기처럼 아기자기함이 매력인 카페

'찻주전자 속의 들쥐'라는 뜻의 카페 이름처럼 동화 같은 분위기가 매력적인 곳이다. 골동품상에서 가져온 듯한 낡은 소파와 테이블, 벽면을 가득 메운 재미있는 일러스트가 어우러져 어릴 직 향수에 빠져들게 된다.

가벼운 점심이나 브런치를 즐기기에 좋은 곳으로 오믈렛, 렌틸콩 샐러드, 오늘의 수프 등이 먹을 만하다. 홈메이드 디저트와 함께 차를 즐겨도 좋은데, 특히 디저트는 애플 타르트부터 무스 케이크에 이르기까지 다양하며 양도 넉넉하여 인기가 많다. 오후 늦게 가면 품절인 경우가 많으므로 이왕이면 서둘러서 가자. 여럿이 둘러앉는 소파에 편안히 앉아 책을 읽기도 좋은 곳이다. 단 이곳에서 금지된 단 하나의 행동은 바로 노트북을 사용하는 것. 편안한 분위기와 달리 의외로 가격대는 높은 편이다.

SHOP INFO.
Map P.417-B
Add. 3 rue des Rosiers 75004, Paris
Tel 01 42 72 90 61
Access Saint-Paul역에서 도보 2분 **Open** 월~금 11:30~19:00, 토~일 10:00~19:00
Price 카페라테 €6, 디저트류 €4.5, 간단한 식사류 €8~15

브레이스 카페 Breizh Café

건강하고 맛 좋은 크레프와 갈레트 천국

마레 지구에서 가장 인기 있는 크레프리Créperie(크레프를 전문으로 하는 식당)이자 브런치 명소. 한때 길거리 음식 정도로 여겼던 크레프Crêpe (밀가루 반죽을 기본으로, 보통 달콤한 재료가 올라감)와 갈레트Galette (메밀 반죽을 기본으로, 보통 담백한 재료가 올라감)를 당당히 요리 수준으로 재창조해냈다. 정통 크레프부터 관자, 버섯 등 제철 재료를 사용한 창의적인 것까지 다양한 메뉴를 선보인다. 브르타뉴 지방의 신선한 굴과 버터도 별미이고, 시원한 사과주Cidre 또는 브르타뉴산 맥주를 곁들여도 좋다. 브런치로도 인기 있는 곳이어서 주말에는 자리를 잡기가 쉽지 않다. 메뉴를 추천해 달라고 하면 주로 제철에 나오는 비싼 메뉴를 권하므로, 무난한 것을 원한다면 메뉴판 가장 윗부분에 있는 클래식한 메뉴를 택하는 것이 좋다. 식사를 해결하기에는 치즈와 달걀, 야채를 넣은 갈레트 콩플레트Galette complete 종류가 가격 대비 만족스럽다.

SHOP INFO.
Map P.417-B
Add. 109 rue Vieille du Temple 75003, Paris **Tel** 01 42 72 13 77
Access Saint-Sébastien-Froissart역에서 도보 7분
Open 수~일 12:00~23:00, 월요일 · 화요일 휴무
Price 클래식한 크레프나 갈레트 €6~8 (특선일 경우 €8~12)
URL www.breizhcafe.com

레 필로조프 Les Philosophes

부담 없이 가기 좋은 편안한 카페

마레 지구를 돌아다니다 보면 한번쯤은 꼭 지나치게 되는 카페 겸 레스토랑으로, '철학자들'이라는 뜻의 가게 이름이 흥미롭다.

워낙 좋은 자리에 위치하고 있어서 관광객으로 가득할 것처럼 보이지만 적당한 가격에 맛있는 프렌치 요리를 즐길 수 있어 현지인 단골들이 더 많다. 안으로 들어가면 밖에서 보는 것보다 꽤 넓은 공간으로 되어 있으며 은은하게 조명을 밝혀 아늑한 분위기가 흐른다.

가장 인기 있는 메뉴는 가게 이름을 그대로 붙인 필로조프 샐러드로 햄, 계란, 치즈, 채소 등이 푸짐하게 나와 한 끼 식사로도 손색이 없다. 그 외에 타르트 타탱 토마테Tart Tatin Tomate (토마토 파이)와 프랑스식 양파 수프Soupe à l'oignin도 언제나 인기 있는 메뉴이다. 매일매일 약간씩 다르게 구성되는 2~3코스 메뉴도 만족스럽게 먹을 수 있다.

SHOP INFO.
Map P.417-B
Add. 28 rue Vieille du Temple 75004, Paris
Tel 01 48 87 49 64
Access Saint Paul역 또는 Hotel de Ville역에서 도보 5분
Open 매일 09:00~다음날 01:30
Price 샐러드 €10~15, 2코스 메뉴 €20, 3코스 메뉴 €29

레 되 마고 Les Deux Magots

사르트르와 피카소의 추억이 서린 예술가 카페

파리의 카페를 말할 때 가장 먼저 떠올리게 되는 클래식한 카페의 원조라고 할 수 있다. 1885년에 문을 연 이후 카페 드 플로르(☞p.99)와 함께 프랑스 문화의 랜드마크가 된 곳이다. 계약 결혼으로 유명한 사르트르와 보부아르가 열띤 대화를 나누고, 피카소와 브라크가 새로운 미술 사조인 큐비즘을 탄생시킨 곳도 바로 이곳이다. 그 외에 앙드레 지드나 헤밍웨이 등이 자주 들러 문학인들의 아지트로도 이름 높다.

식사류는 가격에 비해 맛은 별로 없는 편이지만 디저트들은 예외이다. 이곳의 디저트는 7구에 있는 유명 파티스리에서 매일 공수해오는데, 웨이터가 트레이에서 눈을 뗄 수 없을 정도로 화려한 디저트들을 가득 싣고 온다. 각종 타르트부터 라즈베리 바닐라 크림 케이크, 몽블랑, 초콜릿 에클레어 등 종류도 꽤 다양하다. 생 제르맹 데 프레의 중심부에 위치한다.

SHOP INFO.
Map P.410-B
Add. 6 Place Saint-Germain-des-Prés 75006, Paris
Tel 01 45 48 55 25
Access Saint-Germain-des-Prés역에서 도보 2분
Open 매일 07:30~다음날 01:00
Price 커피 및 각종 차 €6
URL www.lesdeuxmagots.fr

델리카바 Delicabar

파리지앵의 시크함을 엿볼 수 있는 곳

봉 마르세 백화점 2층에 위치해 있으며 스낵 시크Snack Chic를 모토로 하는 캐주얼 다이닝 레스토랑&카페이다. 흔히 백화점에 입점해 있는 레스토랑은 평범하고 무난하다는 고정 관념이 있지만, 이를 깨고 컬러 감각이 돋보이는 세련된 인테리어와 창의적인 메뉴가 조화를 이루어 파리 트랜드세터들의 사랑을 듬뿍 받고 있다.

화이트와 레드가 주를 이루는 실내에서 올 그린 샐러드(브로콜리, 피스타치오, 시금치 등의 녹색 야채가 어우러진 샐러드)를 먹거나, 푸른 조경이 아름다운 야외 테라스석에서 원색의 과일 주스를 마시는 풍경은 생기발랄 그 자체이다. 특히 비밀의 정원 같은 야외 테라스석은 비가 오는 날이면 운치가 있어 더욱 좋다. 디저트로 클래식한 밀푀유Mille-Feuilles를 추천한다. 브런치 메뉴로는 훈제 연어 밀푀유Mille-Feuilles de Saumon와 초코 푸아그라 Pain Foie Gras Chocolate 등이 이색적이다.

SHOP INFO.
Map P.410-E
Add. 26~38 rue de Sèvres 75007, Paris(봉 마르셰 백화점 여성복관 1층(우리식으로 2층))
Tel 01 42 22 10 12
Access Sèvres-Babylone이나 Vaneau역에서 도보 3분
Open 월~수, 금 09:30~19:00, 목 10:00~21:00, 토 09:30~20:00, 일요일 휴무 **Price** 커피 €5~7, 각종 파티스리 €4.5~7, 식사류 €9~29

앙젤리나 Angelina

여행의 피로함을 날려버리는 쇼콜라 쇼와 몽블랑의 마력

1903년에 문을 열어 파리에서 가장 오랜 역사를 지닌 살롱 드 테. 금빛 테두리의 커다란 유리와 대리석 테이블 등 벨 에포크Belle Epoque(19세기 말부터 제1차 대전 전까지의) 시대의 화려하고 고풍스러운 분위기에서 다과를 즐길 수 있는 것이 매력이다.

가장 유명한 것은 숟가락으로 떠먹어야 할 정도로 진한 쇼콜라 쇼Chocolat Chaud와 주먹만한 크기의 몽블랑 Mont Blanc이다. 몽블랑은 계란 흰자로 만든 머랭 위에 밤으로 만든 마롱 크림이 국수처럼 얹혀 있고, 안에는 생크림과 설탕을 섞어 만든 샹티이 크림Creme Chantilly이 절묘한 조화를 이루는 특선 명과이다.

쇼콜라 쇼 한 모금에 몽블랑의 머랭을 깨뜨려 한 입 가져가면 여행의 피로가 확 가시는 듯하다. 루브르 박물관 근처에 간다면 꼭 들러보기를 권한다. 그 외에 샌드위치와 샐러드 등도 맛있는 편이다.

SHOP INFO.
Map P.412-F
Add. 226 rue de Rivoli 75001, Paris
Tel 01 42 60 82 00
Access Tuileries역에서 도보 1분 **Open** 월~금 09:00~19:00, 토~일 09:00~19:30
Price 몽블랑 €6.9(테이크아웃시 €5.5), 쇼콜라 쇼 €6.9

르 브런치 뒤 크리용
Le Brunch du Crillon

오트 퀴진 레스토랑에서의 환상적인 브런치

파리의 특급 호텔 중 하나인 크리용Crillon 호텔의 레스토랑 레 잠바사되르Les Ambassadeurs는 미슐랭 별 2개의 레스토랑으로 승승장구하다가, 스타 셰프인 장 프랑수아 피에주(☞p.141)가 떠나면서 현재는 별 하나의 레스토랑이 되었다. 그러나 이곳의 우아한 분위기와 다이닝 룸은 여전히 매력적이다. 18세기 스타일의 고전적인 아름다움을 바탕으로 현대적인 감각까지 더해져 마치 어느 궁전에 와있는 듯하다. 런치나 디너도 괜찮지만 화려한 일요일의 브런치 메뉴를 추천한다. 주방장 특선요리가 제공되며, 그 외의 메뉴는 뷔페식으로 자유롭게 즐길 수 있다. 뷔페 메뉴는 갖가지 치즈, 노르웨이산 훈제 연어, 비에누아즈리 Viennoiserie(크루아상, 팽 오 쇼콜라, 브리오슈 등 주로 아침에 먹는 빵), 직접 만든 잼과 버터, 과일 샐러드, 햄과 계란 요리 등으로 구성되어 있다.

카페 드 플로르 Café de Flore

예술가들이 즐겨 찾던 역사 속의 카페

1887년에 문을 열어 당대를 대표하는 문인과 예술가들이 드나들던 유서 깊은 카페. 레 되 마고(☞p.97)와 골목 하나를 사이에 두고 마주보고 있는 두 카페는 서로 닮은 듯하면서도 다른 개성으로 오랜 세월 동반자이자 경쟁자로 역사를 함께 해 왔다. 인테리어도 당시 그대로 유지하여 그 시대의 낭만과 역사를 느껴볼 수 있다.

사르트르는 2차 대전 때 이곳에 자주 들러 〈자유의 길〉이라는 작품을 저술했고, 마르그리트 뒤라스도 생전에 자주 들렀다고 한다. 그 밖에도 카뮈와 피카소 등이 단골이었으며, 이브 생 로랑, 지방시, 파코 라반, 기 라로시 같은 패션계의 거장들도 자주 애용했다고 한다.

하지만 음식은 맛에 비해 가격이 비싼 편이므로 권하지 않는다. 그 대신 가게 바깥에 마련되어 있는 테라스석에서 커피나 차를 마시며 노천카페의 매력을 여유롭게 느껴보자. 특히 저녁에는 더욱 분위기 있다.

라 그랑드 에피스리 뒤 봉 마르셰
La Grande Épicerie du Bon Marché

눈이 휘둥그레지는 먹거리 천국

프랑스에서 가장 역사가 오래되고 고급 백화점으로 통하는 봉 마르쉐Bon Marche의 맞은편 건물 1층에 위치한 이곳은 '프랑스 식재료의 모든 것'이라 불러도 좋을 만큼 다양한 구색을 갖추고 있는 대형 식료품점이다. 2,500평이 넘는 넓은 공간에 수백 종류의 치즈, 햄, 빵, 그리고 각 지역의 특산물들이 고루 모여 있다. 뿐만 아니라 고급 레스토랑에서 사용하는 소스나 특이한 식재료도 갖추고 있어 요리에 관심이 있는 사람이라면 꼭 들러보기를 권한다. 진열도 보기 쉽게 잘 되어 있어서 비교하며 사기에도 좋다.

그 밖에 선물용으로 좋은 초콜릿, 커피, 차, 와인 등이 잘 갖추어져 있다. 특히 와인은 따로 섹션을 마련해 놓았는데 €2,000가 넘는 초고가 와인도 심심찮게 구경할 수 있다. 가격은 모노프리에 비해 약간 비싼 편이지만 시간상 한곳에서 선물을 구입해야 한다면 편리하게 이용할 수 있다.

SHOP INFO.

Map P.410-E
Add. 38 rue de Sèvres 75007, Paris
Tel 01 44 39 81 00
Access Sèvres-Babylone 역에서 도보 4분
Open 월~토 08:30~21:00, 일요일 휴무
URL www.lagrandeepicerie.fr

RÉSERVE
Beaufort
été

BEAUFORT
AOP lait cru
DE VACHE
32% MG P.F
Kg 26.€90
LA GRANDE
ÉPICERIE PARIS

MORILLES
CAT 1   CHILI
€
129,95
le kilo
LA GRANDE
ÉPICERIE PARIS

SHOP INFO.

Map P.417-B
Add. 30 rue du Bourg-Tibourg 75004, Paris
Tel 01 42 72 28 11
Access Saint-Paul역 또는 Hôtel de Ville역에서 도보 5분
Open 매일 10:30~19:30
Price 마르코폴로 250g당 €20
URL www.mariagefreres.com

마리아주 프레르 Mariage Frère

세계적으로 유명한 프랑스의 명품 홍차

프랑스의 대표적인 홍차 브랜드로 오랜 전통과 역사를 자랑한다. 1600년대부터 차와 향신료 무역에 종사해온 마리아주 가문은 1854년 차 회사를 설립하였으며 왕실에 납품하게 될 정도로 그 품질을 인정받아 오늘날까지 명성을 이어오고 있다.

총 535종에 이르는 다양한 차가 사랑을 받고 있는데, 그 중에서도 가장 인기 있는 것은 마르코폴로이다. 과일 향과 꽃잎 향이 그윽하게 퍼지는 이 차는 전 세계인의 사랑을 받고 있으며, 앞으로도 변치 않을 스테디셀러이다.

2층은 살롱 드 테로 운영(15:00~19:00)되고 있어서 달콤한 케이크와 함께 티타임을 즐길 수 있다. 또한 이곳은 브런치 장소로도 인기가 많은데 특히 주말 오후에는 자리를 잡기가 매우 어려울 정도이다. 파리에 모두 7개의 지점이 있으며, 그 중 4개의 지점에서 살롱 드 테를 즐길 수 있다.

라 메종 뒤 미엘 La Maison du Miel

역사와 전통을 자랑하는 꿀 전문점

1898년 파리 교외에서 꿀을 재배하던 샤를 걀렁Charles Galland이 파리에서 직접 꿀을 팔기 위해 문을 연 꿀 전문점이다. 처음에 문을 연 곳은 리슐리외 거리였으나 1905년 지금의 장소로 옮겨 오랜 세월 그 명성을 지켜오고 있다. 프랑스 전역에서 생산되는 질 좋은 꿀은 물론, 각 나라에서 엄선하여 수입한 최고급의 꿀도 취급하고 있다.

수십 종류에 이르는 꿀 중에서도 프로방스 지방의 라벤더 꿀과 코르시카 섬의 꽃으로 만든 코르시카 꿀은 특히 유명하다. 꿀 외에도 꿀을 이용해서 만든 간식이나 비스킷 등의 식료품과 로열 젤리, 프로폴리스 등 다양한 제품을 갖추고 있다. 가격은 종류에 따라 다르지만 대체로 약간 비싼 편이며 타임이나 오렌지, 라벤더 꿀의 경우 125g당 €5 정도.

1 프랑스의 꿀은 품질이 좋기로 유명하다. 프랑스인들은 꿀을 빵에 발라 먹기도 하고, 요거트에 넣어 먹기도 한다.

SHOP INFO.
Map P.412-B
Add. 24 rue Vignon 75009, Paris
Tel 01 47 42 26 70
Access Havre-Caumartin역 또는 Madeleine역에서 도보 5분
Open 월~토 09:30~19:00, 일요일 휴무
Price 각종 꿀 125g당 €5 정도

1 무프타 시장 중간에 자리잡은 이 빵집에는 주말에 빵을 사기 위해 파리지앵들이 수십 미터 줄을 서는 장면을 목격할 수 있다.
2 가정에서 손쉽게 만들기 어려운 프랑스 요리들도 구입할 수 있다.

3

무프타 시장 Marché de Mouffetard

프랑스 시장의 낭만이 가득한 곳

먹는 것을 좋아하는 사람이라면 꼭 한 번 들려봐야 할 파리의 소박한 먹거리 시장이다. 무프타 거리는 파리에서도 오랜 역사를 지닌 활기찬 거리로 통한다. 아침부터 장바구니를 들고 온 파리지앵들이 빵을 사기 위해 길게 줄을 서는 모습을 볼 수 있다. 치즈 가게, 생선 가게, 과일 가게, 그리고 빵집들이 정겨운 골목을 따라 이어져 있다. 주말에는 너무 일찍 가면 문을 아직 열지 않은 가게도 있으므로 오전 10시 이후에 가는 것이 좋다.

4

5

SHOP INFO.
Map P.411-H
Add. Rue de Mouffetard
Access Place Monge역 또는 Censier-Daubenton역에서 도보 3분
Open 화~토 07:00~19:00, 일 08:00~12:00, 월요일 휴무

3 치즈 향이 솔솔 새어나오는 치즈 가게 **4, 5** 싱싱한 생선과 해산물도 있다.

라방 콩투아르 L'Avant Comptoir

프랑스 스타일의 타파스 바

파리의 르 를레 생제르맹 호텔 1층에 르 콩투아르 뒤 를레(☞p.132)와 함께 나란히 위치해 있다. 르 콩투아르 뒤 를레는 파리 비스트로계의 거장인 이브 캉더보르드Yves Camdeborde의 레스토랑이며, 이곳은 테이블이 놓여 있지 않은 바 스타일로 식사 전에 가볍게 한 잔 마시거나 간단하게 요기를 하기에 좋다. 음식은 스페인의 타파스 바르처럼 나오는데, 주로 프랑스 남서부 지방이나 스페인산 식재료를 이용해 만든다. 스페인의 하몬 이베리코와 초리조, 푸아그라나 세프Cèpe 버섯 요리 타파스, 돼지의 귀나 발을 사용한 구이 요리, 크로켓 등 다양한 메뉴를 갖추어 선택의 폭이 넓다. 또한 질 좋은 와인을 잔으로 주문해서 마실 수도 있다. 최상의 식재료로 만든 음식은 대체로 맛이 좋고, 가격도 합리적인 편이어서 부담 없이 즐기기 좋다. 10명도 채 수용하지 못하는 좁은 공간에 의자도 없어 서서 먹어야 하지만, 그만한 값어치를 하는 곳이다.

SHOP INFO.
Map P.410-F
Add. 9 Carrefour de l'Odéon 75006, Paris
Tel 01 44 27 07 97
Access Odéon역에서 도보 2분
Open 매일 12:00~23:00
Price 타파스 €3~6
URL www.hotel-paris-relais-saint-germain.com

라스 뒤 팔라펠 L'as du Fallafel

한 끼 식사로 든든한 중동식 샌드위치

팔라펠은 병아리 콩과 야채를 다져서 완자처럼 동그랗게 튀긴 것과 가지, 양배추, 토마토와 소스를 피타Pitta라는 둥글고 얇은 빵에 넣어 만든 중동식 샌드위치이다. 이집트에서 유래되어 지금은 세계인이 사랑하는 음식이 되었으며, 특히 고기가 전혀 들어가지 않아 채식주의자들에게도 인기가 많다.

이 식당은 마레 지구에서 유태인들이 밀집해 있는 로지에 르 거리의 이름난 맛집으로, 1797년에 문을 연 이후 지금까지 꾸준한 사랑을 받고 있는 곳이다. 맛도 좋고 양도 푸짐해서 여행 중에 든든하게 한 끼를 해결하기에 더 없이 좋으나 독특한 향이 있으므로 향신료에 민감하다면 주의할 필요가 있다.

실내에서 먹을 수도 있지만 대부분 테이크 아웃해서 밖에서 먹는다. 주말에는 사람들이 많이 몰려 30분 이상 기다리는 경우도 많다.

SHOP INFO.
Map P.417-B
Add. 34 rue des Rosiers 75004, Paris
Tel 01 48 87 63 60
Access Saint-Paul역에서 도보 5분 **Open** 일~목 12:00~24:00, 금 12:00~16:00, 금요일 저녁과 토요일 휴무
Price 팔라펠 €5

셰 마리안느 Chez Marianne

마니아층이 두터운 중동 요리 레스토랑

파리의 보물창고라고도 불리는 마레 지구는 골목골목마다 예쁜 카페와 상점들이 옹기종기 모여 있는 멋스러운 곳이다. 특히 이곳은 유태인들이 많이 거주하여 중동 음식을 맛볼 수 있는 독특한 레스토랑들이 많이 있다. 그 중에서도 인기가 많은 곳으로 비싸지 않은 가격에 든든히 먹을 수 있어 특히 여행자들에게 인기가 많다.

3~5가지를 고를 수 있는 레자시에트 콩포제Les Assiettes Composes를 주문하면 가지, 올리브, 이집트 콩 등의 중동 음식과 빵이 함께 나온다. 가격에 비해 양도 푸짐해서 주말이나 식사시간에는 자리를 잡기도 어렵다. 좀더 저렴한 것을 원한다면 팔라펠 샌드위치를 테이크 아웃해서 먹으면 된다.

대부분 야채로 만든 음식이지만 기름을 듬뿍 사용하기 때문에 생각보다 느끼할 수 있다. 이국적인 향도 강해서 향에 민감하다면 권하지 않는다.

SHOP INFO.
Map P.417-B
Add. 2 rue des Hospitalières St-Gervais 75004, Paris
Tel 01 42 72 18 86
Access Saint-Paul역 또는 Hôtel de Ville역에서 도보 5분
Open 매일 12:00~22:30
Price 중동 음식 모듬(4가지, 1인분) €12

프랑스판 문익점 '파르망티에'

메뉴판을 보다 보면 빠지지 않고 등장하는 것이 '파르망티에Parmentier'이다. 파르망티에는 감자를 이용한 요리를 포괄하는 단어로, 주로 으깨거나 볶거나 해서 메인 요리에 곁들여진다.

감자와 전혀 연관성 없어 보이는 이 단어에 호기심이 발동해 검색해보았더니 웬 코주부 영감님의 이미지만 잔뜩 나왔다. 나중에 알고 보니 그는 감자를 보급하여 가난한 농민들을 구제하려 했던 프랑스의 농학자였다.

감자는 16세기말 남미에서 유럽으로 처음 전해졌다. 스페인의 식물학자 제로님 코르당이 들여왔다는 설도 있고, 남미에서 스페인 국왕 펠리페 2세에게 헌상했다는 설도 있고, 여러 가지 설이 분분하지만 어쨌든 16세기말에 처음 감자가 유럽 땅을 밟은 것은 사실인 깃 같다. 그런데 예상과 달리 대부분의 유럽 사람들은 이 감자를 무척 혐오했다고 한다. 모양도 울퉁불퉁하고, 흙이 잔뜩 묻어 있는데다가, 껍질을 까놓으면 히얀 속살이 금방 거무튀튀하게 변해 '악마의 식량'이라 불리기도 했고 피부병을 일으키킨다는 소문도 돌았다. 심지어 프랑스에서는 1748년에 감자 재배 금지령이 내려지기도 했다. 전쟁으로 인해 기근에 시달린 하층민조차 감자를 먹을 엄두를 내지 못했다. 그 무렵에 바로 '파르망티에'가 나타난다. 그는 프랑스–프로이센의 7년 전쟁 때 프로이센의 포로로 잡혀갔는데 보통 사람 같으면 답답한 세월만 탓하고 있었겠지만, 이 영특한 코주부 아저씨는 그곳에서 감자라는 것을 발견하게 된다. 당시 프로이센의 왕이었던 프리드리히 2세는 감자를 먹으면 죽는 줄로만 알았던 농민들 앞에서 직접 감자를 먹는 시범을 보이며 감자를 재배하도록 장려했다. 이를 보고 감자의 진가를 알게 된 파르망티에는 1763년 파리로 돌아오면서 '프랑스판 문익점'이 되어 감자 보급에 나서게 된다.

그는 독특한 홍보 전략으로 감자를 알렸다. 루이 16세를 알현할 때 단추 구멍에 감자꽃을 달고 나타나 눈길을 끌었고, 이를 계기로 한때 왕실에서는 '감자꽃' 패션이 유행하기도 했다. 요즘으로 치면 연예인 협찬과 맞먹는 최첨단 전략이 아니었나 싶다. 이후 감자밭은 낮에는 병사가 지키고 밤에는 철수시키는 방법을 써서 밤에 자연스럽게 감자 서리가 나타나게 했다. 그리고 그 호기심 많은 서리꾼들은 자기들 밭에도 감자를 심게 된다. 그렇게 보급이 되나 싶었는데 또 다시 예상치 못한 일이 생겼다. 나폴레옹 시대의 치열한 전쟁으로 인구가 줄어들자 밀이 남아돌게 되었고, 그로 인해 감자는 아예 관심 밖이 되어 감자 보급에 힘썼던 그는 1813년 죽을 때까지 결국 공로를 인정받지 못하고 세상을 떠났다.

파리의 지하철역 중에는 그의 이름을 딴 파르망티에역이 있다. 왼손에는 감자를, 오른손에는 감자 바구니를 들고 있는 그의 동상도 함께 있다. 그런데 프랑스 사람들조차 파르망티에에 대해 잘 모르고 있었던 것 같다. 몇 년 전 지하철 노동자들이 만우절 놀이로 파르망티에역 이름을 모두 'Pomme De Terre(감자라는 뜻)'로 바꿔 버렸다. 사람들은 '감자역? 그게 뭐지?'하고 궁금해하다가 그의 스토리를 알게 되었다고 한다. 살아 생전에는 인정받지 못하다가 죽어서야 그 업적이 알려지게 되었는데, 하필 그것이 만우절 놀이였다니 그냥 웃어넘기기에는 뭔가 씁쓸하다.

잔혹 요리의 대명사 '푸아그라'

곱창도, 선지 해장국도, 심지어 순대에 딸려 나오는 내장도 별로 좋아하지 않는다. 고소하고 쫄깃쫄깃한 풍미는 있지만 일부러 찾게 되지는 않는다. 그럼에도 불구하고 한번은 꼭 먹어봐야 할 음식이 바로 '푸아그라'였다. 푸아그라는 우리의 된장찌개처럼 프랑스 메뉴에서 단골로 등장한다. 그런데 사실 푸아그라는 '잔혹 요리의 대명사'로 불릴 만하다. 비대해진 거위의 간을 얻기 위해 아주 좁은 철창 속에 거위를 가둬놓고, 토하지 못하게 목구멍에 깔때기를 끼운 채 억지로 음식을 주입시킨다. 이런 식으로 먹여서 키운 거위의 간은 정상적인 간보다 최대 10배 정도 커지게 되고, 이 기름기 줄줄 흐르는 간이 바로 푸아그라이다.

푸아그라는 꼭 거위의 간만을 뜻하는 것은 아니다. 오리의 간도 푸아그라가 될 수 있다. 푸아그라라는 단어 자체가 기름진Gras 간Foie이기 때문이다. 오리의 간은 보통 푸아그라 드 카나르Foie Gras de Canard라고 하는데 거위의 간 못지 않게 귀한 대접

을 받는다. 거위의 간이 좀더 야들야들한 맛은 있지만, 요리하기에는 오리의 간이 더 편해서 요리사들이 선호한다.

신선한 푸아그라는 일반적으로 튀기거나 구워서 먹는다. 전채로도 먹고, 메인 요리로도 먹고, 무스로 만들어 빵에 발라 먹기도 하는 등 프랑스 요리에서 푸아그라는 요모조모 빠지는 법이 없다. 이 느끼한 푸아그라를 우리 같으면 김치와 먹어야겠지만, 프랑스 사람들은 의외로 달달한 것들과 함께 먹기를 좋아한다. 튀긴 푸아그라에 복숭아 조린 것을 곁들이기도 하고, 달짝지근한 술을 곁들이기도 한다. 푸아그라를 무난히 즐길 수 있는 가장 좋은 방법은 파테나 무스로 먹는 것이다. 파테는 프랑스 사람들이 즐겨먹는 것으로 내장과 지방, 고기를 양념해서 잘게 썰고 틀에 넣어 구운 것이다. 보기에 썩 좋지는 않지만 이 영양 덩어리 한 조각에 빵만 곁들여도 한 끼 식사로 손색이 없다. 사실 처음 먹어보고 그 맛을 느끼기는 쉽지 않다. 처음 푸아그라를 접했을 때 그 흐물흐물하고 느글느글함은 지금도 잊을 수 없다. 기름 덩어리 내장을 씹어 먹는 맛이랄까? 그런데 두세 번 먹다 보면 익숙해지고, 이제는 그 느글거림에 입이 황홀해지기도 한다. 여전히 거위와 오리에게 미안함을 감출 수 없으면서도 말이다.

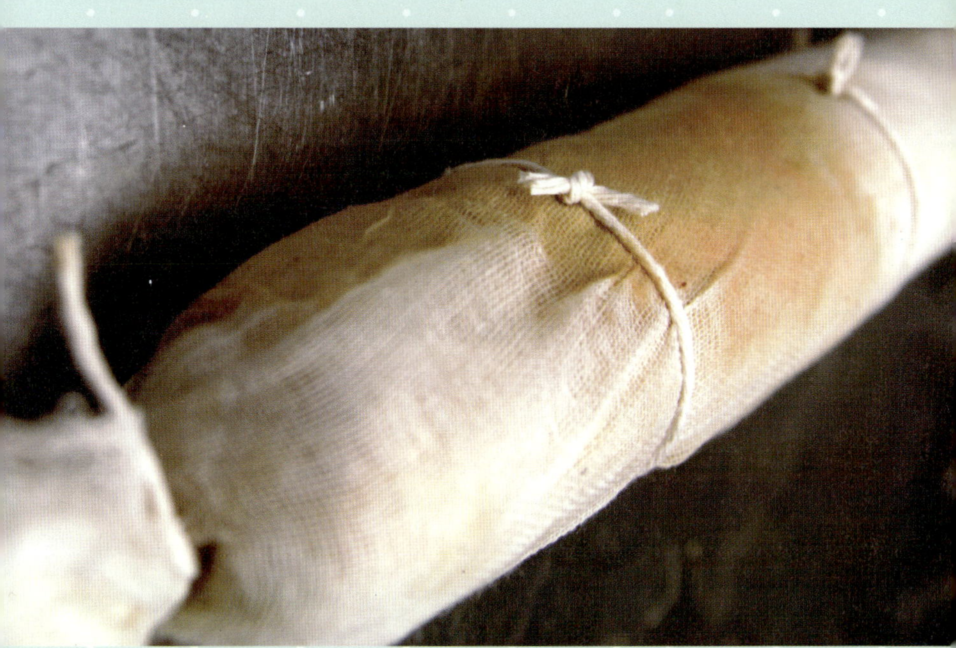

파리 7구는 맛집 보물 창고

에펠탑과 센 강을 끼고 있는 7구는 얼핏 보면 그냥 평범한 동네처럼 보인다. 하지만 자세히 들여다 보면 소소한 매력이 가득한 곳이라는 것을 알게 된다. 파리에 있을 때 한동안 이 동네 옥탑방에 머문 적이 있다. 저렴한 옥탑방이 나왔다길래 가보지도 않고 얼떨결에 구했는데, 첫날 골목을 누비며 돌아다녔을 때의 그 느낌이란.
'아, 정말 운이 좋았구나!'
골목골목 매력 있는 빵집, 맛집, 레스토랑이 몰려있어 맛집의 보물 창고 같은 곳이었다. 시내 중심가의 시끌벅적한 분위기도 아니어서 더욱 좋았다. 알고 보니 파리에서도 상당한 부촌에 속하는 곳이었으며 그래서인지 슈퍼마켓 물가가 비싸다는 점만 빼고는(다른 곳에서는 €1.2부터 시작하는 샐러드가 이곳에서는 €1.8부터였다) 참 행복한 동네였다. 우리나라로 치면 서울의 동부이촌동이나 상수동처럼 구석구석 알짜배기 맛집들이 숨어 있는 곳이다.
일정에 여유가 있다면 보스케 거리Av. Bosquet 주변의 골목도 지도 없이 그냥 산책해

보기를 권한다. 파리의 중산층 이상이 거주하는 그야말로 '잘 다듬어진' 아름다운 건물과 집들, 아기자기한 가게들을 볼 수 있다.

알마 다리Pont d'Alma에서 이어지는 보스케 거리 주변에는 유명한 레스토랑들이 많이 있다. 대표적인 것으로는 파리 레스토랑계의 거장이라 불리는 크리스티앙 콩스탕Christian Constant의 레스토랑 3총사인 르 비올롱 당그르(☞p.129), 카페 콩스탕(☞p.128), 레 코코트 드 콩스탕(☞p.129)이 줄지어 있으며, 그 근처 도로인 합 거리Av. Rapp에는 클로 데 고메Clos des Gourmets, 오 봉 아쿼으Au Bon Accueil, 카페 드 랄마Café de L'Alma가 있다. 이 책에서 소개한 르 플로리몽(☞p.118)과 셰 라미 장(☞p.120)도 바로 이 근처에 있다. 또한 미셸 쇼당(☞p.78), 장 폴 에벵(☞p.82) 같은 유명 쇼콜라트리(초콜릿 가게)와 팽 데피Pain d'Epi, 팽 푸조랑Pain Poujauran 같은 블랑제리(빵 가게)도 있다. 관광객이 우르르 몰려다니는 곳이 아니기 때문에 어떤 집에 들어가더라도 실망하는 일은 없을 것이다.

바토 무슈를 타기 위해 꼭 한 번은 들리게 되는 곳이 바로 이 근처에 있는 알마 다리이다. 해질녘 바토 무슈를 타고 파리의 아름다운 풍경을 감상한 후 7구의 레스토랑에 들러 보기를 추천한다. 또는 에펠탑 관람 후에 들러봐도 좋다.

라 오 세 L'Aoc

프렌치 그릴, 바비큐 요리의 진수를 맛볼 수 있는 곳

전통 그릴에 통째로 굽는 고기 요리Rôti부터 쇠갈비 요리까지 프랑스 남서부 지방에서 즐겨 먹는 육류 요리를 푸짐하게 즐길 수 있는 곳이다.

프랑스 요리의 기본이라 할 테린과 푸아그라는 물론, 이곳의 자랑거리인 로티세리Rôtisserie (꼬챙이가 달린 고기 굽는 전기 기구를 이용한 음식)류는 어느 것이든 우리 입맛에 잘 맞고 양도 넉넉한 편이다. 가장 인기 있는 메뉴인 코트 드 뵈프 Côte de Boeuf (쇠갈비)는 두툼한 고기를 전통 방식으로 조리하여 2인분씩 주문을 받는다. 엄청나게 두꺼운 티본 스테이크로, 육즙이 흐르는 고기를 배불리 먹을 수 있다. 그러나 코스 메뉴에 포함되어 있지 않은 메뉴이고 꽤 비싼 편이라, 다양한 메뉴를 합리적인 가격대로 즐기고 싶다면 코스 메뉴를 추천한다. 인심 좋은 주인 부부가 함께 운영하여 가족적이고 편안한 분위기도 이곳의 빼놓을 수 없는 매력이다.

SHOP INFO.
Map P.417-D
Add. 14 Rue des Fossés St Bernard 75005, Paris
Tel 01 43 54 22 52
Access Jussieu역에서 도보 5분 **Open** 화~토 12:00~14:00, 19:30~23:00, 일요일·월요일 휴무 **Price** 런치 €21(2코스), 디너 €29(3코스)
URL www.restoaoc.com

샤르티에 Chartier

100년 전통을 자랑하는 비스트로계의 교과서

1896년에 문을 열어 지금까지 꾸준한 사랑을 받고 있는 파리 비스트로의 살아 있는 역사라 할 수 있다. 아르누보 양식의 실내 인테리어는 처음 문을 열 때와 거의 바뀐 데 없이 잘 남아 있다. 공간이 꽤 넓긴 하지만 워낙 많은 사람들이 오다 보니 늘 시끌벅적하고, 자리가 없으면 다른 테이블의 손님과 합석을 해야 하는 경우도 있다.

메뉴는 테이블 위에 놓여 있는 종이에서 확인할 수 있는데, 테린 드 캉파뉴Terrine de Campagne(내장, 고기 등을 다지고 양념해 틀에 구운 것)를 비롯해 에스카르고Escargot(달팽이 요리), 앙두이에트Andouillette(프랑스식 소시지), 뵈프 부르기뇽Boeuf Bourguignon(쇠고기 스튜)까지 프랑스 전통 요리의 교과서 같은 음식을 맛볼 수 있다. 하지만 아주 맛있는 음식이라고는 할 수 없으며 오랜 역사를 지닌 유명한 곳이니 한번쯤 들러볼 만한 정도이다. 그래도 가격은 싸고 양도 많은 편이다.

SHOP INFO.
Map P.413-C
Add. 7 rue du Faubourg Montmartre 75009, Paris
Tel 01 47 70 86 29
Access Grands Boulevards 역에서 도보 2분
Open 매일 11:30~15:00, 18:00~22:00
Price 런치, 디너 모두 €13~19 (2코스 기준), 메인 요리 €9~12

셰 글라딘 Chez Gladines

싸다! 배부르다! 맛있다!

프랑스 남부 바스크 지방의 향토 요리를 메인으로 하는데, 주요리 하나만 시켜도 샐러드, 감자튀김 등이 딸려 나와서 배불리 먹을 수 있다. 최고의 인기 메뉴는 송아지 고기와 감자, 베이컨에 치즈 소스를 듬뿍 얹은 에스칼롭 드 보 몽타나르Escalope de Veau Montagnard로 우리 입맛에도 잘 맞는다.

또 하나의 인기 요리는 살라드 콩플레트Salade Complète로 커다란 양푼 같은 그릇에 생햄, 치즈, 계란, 토마토, 감자 등이 푸짐하게 담겨 나와 한 끼 식사로도 손색이 없다. 그 외에도 웬만한 요리는 다 맛있고 푸짐히 나온다.

가격도 샐러드가 €7 내외, 달팽이 요리 €9 내외, 메인 요리가 €11 내외로 저렴한 편이다. 이렇듯 인기 요소를 다 갖추고 있으니 식사 때는 한 시간씩 기다리는 일도 예사이다. 점심은 12:30 전에, 저녁은 19:30 전에 도착해야 기다릴 확률이 적다.

SHOP INFO.
Map P.418-A
Add. 30 rue Cinq Diamants 75013, Paris
Tel 01 45 80 70 10
Access Corvisart역에서 도보 4분 **Open** 월~토 12:00~15:00, 19:00~24:00, 일 12:00~16:00
Price 살라드 콩플레 €8.5, 에스칼롭 드 보 몽타나르 €12.8

조제핀 셰 뒤모네
Josephine Chez Dumonet

맛도 분위기도 옛 느낌 그대로

'조제핀, 뒤모네의 집'이란 뜻의 가게 이름은 1898년 이곳의 첫 번째 주인이 아내의 이름을 따서 지은 것이라고 한다. 여느 레스토랑에서나 찾아볼 수 있는 코스 메뉴가 없고 아라카르트 메뉴로 주문해야 한다. 인기 메뉴인 오리 콩피Duck Confit는 겉은 갈색 빛 나게 바삭하게 굽고 속살은 부드러우면서도 쫄깃하다. 프랑스식 갈비찜인 뵈프 부르기뇽Boeuf Bourguignon, 오랜 시간 정성을 들여야 하는 카슐레Cassoulet도 전통의 맛 그대로이다.

디저트 또한 매력적인데 서너 명도 거뜬히 먹을 수 있는 초대형 밀푀유Millefeuille와 수플레Soufflé는 보기만 해도 배가 부르다. 주문이 들어간 후 하나하나 정성스레 구워 내어 시간이 오래 소요되므로 처음 식사 주문시 함께 주문하는 것이 좋다. 대체로 음식의 양이 많은 편이어서 1인당 2개 정도만 주문해도 든든하게 느껴질 것이다.

SHOP INFO.
Map P.410-E
Add. 117 Rue du Cherche-Midi 75006, Paris
Tel 01 45 48 52 40
Access Duroc역 또는 Falguière 역에서 도보 4분
Open 월~금 12:00~14:30, 19:30~22:30, 토요일·일요일 휴무 **Price** 오리 콩피 €21, 뵈프 부르기뇽 €26, 밀푀유 €14 등

르 플로리몽 Le Florimond

동네 단골집처럼 편안한 비스트로

열 개 정도의 테이블이 놓여 있는 자그마한 규모의 레스토랑으로 오너와 한 명의 웨이트리스가 손님 단 한 명만을 위해서라도 친절한 설명을 마다하지 않는다. 오렌지색 벽면과 테이블보는 아늑하고 따스한 느낌을 더해준다. 첫인상이 그대로 맞아떨어지듯 처음 오는 손님에게도 오랜 단골처럼 친절하게 대해주어 편안하게 식사를 즐길 수 있다. 음식은 제철에 나는 신선한 재료를 사용한 프랑스 지방 향토 요리와 그것을 약간 응용한 요리들을 다양하게 선보인다. 카술레Cassoulet, 오리 콩피Duck Confit 등의 아라카르트 메뉴도 훌륭하지만, 합리적으로 즐기고 싶다면 평일 낮에 방문하여 €20.50부터 시작하는 런치 3코스 메뉴를 선택한다. 한 잔에 €5 정도 하는 하우스 와인도 가격 대비 훌륭한 편이다. 수많은 레스토랑이 흥망성쇠를 반복하는 파리에서 20년 가까이 꾸준한 사랑을 받아온 것만으로도 충분히 내공이 느껴지는 곳이다.

SHOP INFO.
Map P.415-C
Add. 19 Avenue de la Motte-Picquet 75007, Paris
Tel 01 45 55 40 38
Access École Militaire역 또는 La Motte-Picquet-Grenelle 역에서 도보 3분
Open 화~금 12:00~14:15, 월~토 19:15~22:15, 월요일 점심·일요일·매주 첫째·셋째 토요일 휴무 **Price** 런치 €20.50, 디너 €35(3코스 기준)
URL www.leflorimond.com

체 키친 갈르리 Ze Kitchen Galerie

요리와 예술이 만난 아시아 프렌치 요리

미술관에 온 것 같은 세련된 인테리어가 돋보이는 레스토랑으로, 미슐랭 스타 셰프 윌리엄 르되이William Ledeuil가 선보이는 감각적인 요리를 맛볼 수 있다. 그는 태국, 일본 등을 돌아다니며 요리를 배워 고추냉이 아이스크림처럼 아시아의 영향을 받은 독특한 음식이 특징이다. 또한 음식도 일단 아름다워야 한다는 신념을 갖고 있기에 각양각색의 식재료를 환상적으로 조화시킨다.

미슐랭 별 하나의 레스토랑 치고는 가격도 저렴한 편이어서 많은 인기를 모으고 있다. 특히 벽면에 걸린 작품들과 통 유리의 오픈 키친을 통해 비춰지는 주방의 모습을 생생하게 볼 수 있는 것도 색다른 즐거움이다.

단, 어떤 요리는 우리에겐 익숙한 일식과 동남아시아의 퓨전 요리 같은 느낌을 받을 수도 있기 때문에 호불호가 갈리며, 양도 적은 편이어서 대식가들은 실망할 수도 있다.

SHOP INFO.
Map P.410-B
Add. 4 rue des Grands Augustins 75006, Paris
Tel 01 44 32 00 32
Access Saint-Michel역에서 도보 5분 **Open** 월~금 12:00~14:30, 19:00~23:00, 토 19:00~23:00, 토요일 점심과 일요일 휴무
Price 런치 €39, 디너 €65(3코스 기준)
URL www.zekitchengalerie.fr

셰 라미 장 Chez L'Ami Jean

삼박자를 고루 갖춘 파리 최고의 비스트로

양도 많고, 맛도 좋고, 가격도 좋아 언제나 손님이 끊이지 않는 인기 절정의 비스트로. 파리 비스트로계의 신화라 할 수 있는 이브 캉데보르드Yves Camdeborde(☞p.132) 밑에서 수련을 쌓은 스테파네 제고Stephane Jego가 낡은 레스토랑을 인수하여 시작한 곳으로, €32에 3코스의 프렌치 요리를 푸짐하게 즐길 수 있다. 실내는 좁고 소박한 분위기이지만 넘쳐나는 손님으로 늘 활기를 띠며 밀려드는 주문에 대처하느라 파리에서 가장 정신 없는 주방으로 통한다고 한다. 프랑스 남서부 지역의 음식을 주로 하는데, 어떤 음식이든 접시를 싹싹 비우게 할 정도로 맛이 훌륭하다. 디저트로는 쌀로 만든 달콤한 푸딩인 히오레Riz au lait를 강력 추천하는데, 냉면 그릇만한 사발에 가득 담겨 나오며 남으면 포장까지 해준다. 워낙 인기가 많다 보니 적어도 일주일 전에 예약을 해야 하며, 전날 다시 한 번 예약 재확인을 꼭 해야 한다.

SHOP INFO.
Map P.415-C
Add. 27 rue Malar 75007, Paris
Tel 01 47 05 86 89
Access Pont de l'Alma역에서 도보 8분 **Open** 화~토 12:30~14:30, 19:30~22:30, 일요일·월요일 휴무 **Price** 런치, 디너 €32(3코스 기준)
URL www.amijean.eu

아라카르트 메뉴가 메뉴판의 주요 부분을 차지하고 있지만, 므뉴(코스 메뉴)를 선택하는 것이 가격 대비 최고의
만족을 얻을 수 있는 비결이다.

르 탱브르 Le Timbre

가장 클래식한 프렌치 요리의 매력

뤽상부르 공원 근처에 있는 아담한 레스토랑으로 지역 주민들에게 많은 사랑을 받고 있다. 전통 프랑스 요리를 주로 하고 있으나 뜻밖에도 셰프는 젊은 영국인이다. 덕분에 영어로 의사소통이 가능하여 주문에 어려움은 없으며, 메뉴가 적힌 칠판을 들고 와서 모든 메뉴를 일일이 친절하게 설명해주는 모습이 인상적이다. 테린Terrine(내장, 고기 등을 다져 양념하고 틀에 넣어 구운 것), 크렘 뒤바리 Crème Dubarry(크림 수프), 부댕 누아르Boudin Noir(돼지피를 넣은 프랑스식 순대) 같은 지극히 프랑스다운 요리를 안정적인 수준으로 선보인다. 디저트는 가게의 이니셜을 넣은 밀푀유가 인기인데 소박한 모습이지만 맛은 꽤 훌륭하다. 셰프가 직접 요리도 하고 서빙도 하여 친밀감을 높일 수 있는 장점이 있지만 공간이 워낙 협소하여 조금 답답할 수도 있다. 향토색이 강한 메뉴가 간혹 입맛에 안 맞을 수도 있으므로 주문할 때 주의할 필요가 있다.

SHOP INFO.
Map P.410-F
Add. 3 rue Sainte Beuve 75006, Paris
Tel 01 45 49 10 40
Access Notre-Dame-des-Champs역에서 도보 3분
Open 화~토 12:00~14:00, 19:30~22:30, 일요일·월요일 휴무 **Price** 런치 €26, 디너 €30(3코스 기준)

프랑스 비스트로 특유의 소박하고 정겨운 분위기를 느낄 수 있다.

르 프티 퐁투아즈 Le Petit Pontoise

평범해 보이지만 내공이 있는 매력적인 비스트로

라탱 지구의 소박한 비스트로. 겉보기에는 매우 평범해 보
이지만 미슐랭 가이드에 여러 해 동안 꾸준히 소개된 내공
있는 곳이다. 단골들도 많아 점심에는 혼자 와서 식사를
하는 모습도 자주 볼 수 있다.

음식은 주로 프랑스의 전통 요리를 선보이는데, 앙
트레로는 클래식한 스타일의 달팽이 요리Escargots
Bourguignons와 아티초크 파이Tatin d'artichauts au
Parmigiano, 메인 요리는 으깬 감자와 구운 오리, 프라이
드 푸아그라Parmentier de Canard et Foie Gras Poêlé 요
리 등이 인기 있다. 하지만 계절마다 메뉴가 바뀌므로 추
천을 받는 것이 좋다. 단품 메뉴(아라카르트 메뉴)의 양이
많은 편이라 2코스로 충분하며 런치와 디너의 가격이 동
일하다. 최근 점심 €22, 저녁 €36의 코스 메뉴가 생겨, 점
심시간에는 좀더 경제적으로 즐길 수 있다. 홈페이지에서
메뉴를 확인할 수 있고, 온라인 예약도 할 수 있다.

SHOP INFO.
Map P.411-D
Add. 9 rue de Pontoise 75005, Paris **Tel** 01 43 29 25 20
Access Maubert-Mutualité역에서 도보 5분
Open 매일 런치 12:00~14:30, 디너 19:30~22:30
Price 앙트레 €11~15, 메인 요리 €19~27, 디저트 €10
URL www.petitpontoise.com

르 뷔송 아르당 Le Buisson Ardent

대학가의 낭만이 가득한 비스트로

파리 제6대학으로도 불리는 피에르&마리 퀴리 대학이 바로 앞에 위치해 있어서 교수와 학생 단골이 많은 곳이다. 200년 이상의 역사를 지닌 건물 안으로 들어서면 드높은 천장에 그려진 1920년대의 코레스코화와 붉은색 의자가 어우러져 고전적인 아름다움을 느낄 수 있다. 거기서 좀더 안으로 들어가면 모던한 분위기로 확 달라진다. 전통에 충실한 지방 향토 요리와 창작 요리를 두루 선보이고 있는데, 특히 런치 메뉴가 실속 있어서 3코스(음료 제외)를 €20 미만의 부담 없는 가격에 즐길 수 있다. 점심 메뉴가 주로 부담 없이 즐길 수 있는 메뉴로 구성되어 있다면, 저녁은 좀더 진지하게 갸스트로 비스트로(☞ p.47)의 매력을 느낄 수 있는 메뉴들이다. 홈페이지에 최신 메뉴와 가격이 충실히 업데이트 되어 있고, 비수기에는 '한 잔의 아페리티프 제공'처럼 온라인 프로모션도 가끔 하니 방문 전에 미리 살펴보고 도움이 될 만한 정보를 얻자.

SHOP INFO.
Map P.411-D
Add. 25 rue de Jussieu 75005, Paris **Tel** 01 43 54 93 02
Access Jussieu역에서 도보 2분 **Open** 월~금 12:00~14:30, 19:30~22:00, 토 19:30~22:00 토요일 점심과 일요일 휴무
Price 런치 €15.10~18.50, 디너 €33(3코스 기준)
URL lebuissonardent.fr

카페 콩스탕 Café Constant

맛으로 소문난 낭만적인 비스트로

스타 셰프 크리스티앙 콩스탕Christian Constant(☞p.47)
이 호텔 크리용을 떠나 에펠탑이 있는 7구에 문을 연 캐주
얼한 분위기의 비스트로. 그의 이름을 내걸고 운영하는 총
3개의 레스토랑 중 가장 활기찬 분위기로 마치 1950년대
의 바에 놀러 온 듯한 낭만이 느껴진다.

외프 미모사Oeuf Mimosa(달걀 노른자를 사용한 요리
의 일종), 테린 같은 클래식한 음식에서 응용 요리에 이
르기까지 어느 것이든 우리 입맛에도 잘 맞는 편이다. 시
장에서 구할 수 있는 신선한 재료를 최우선으로 하므
로, 메뉴는 자주 바뀌는 편이다. 디저트로는 프로피테롤
Profiterole이 가장 인기 있지만 어떤 메뉴를 선택해도 다
맛있다. 파리의 유명 레스토랑들은 대부분 예약이 필수인
데 반해 이곳은 예약을 받지 않기 때문에 한창 바쁜 식사
시간에 가면 힌 시간씩 서서 기다리기도 하므로 조금 일찍
서두르는 것이 좋다.

SHOP INFO.
Map P.414-B
Add. 139 rue Saint-Dominique 75007, Paris
Tel 01 47 53 73 34
Access École Militaire역에서 도보 8분
Open 매일 12:00~14:30, 19:00~22:30 **Price** 앙트레 €11, 메인 €16, 디저트 €7
URL www.cafeconstant.com

크리스티앙 콩스탕이 운영하는 또 다른 레스토랑

르 비올롱 당그르 Le Violon d'Ingres

콩스탕 요리의 진수를 즐긴다

콩스탕이 운영하는 3개의 레스토랑 중 가장 모던하면서 고급스러운 분위기로, 미슐랭 별 하나의 요리를 즐길 수 있다. 아몬드를 뿌린 농어구이Suprêmes de Bar, Croustillants aux Amandes와 그의 고향 몽토방 Montauban 지방의 음식이기도 한 카술레Cassoulet가 인기 메뉴. 콩스탕의 고급 요리를 합리적인 가격에 즐길 수 있다는 점에서 파리지앵들의 두터운 지지를 얻고 있다. 콩스탕의 레스토랑 중 유일하게 예약을 받고 있다. 팩스와 전화로만 예약이 가능하며 이메일로는 예약을 받지 않으니 주의하자.

SHOP INFO.
Map P.414-B
Add. 135, rue Saint-Dominique 75007, Paris
Tel 01 45 55 15 05
Access École Militaire역에서 도보 8분 **Open** 매일 12:00~14:30, 19:00~22:30
Price 런치 €45, 디너 €60(3코스)
URL www.leviolondingres.com

레 코코트 드 콩스탕 Les Cocottes de Constant

정성 가득한 무쇠 냄비 요리

코코트Cocottes는 무쇠 냄비 또는 무쇠 냄비로 만든 요리를 뜻한다. 제목 그대로 이곳에서는 대부분의 요리가 무쇠 냄비에 담겨 나오는데 '사람들이 원하는 음식을 제공하고 싶다'는 크리스티앙 콩스탕의 뜻처럼 언제든 맛있게 먹을 수 있는 프랑스 향토 요리를 선보이고 있다.

앙트레로는 호박 수프Soupe au Potiron와 리츠 호텔 스타일의 시저 샐러드La Vraie salade César Ritz가, 메인으로는 돼지족Les Pieds de Porc 요리, 양고기 요리가 인기 있다. 디저트로는 와플이나 크리스티앙 콩스탕 스타일의 초콜릿 타르트Tarte au chocolat를 놓칠 수 없다. 좀 더 저렴하게 즐기려면 '오늘의 무쇠냄비 요리Cocotte du Jour'(€16)가 어떤 것인지를 물어보고 주문하면 된다. 편안하고 정겨운 요리들이지만, 갸스트로 비스트로의 대명사인 콩스탕의 음식들답게, 고급 레스토랑의 음식들을 맛보는 듯하다. 예약을 받지 않으므로 서둘러서 가야 한다.

SHOP INFO.
Map P.414-B
Add. 135, rue Saint-Dominique 75007, Paris
Tel 01 45 50 10 31
Access École Militaire역에서 도보 8분 **Open** 12:00~16:00, 디너 19:00~23:00, 일요일 휴무
Price 앙트레 €9~11, 메인 €15~23, 디저트 €6~8
URL www.leviolondingres.com

1

2

SHOP INFO.
Map P.413-G
Add. 13 rue des Petits Champs
75001, Paris **Tel** 01 42 61 05 09
Access Bourse역 또는
Pyramide역에서 도보 6분
Open 월~금 12:30~14:30,
19:30~22:30, 토 19:30~22:30,
도요일 점심과 일요일 휴무
Price 런치 €26.5, 디너 €32
URL www.williswinebar.com

윌리스 와인 바 Willi's Wine Bar

와인과 함께 즐기는 프렌치 요리

1980년 마크 윌리엄슨이라는 영국인이 작은 와인 바로 문을 열었는데, 점차 식사 메뉴가 늘어나면서 미슐랭 가이드에도 소개되는 유명 비스트로가 되었다.

입구 쪽에 있는 묵직한 느낌의 오크 바에서 가볍게 즐길 수도 있고, 뒤편에 마련된 테이블석에서 좀더 편안하게 오래 머물 수도 있다. 요리는 그날 들여오는 신선한 식재를 사용하여 먹음직스럽게 내놓는데 역시 와인과 함께 하면 맛이 배가된다. 와인 바로 시작한 곳답게 와인의 종류도 매우 다양하다. 만일 와인에 대해 잘 모른다면 바텐더에게 추천해달라고 말해보자. 영어를 완벽하게 구사하는 젊은 바텐더가 친절하게 권해줄 것이다. 벽면에는 와인을 소재로 한 미술품이 빼곡히 장식되어 있어 구경하는 재미가 있다.

1 고정된 메뉴는 없고, 제철 식자재를 이용한 유쾌한 비스트로 메뉴를 선보인다.
2 디저트까지 깔끔한 마무리

아 라 비쉬 오 보아 A la Biche au Bois

푸짐한 3코스 요리를 합리적인 가격에 즐길 수 있는 곳

앙트레, 메인, 디저트의 3코스 요리를 €26에 든든하게 먹을 수 있는 인기 비스트로. 각 단계별로 5~6가지의 메뉴 중에서 고를 수 있어 선택의 폭도 넓다. 앙트레로는 샐러드류와 테린류, 메인으로는 코코뱅Coq au Vin이나 카술레Cassoulet, 디저트로는 타르트나 캐러멜 푸딩Créme Caramel 등이 인기 있다. 향토색이 강해서 우리 입맛보다는 프랑스의 지방 요리를 좋아하는 현지인에게 더 잘 맞는 편이다. 아라카르트 메뉴로 주문하는 것보다 코스 메뉴로 주문하는 것이 훨씬 경제적이며, 디저트나 앙트레가 빠지는 2코스 메뉴도 있다. 값도 싸고, 양도 많아 예약 없이는 자리잡기가 거의 불가능하다. 가끔 주인이 관광객에게 차별대우를 한다는 불만도 있지만 개의치 않는다면 푸짐한 식사를 하기에 좋은 곳이다.

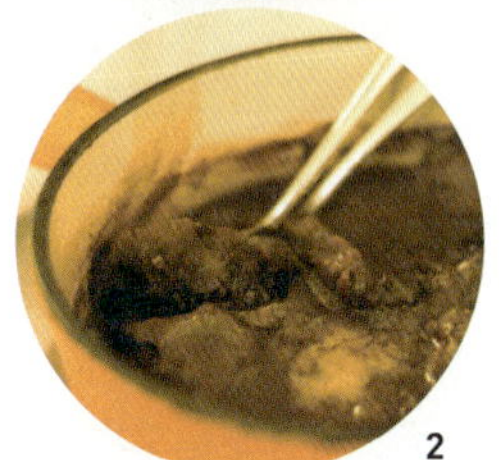

1 니스식 샐러드처럼 프랑스의 기본 요리를 주로 선보인다.　2 비프 부르기뇽, 코코뱅처럼 프랑스의 된장찌개(?) 같은 요리가 인기

SHOP INFO.
Map P.418-E
Add. 45 Avenue Ledru-Rollin 75012, Paris
Tel 01 43 43 34 38
Access Quai de la Rapée역 또는 Gare de Lyon역에서 도보 10분　**Open** 월~금 12:00~14:30, 19:30~22:30, 토요일·일요일·7~8월 중 4주·크리스마스 휴무　**Price** 런치, 디너 모두 €26

셰 자누 **Chez Janou**

한국인들에게도 유명한 정겨운 비스트로

마레 지구의 보주 광장 근처에 있는 아담한 레스토랑으로 식사 시간이 되면 언제나 활기가 넘친다. 주로 프랑스의 가정식 요리를 내놓는데 메뉴는 계절에 따라 조금씩 달라진다. 그 중에서도 가장 인기 있는 로즈마리를 곁들인 오리 가슴살 요리Magret de Canard au Romarin는 우리 입맛에도 잘 맞아 이미 한국인 여행자들에게도 입 소문이 꽤 나있는 메뉴이다. 코스 메뉴는 없고 앙트레, 메인, 디저트를 단품으로 따로 주문하는 방식인데, 보통 1인당 2가지 정도를 주문하면 충분하다. 디저트로는 푸짐한 양을 자랑하는 초콜릿 무스가 가장 인기 있다.
소박하고 편안한 분위기에 가격 대비 음식 맛도 좋고 종업원들도 친근하게 대해주어 여행자들에게 호평을 받고 있다. 단, 한 가지 주의할 점이라면 길을 헤매기 쉬우므로 꼭 정확한 위치를 확인해 보고 가기를 권한다.

SHOP INFO.
Map P.418-C
Add. 2 rue Roger Verlomme 75003, Paris
Tel 01 42 72 28 41
Access Chemin Vert역에서 도보 2분
Open 매일 12:00~15:00, 19:30~24:00
Price 앙트레 €7, 메인 €15~19
URL www.chezjanou.com

르 콩투아르 뒤 를레
Le Comptoir du Relais

파리 비스트로계의 전설적인 셰프가 선보이는 미식

라 투르 다르장, 크리용 같은 최고급 레스토랑을 거친 이브 캉데보르드Yves Camdeborde 셰프(☞p.47)는 고향인 바스크 지역의 향토적인 맛에 기본을 둔 라 레갈라드La Régalade를 열어 파리지앵의 열광적인 지지를 얻었다. 그 전설적인 명성을 뒤로 하고 잠시 휴식을 취한 후, 생제르맹 한가운데에 위치한 호텔 1층에 이 식당을 열었다. 오트 퀴진 레스토랑에서 다져진 정교함과 혁신성을 프랑스 남서부 지역의 향토요리에 접목한 요리들이 주를 이룬다. 점심에서 저녁 시간 사이(12~6시)에는 브라스리로 가벼운 스타일의 요리를 선보이고, 저녁시간(8시 30분)에는 5코스로 구성된 그의 갸스트로노미(미식) 메뉴를 선보인다. 테이블 수가 많지 않고, 호텔 투숙객을 우선으로 예약을 받기 때문에 저녁 식사는 예약이 힘들고, 예약을 받지 않는 점심식사 시간에 일찍 가는 것을 추천한다.

SHOP INFO.
Map P.410-F
Add. 9 Carrefour de l'Odéon 75006, Paris
Tel 01 43 29 12 05
Access Odéon역에서 도보 2분
Open 월~금 12:00~18:00(예약 불필요, 19:00 이후에는 예약 필수), 토~일 12:00~23:00(예약 불필요)
Price 앙트레 €15, 메인 €17~25, 디저트 €8 / 디너(월~금 20:30) €50
URL www.hotel-paris-relais-saint-germain.com

다 로사 Da Rosa

유럽 최고급 식자재의 향연

주인인 호세 다 로사José Da Rosa는 유럽 전역을 돌아다니면서 최고급 먹거리들을 찾아내 파리의 유명 호텔과 레스토랑에 공급하는 일을 한다. 이곳은 그가 찾아낸 푸아그라, 올리브 오일, 캐비어, 송로버섯, 36개월 D.O.P 파르미자노 레자노 치즈, 하몬 이베리코 베요타 등 미식가들이 군침을 흘릴 만한 명품 식자재들이 모두 모여있다.
상품을 구입해 갈 수도 있지만, 와인과 함께 캐비어, 하몬, 파스타를 곁들인 간단한 식사도 할 수 있다. 100g에 €520가 넘는 이란산 캐비어는 넘보기 힘들겠지만, €14의 펜네 아라비아타(Pennes a l'arrabiatta, 매운 토마토 파스타) 같은 파스타류는 €5짜리 하우스 와인 한 잔과 함께 곁들이면 만족스러운 식사를 할 수 있다. 워낙 좋은 식재료를 사용하기 때문에 음식 맛도 좋은 편이다. 평일 점심에는 €20짜리 코스 메뉴도 있다.

SHOP INFO.
Map P.410-B
Add. 62 rue de Seine 75006, Paris **Tel** 01 45 21 41 30
Access Mabillon역에서 도보 2분 **Open** 매일 12:00~24:00
Price 파스타 €15, 런치 코스 €20, 하우스 와인 €5~.
URL www.darosa.fr

투미외 Thoumieux

스타 셰프의 감성이 느껴지는 매력적인 브라스리

원래는 프랑스 남서부 지방의 향토 요리를 전문으로 하는 비스트로였는데, 오트 퀴진 레스토랑에서 활약한 스타 셰프 장 프랑수아 피에주Jean-François Piège(☞p.141)가 인수하여 '브라스리 음식이란 이러해야 한다'는 그의 요리 철학을 실현시키고 있다. 벽면의 거울과 금빛 장식, 붉은색 의자에서 클래식함이 느껴지며 동시에 모던한 감각을 잃지 않는다. 낮 12시부터 밤 12시까지 쉬지 않고 서비스되는 브라스리의 활기찬 매력을 한껏 살린 곳으로, 베이컨이 들어간 프랑스 전통 샐러드Le frisée aux lardons에서 피자 수플레Pizza soufflé처럼 누구나 맛있게 즐길 수 있는 유쾌한 브라스리 음식을 선보인다. 물론 피에주의 브라스리답게 오트 퀴진에서의 정교하고 세련된 기법이 곳곳에 배여 있기도 하다. 인기가 많으니 식사 시간대를 피해서 방문하는 것을 추천한다. 2층에는 그의 이름을 내건 최고급 레스토랑(☞p.141)이 있다.

SHOP INFO.
Map P.415-C
Add. 79 rue Saint-Dominique 75007, Paris
Tel 01 47 05 49 75
Access La Tour-Maubourg 역에서 도보 6분
Open 매일 12:00~24:00
Price 앙트레 €12~20, 메인 €17~28, 디저트 €10~15

랑트레쥐 L'Entredgeu

고기 요리가 일품인 파리 외곽의 비스트로

파리 중심가에서 멀리 떨어진 위치에도 불구하고 음식 맛이 좋기로 소문이 나서 꽤 인기가 많은 곳이다. 약간 어두운 듯한 실내에는 군데군데 칠이 벗겨진 테이블과 빨간색 체크 무늬 테이블보 같은 옛 향수를 자극하는 인테리어가 전형적인 비스트로의 분위기를 느끼게 한다. 다정해 보이는 주인 부부가 함께 운영하는 곳으로 남편은 요리를 하고, 아내는 서빙을 담당한다.

메인 메뉴에 생선 요리도 있지만, 돼지고기 콩피Cochon Confit, 속을 채워 넣은 토끼고기Lapin Farci, 송아지 머릿고기Tête de veau 구이처럼 육류 요리가 강점인 곳이다. 점심에는 €24(2코스), 저녁에는 €32(3코스) 정도로 맛있는 식사를 즐길 수 있는데, 메뉴는 그날그날 바뀌는 7~8가지 중에서 선택할 수 있다. 동네 비스트로의 매력을 느껴볼 수 있는 곳이나, 단골과 관광객을 차별 대우한다는 의견이 있기도 하다.

SHOP INFO.
Map P.418-D
Add. 83 rue Laugier 75017, Paris **Tel** 01 40 54 97 24
Access Porte de Champerret 역에서 도보 3분
Open 화~토 12:00~14:30, 19:30~22:30, 일요일·월요일 휴무 **Price** 런치 €24(2코스), 디너 €32(3코스)

파리의 미슐랭 스타 레스토랑

"편안한 레스토랑에서 즐기는 정성스러운 한 끼 식사도 좋지만, 최고의 요리사가 심혈을 기울여 만들어내는 고급 요리도 분명 먹어볼 만한 가치가 있어요."
가끔 내게 미슐랭 스타 레스토랑이 정말 가볼 만하냐고 물어오는 사람들에게 하고 싶은 말이다. 그곳의 맛도 멋도 다 경험해볼 만하지만, 뭐니 뭐니 해도 그들의 음식에 대한 사랑과 자부심이 더 부러울 때도 있다.

요리사가 예술가로 대우받고, 대통령에게 농담도 건넬 수 있는 나라가 바로 프랑스이다. 그리고 프랑스의 수도 파리에는 수많은 고급 레스토랑이 있다. 소박한 분위기의 비스트로에서 즐길 수도 있지만, 한번쯤은 세계 최고 수준이라 일컫는 파리의 고급 레스토랑을 경험해 보는 것도 좋다. 그 중에서도 절대적인 인정을 받고 있는 곳은 미슐랭 별 3개의 레스토랑들이다. 라르페주(☞p.149), 아스트랑스Astrance, 알랭 뒤카스Alain Ducasse, 랑브루아지L'Ambroisie, 피에르 가니에르Pierre Garnaire, 기 사부아(☞p.145), 르 드와영Ledoyen, 르 뫼리스(☞p.140), 르 프레 카탈랑Le Pre Catelan 등의 레스토랑들은 파리 레스토랑의 신화 같은 곳이다. 그 아래에는 별 2개와 별 1개의 레스토랑이 있다. 별 2개

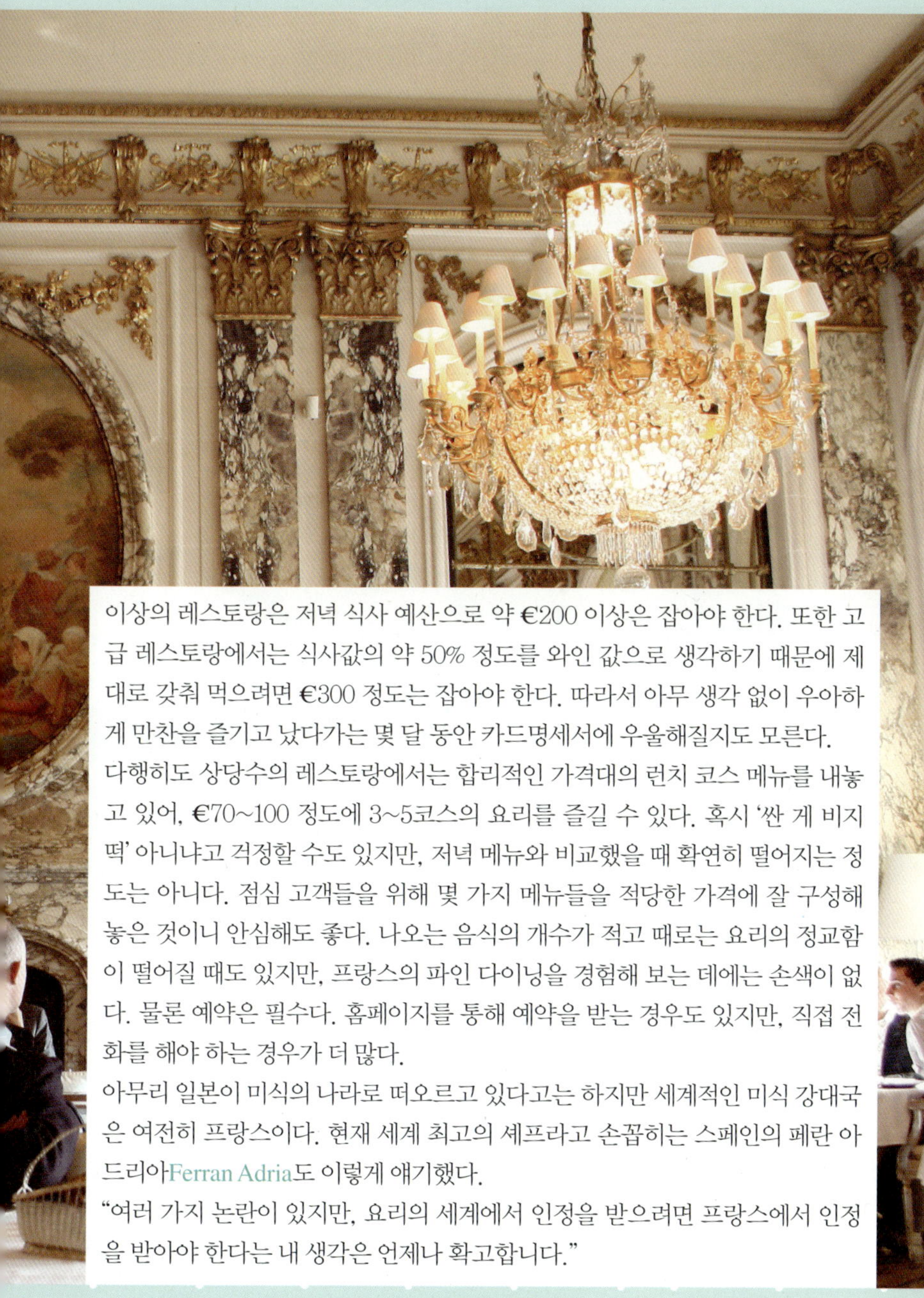

이상의 레스토랑은 저녁 식사 예산으로 약 €200 이상은 잡아야 한다. 또한 고급 레스토랑에서는 식사값의 약 50% 정도를 와인 값으로 생각하기 때문에 제대로 갖춰 먹으려면 €300 정도는 잡아야 한다. 따라서 아무 생각 없이 우아하게 만찬을 즐기고 났다가는 몇 달 동안 카드명세서에 우울해질지도 모른다.

다행히도 상당수의 레스토랑에서는 합리적인 가격대의 런치 코스 메뉴를 내놓고 있어, €70~100 정도에 3~5코스의 요리를 즐길 수 있다. 혹시 '싼 게 비지떡' 아니냐고 걱정할 수도 있지만, 저녁 메뉴와 비교했을 때 확연히 떨어지는 정도는 아니다. 점심 고객들을 위해 몇 가지 메뉴들을 적당한 가격에 잘 구성해 놓은 것이니 안심해도 좋다. 나오는 음식의 개수가 적고 때로는 요리의 정교함이 떨어질 때도 있지만, 프랑스의 파인 다이닝을 경험해 보는 데에는 손색이 없다. 물론 예약은 필수다. 홈페이지를 통해 예약을 받는 경우도 있지만, 직접 전화를 해야 하는 경우가 더 많다.

아무리 일본이 미식의 나라로 떠오르고 있다고는 하지만 세계적인 미식 강대국은 여전히 프랑스이다. 현재 세계 최고의 셰프라고 손꼽히는 스페인의 페란 아드리아Ferran Adria도 이렇게 얘기했다.

"여러 가지 논란이 있지만, 요리의 세계에서 인정을 받으려면 프랑스에서 인정을 받아야 한다는 내 생각은 언제나 확고합니다."

🚲 식사를 마칠 때쯤 화려한 장식의 트레이에 초콜릿과 과자들을 담아 오는데, 이중 원하는 것을 맛볼 수 있다.

르 생크 Le Cinq

최고급 호텔에서 즐기는 화려한 만찬

파리의 최고급 호텔 중 하나인 포시즌 호텔 1층에 위치해 있으며, 회색빛과 골드빛으로 조화를 이룬 내부 장식이 화려하고 낭만적인 느낌을 자아낸다. 특히 계절마다 바뀌는 꽃 장식은 이곳의 분위기를 한층 더 사랑스럽게 한다. 우아한 식기를 비롯한 테이블세팅 또한 보는 이들의 기분을 설레게 한다. 2007년에 미슐랭 별 3개에서 별 2개로 별 하나를 잃기는 했지만 그 인기는 여전하다. 프랑스 전통 요리에 바탕을 두면서도 독특한 허브를 첨가하거나 동양적인 느낌을 가하는 등 조금씩 변화를 시도하고 있다.

메뉴는 계절마다 조금씩 바뀌는데 메인 요리는 오리고기와 양고기가 맛이 좋고, 생선 요리도 대체로 만족스럽다. 식사가 끝나고 나면 커다란 수레에 마카롱, 초콜릿 등의 달콤한 디저트를 싣고 와서 또 한번 손님을 즐겁게 한다. 먹고 남은 봉봉이나 콩피스리는 레스토랑 로고가 찍힌 예쁜 상자에 포장해주어 기념이 된다.

SHOP INFO.
Map P.416-D
Add. 31 Avenue George V 75008, Paris
Tel 01 49 52 70 00
Access George V역에서 도보 5분 **Open** 매일 12:30~14:30, 19:00~22:30
Price 런치(3코스) €82~94, 디너(7코스) €220, 아라카르트 (전채 €80~120, 메인 €80~190)
URL www.fourseasons.com/paris/dining

르 뫼리스 Le Meurice

눈과 입이 모두 호사를 누리는 꿈 같은 시간

파리에서 가장 아름다운 레스토랑으로 손꼽히는 이곳은 유명 디자이너 필립 스탁Philippe Starck이 베르사유 궁전의 살롱 드 라 페Salon de la Paix에서 영감을 받아 우아하고도 세련된 다이닝 룸을 탄생시켰다. 넓게 트인 창문으로는 튈르리 정원의 아름다운 풍경이 들어오고, 햇살이 따스하게 스며드는 한낮에는 더욱 찬란하다.

셰프인 야닉 알레노Yannick Alleno는 파리에서 가장 촉망 받는 스타 셰프로, 프렌치의 고전을 재해석한 독창적인 미각 세계를 펼쳐 많은 사랑을 받고 있다. 이곳이 유명세를 타게 된 것도 그가 온 2003년부터인데 다음 해인 2004년에 바로 별 2개를 달더니 2007년부터는 별 3개의 레스토랑으로 승급되어 그 명성을 지켜오고 있다. 분위기만큼 호화로운 그의 요리는 누구나 한번쯤 꿈꿔 봤을 로맨틱한 감동을 전한다. 다만, 런치 코스 메뉴는 동급 오트 퀴진 레스토랑 런치에 비해 약간 떨어지는 느낌도 있다.

SHOP INFO.
Map P.412-F
Add. 228 rue de Rivoli 75001, Paris **Tel** 01 44 58 10 55
Access Tuileries역에서 도보 1분 **Open** 월~금 12:30~14:00, 19:30~22:00, 토요일·일요일 휴무 **Price** 런치 €90(4코스), 디너 €240(8코스)
URL www.lemeurice.com/le-meurice-restaurant
(홈페이지에서 예약 가능)

장 프랑수아 피에주 Jean-François Piège

섬세한 감각이 돋보이는 스타 셰프의 요리

장 프랑수와 피에주는 크리스티앙 콩스탕(☞p.128), 알랭 뒤카스 같은 거장들 아래에서 핵심적인 역할을 하며 성장해왔다. 그는 신선한 재료의 모든 맛과 풍취를 음식의 상태로 전이시켜, 잊을 수 없는 감동을 선사하겠다는 신념이 있다. 2004년부터 크리용 호텔의 레 잠바되르를 성공적으로 이끈 후 2009년 그곳을 떠나, 파리 레스토랑계의 거물 코스트 형제와 손을 잡고 이곳을 열었다. 60년대 라운지 스타일의 바에서 모티브를 얻어 만든 25석 규모의 레스토랑은 편안하면서 모던한 분위기다.

주문 방식이 독특해서 가리비, 바닷가재 같은 주 식재료들을 선택하면 바로 옆 주방에서 그것으로 요리를 만들어 온다. 거기에 오르되브르, 치즈, 디저트가 제공된다. 최상의 제철 재료를 중심으로 하고, 섬세한 감각을 통해 재료 자체의 풍미를 세련되게 살려낸다. 한정된 좌석수로 예약이 무척 힘든 곳이다.

SHOP INFO.
Map P.415-C
Add. 79 rue Saint-Dominique 75007, Paris (투미외호텔 2층)
Tel 01 47 05 79 79
Access La Tour-Maubourg 역에서 도보 6분
Open 월~금 19:30~22:00, 토요일·일요일 휴무
Price €90~115(메인 메뉴 선택 개수에 따라 다름)

르 브리스톨 Le Bristol

파리 최고급 호텔인 브리스톨 호텔 1층에 위치해 있는데, 여름에는 정원의 낭만을 느낄 수 있는 여름 레스토랑으로, 겨울에는 중후한 분위기의 겨울 레스토랑으로 변신한다. 최고의 미식, 친밀하면서도 격식을 갖춘 서비스, 우아한 다이닝 룸이 가장 완벽히 조화된 곳으로, 미슐랭 3스타 레스토랑 중에서도 현재로서는 최고로 뽑고 싶다. 이곳을 명실상부한 3스타 레스토랑으로 안착시킨 셰프 에릭 프레숑Eric Frechon은 급변하는 미식 트렌드에 휩쓸리지 않고, 프랑스 전통에 기반을 두면서도 조용한 변화를 시도하는 힘을 발휘한다. 36세(1993년)에 MOF 훈장을 받은 이 노르망디 출신 셰프는 현재 파리에서 가장 주목 받고 있는 셰프로서, 파리 미식 업계에 상당한 영향을 주고 있기도 하다. 사르코지 대통령이 단골이기도 한 곳으로 그가 건재하는 한 브리스톨의 전성기는 한동안 계속될 것이다. 특히 이곳은 합리적인 가격대의 런치 코스 메뉴의 만족도가 높다.

SHOP INFO.
Map P.416-B
Add. 112 rue du Faubourg Saint-Honoré 75008, Paris
Tel 01 53 43 43 40
Access Miromesnil역에서 도보 4분 **Open** 12:30~14:00, 19:30~22:00, 여름·겨울에 2주 정도 부정기 휴무
Price 런치(3코스) €85, 디너 (7코스) €250, 아라카르트 (앙트레 €80~120, 메인 €80~240)
URL www.lebristolparis.com

기 사부아 Guy Savoy

예술적 감성이 살아 있는 미식의 세계

파리지앵 중 '기 사부아'를 모르는 사람은 거의 없을 것이다. 대가의 반열에 오르면 레스토랑에 이름만 걸어놓고 사업에만 신경을 쓰는 경우도 많은데, 그는 여전히 꾸준하게 주방을 지키고 있다. 가끔 식사시간 전에 홀에 나와 직접 손님에게 인사를 나누는 광경도 볼 수 있다. 50대 중반, 일찍이 대가의 반열에 접어 들었지만 쉼 없이 꾸준히 노력하며 새로운 세계를 창조하고 있다. 메뉴는 계절별로 바뀌지만, 검은 송로버섯을 넣은 아트초크 수프Soupe d'Artichaut a la Truffe Noir 같은 클래식한 메뉴들은 언제나 인기가 있다. 원색의 장식적인 현대미술 작품과 어두운 톤의 나무 장식이 어우러져 모던하면서도 편안한 느낌을 준다. 미슐랭 3스타 레스토랑 중에서도 가격대가 높은 편이고, 특히 합리적인 가격대의 런치메뉴가 없어서 경제적인 부담이 많이 드는 곳이기도 하다.

SHOP INFO.
Map P.416-A
Add. 18 rue Troyon 75017, Paris **Tel** 01 43 80 40 61
Access Charles de Gaulle–Étoile역 또는 Ternes역에서 도보 4분
Open 화~금 12:00~14:00, 19:00~22:30, 토 19:00~22:30, 토요일 점심·일요일·월요일 휴무
Price 런치, 디너 모두 €298
URL www.guysavoy.com

타이유방 Taillevent

파리 오 트 퀴진 레스토랑의 대명사

1852년에 지어진 모르니 공작(나폴레옹 3세의 이복 동생)의 타운하우스에 위치한 이곳은 전통에 기반을 두며 끊임없이 새로운 것을 창조해 내가는 셰프 알랭 솔리베레스 Alain Solivérès의 지휘 아래 제철의 신선한 재료를 이용한 프렌치 미식Gastronomy의 진수를 보여준다. '오트 퀴진은 심플함에서부터 비롯된다'라는 셰프의 신념을 바탕으로, 지중해식에 영향을 받으면서도 전통과 창조가 어우러진 미각 세계를 경험할 수 있다. 2007년 미슐랭 2스타 레스토랑으로 떨어지기는 했지만 1973년부터 무려 34년간 3스타를 유지하였던 파리 최고의 레스토랑으로, 그 전통의 힘을 느낄 수 있다. 새롭고 신선한 요리에 깜짝 놀랄 일은 적지만, 어느 음식이든 탄탄한 기본기와 섬세함을 보여준다. €28부터 시작되는 3,000여 가지가 넘는 파리 최고 수준의 와인셀러를 확보하고 있다.

SHOP INFO.
Map P.416-B
Add. 15 rue Lamennais 75008, Paris **Tel** 01 44 95 15 01
Access George V역에서 도보 6분 **Open** 월~금 12:15~14:30, 19:15~22:00, 토요일 · 일요일 휴무 **Price** 아라카르트 €120~140, 런치(3코스) €80, 디너(7코스) €190
URL www.taillevent.com

라르페주 L'Arpège

호사스런 채소 요리의 향연

프랑스의 유명 셰프 알랭 파사르Alain Passard가 이끌어
나가는 곳으로, 1996년 이후 꾸준히 미슐랭 별 3개를 유지
하고 있다. 저녁식사 한 끼에 최소 40만원이 훌쩍 넘어가
는 곳으로, 파리에서도 매우 비싼 레스토랑으로 손꼽히는
데 인테리어는 의외로 소박한 편이다. 로댕 미술관과 대사
관이 모여있는 한적한 거리에 위치해 있는데, 외관이 눈에
잘 띄지 않아 자칫 지나치기 쉽다.

이곳의 가장 큰 특징은 채소 요리를 위주로 한다는 것이
다. 채소에 대한 그의 열정은 남달라 지방에 있는 자가 농
장에서 기계를 사용하지 않고 가축의 도움을 받는 등 전
통 유기농 방식으로 재배한 채소를 사용해 창의적인 요리
를 선보이고 있다. 채소 본연의 맛을 살린 섬세하고 담백
한 요리들이 많아서 호불호가 명확히 갈린다. 채소 요리
가 주를 이루지만 붉은빛의 육류를 제외한 가금류나 해산
물, 생선 요리는 코스 메뉴에서 빠지지 않는다.

SHOP INFO.
Map P.415-D
Add. 84 rue de Varenne 75007,
Paris **Tel** 01 47 05 09 06
Access Varenne역에서 도보
3분 **Open** 월~금 12:30~14:30,
20:00~22:30, 토요일·일요일
휴무 **Price** 런치(6코스) €120,
디너(9코스) €250
URL www.alain-passard.com

Roma

● 로마의 낭만 카페

Sant'Eustachio Il Caffé, Tre Scalini, Tazza d'Oro, Caffé Greco, Caffé Doria, Pompi, Ciampini

● 저렴하게 즐기는 간단한 한끼 식사

Dar Filettaro a Santa Barbara, Roscioli, Lo Zozzone, Il Forno Campo de'Fiori

● 로마의 대표 젤라테리아

Cremeria Monteforte, Giolitti, Di San Crispino, Della Palma, Gelateria del Teatro, Old Bridge, Fior Di Luna

● 로마 식당주인들의 단골 식료품점

Mercato di Testaccio, Volpetti, Innocenti

● €30~40로 제대로 즐기는 이탈리아 요리

Cul de Sac, Trattoria Monti, La Montecarlo, Ditirambo, Zampagna, Colline Emiliane, La Campana, Da Felice, Trattoria Da Gino, Priscilla, Checchino dal 1887

● 귀족식 정찬을 맛볼 수 있는 최고급 레스토랑

Il Pagliaccio, Il Cinvivio Troiani, La Pergola

소박한 매력의 로마 전통 음식

로마는 이탈리아의 수도로서 가장 화려한 음식 문화를 자랑할 것 같지만, 전통 음식은 의외로 소박한 편이다. 신선한 채소와 고기(주로 양고기), 치즈를 주재료로 올리브 오일, 소금, 후추, 약간의 향신료를 넣을 뿐 별다른 기교를 부리지 않은 음식을 만든다.

로마 음식의 기본을 이루는 다양한 채소는 로마 외곽에서 재배되는데 토양이 비옥한 화산토여서 질 좋은 채소가 생산된다. 봄에는 아스파라거스, 가을에는 푼타렐라(우리의 치커리와 비슷) 같은 싱싱한 제철 채소가 로마의 주방을 가득 채운다. 그중 아티초크는 로마 요리에서 빠지지 않는 것으로, 커다란 아티초크를 푹 삶아낸 카르치오피 알라 로마나Carciofi alla Romana와 튀겨낸 카르치오피 알라 지우디아Carciofi alla Giudia가 대표적이다.

양도 로마 요리에서 빼놓을 수 없다. 양젖으로 만든 치즈 페코리노 로마노는 로마시대부터 식탁에 올려졌는데 달콤한 과일이나 호두와 함께 그냥 먹기도 하지만, 파스타나 디저트에 곁들이면 풍미를 더해준다. 고기로는 특히 어린 양고기인 아바키오Abbacchio가 선호되는데, 구운 고기류도 좋아하지만 우유만 먹은 어린 송아지의 창자인 파야타Pajata는 별미이다. 쫄깃한 창자와 그 안쪽에 남아있는 효소와 우유 성분이 조화되어 독특한 풍미를 낸다.

우리에게도 익숙한 카르보나라 스파게티와 매콤한 아마트리치아나 파스타도 로마 음식이다. 생크림이 들어간 우리식 카르보나라와는 달리 로마식 전통 카르보나라에는 계란 노른자와 페코리노 치즈, 돼지 볼살 햄 구안치알레Guanciale가 들어간다. 느끼하지 않고 구수하면시도 담백한 풍미가 일품이다. 뭐니 뭐니 해도 로마의 대표 파스타라면 카치오 에 페페Cacio e Pepe 파스타를 들 수 있는데, 삶은 파스타면에 치즈

가루, 후추, 올리브 오일을 비벼 내는 '단순함의 초절정'인 음식이다. 그러나 질 좋은 재료들이 잘 어우러져서 한 번 맛보면 다시 찾게 되는 묘한 매력이 있다.

이탈리아 하면 제일 먼저 떠오르는 게 피자이지만, 로마식 전통 피자는 우리에게 친숙한 미국식 두터운 피자나 나폴리식 쫀득한 피자와는 많이 다르다. 아주 얇은 도우로 만들어져 겉은 바삭하게 타서 나올 때가 많다. 화덕에서 갓 구워낸 피자 한판을 통째로 즐길 수도 있고, 조각으로 부담 없이 즐길 수도 있다. 특히 올리브 오일과 소금 외에는 그 어떤 토핑도 올라가지 않은 피자 비앙카Pizza Bianca는 담백한 로마 피자의 진수를 보여준다.

로마의 대표적인 먹거리 동네라고 하면 테베레 강 건너편의 트라스테베레와 테스타치오 시장 주변을 들 수 있다. 트라스테베레 지역은 관광객들에게 알려지지 않아 로마 사람들의 소박한 모습을 엿볼 수 있는 곳이기도 하다. 부담 없이 맛있는 음식을 즐길 수 있는 오래된 식당들과 식료품점도 많다.

도축장에서 나온 부산물을 파는 것으로 시작된 테스타치오 시장(☞p.187)은 지금은 그 규모가 많이 줄어들었지만, 그 주변에는 여전히 맛집들이 많이 남아 있다. 로마 최고의 식료품점으로 불리는 볼페티(☞p.189)와 적당한 가격에 전통 피자와 음식을 먹을 수 있는 곳들이 있다.

로마에는 다양한 식당이 있다. 최고의 관광 도시답게 한 끼에 €200가 훌쩍 넘는 고급 레스토랑부터 소박한 레스토랑까지 수많은 곳들이 있다. 하지만 엄청난 관광객이 몰려드는 곳이다 보니 관광객의 주머니만 노리는 '나쁜' 레스토랑도 적지 않다. 로마 관광지 한복판에서 정직하고, 맛있고, 가격까지 적당한 레스토랑을 찾기는 쉽지 않은 일이다. 그러나 분명 '숨은 보석'은 있기에 꼼꼼한 준비가 필요하다. 그리고 역시 쉽지 않은 일이지만 로마에서의 미식도 포기할 수 없다. 로마에서만 즐길 수 있는 '진짜 로마 요리'에는 거부하기 어려운 향토적인 매력이 있다.

눈 뜨고 코 베어 가는 이탈리아 레스토랑

유럽 여행에서 맛집 순례는 더할 나위 없이 즐거운 일이지만 물가가 비싸기 때문에 무턱대고 다 즐길 수만은 없다. 괜한 욕심이나 자존심을 고집했다가 나중에 꽤 쓰라린 경험으로 남을 수도 있으니 언제나 확인, 또 확인하는 것을 잊지 말자.

유럽에서도 가장 조심해야 하는 나라가 바로 이탈리아이다. 메뉴에 표시된 가격에 세금과 봉사료가 깔끔하게 모두 포함되어 있는 파리나, 세금으로 7% 정도가 부가되는 스페인과 달리 이것저것 붙는 요금이 많다.

일단 자리에 앉으면 무조건 자릿세Pane e coperto가 청구된다. '관광객이라고 바가지 씌우는 거 아닌가'하고 생각할 수도 있지만 이탈리아에서는 나름 공정한(?) 법칙이다. 자릿세에는 보통 빵 요금이 포함되는데 1인당 €1~3 정도를 곱해서 계산서에 더해진다고 생각하면 된다. 이것으로 끝나면 다행이겠지만 세르비지오Servizio라는 서비스 요금이 또 붙는다. 게다가 프랑스나 영국에서는 무료 물을 요청할 수 있지만, 이

탈리아에서 물을 먹으려면 꼭 유료 물을 주문해야 한다. 그래서 저렴한 와인을 먹었는데도 예상보다 높은 계산서를 받게 되는 것이다.

어쨌든 메뉴판에도 이러한 내용이 적혀 있기 때문에(물론 깨알 같은 글씨로) 정당한 청구려니 하고 받아들여야 하지만 가끔은 터무니없는 바가지를 씌우기도 한다. 예를 들어 무게에 따라 가격이 청구되는 생선이나 랍스타 요리의 경우 먹기 버거울 정도의 양을 갖다 주고 많은 돈을 청구하기도 한다. 또는 무심고 물을 주문했더니 비싼 물을 갖다 주거나, 메뉴판에 없는 메뉴를 추천해줘서 먹고 나니 비싼 요금이 청구되는 등 다양한 케이스가 있다. 따라서 주문을 하기 전에는 반드시 가격을 확인할 필요가 있다. 그리고 식사를 마치고 난 후에도 계산서를 꼼꼼히 확인해야 한다. 특히 종업원이 손으로 흘려 쓰는 계산서는 눈을 크게 뜨고 확인해야 한다. 이런 행동이 소심해 보일까봐 그냥 있다가는 다음 번 식사 한두 끼를 포기해야 하는 상황이 생길 수도 있다. 이탈리아 레스토랑의 한 주인과 이야기를 나눈 적이 있는데, 가게 앞의 명패를 보여주면서 꽤나 자랑스럽게 말했다. 그 명패에는 '로마에 오신 것을 환영합니다. 우리는 이 세 가지를 지킵니다'로 시작되는 내용이었다. 그 세 가지의 내용 중에 이런 내용이 있었다. '투명성, 메뉴판에 있는 가격은 당신의 계산서에 청구되는 가격과 동일합니다.' 우리나라에서는 너무나도 당연한 건데 이런 걸 식당 앞에 붙여 놓고 자랑스러워하다니 로마 레스토랑의 불신풍조(?)가 만연하긴 한가보다.

물론 이런 상황들은 최악의 경우를 가정하고 한 이야기이다. 양심적인 곳들도 분명히 있다. 혹시 모를 상황 때문에 먹는 것을 포기하기에는 맛있는 것들이 너무 많다. 바가지를 쓰지 않는 가장 확실한 방법은 중심가보다는 약간 변두리로, 도시보다는 시골로 가라는 것이다. 말은 이렇게 하지만 짧은 여행 일정에서 싼 음식을 먹겠다고 멀리 가는 일도 쉬운 일은 아니다. 그렇기 때문에 정보가 필요하다. 도시 중심가에서도 현지인들이 즐겨 찾는 맛집들은 군데군데 숨어있다. 이런 곳들은 보통 관광객이 다니는 루트에서는 눈에 잘 띄지 않으므로 사전 조사를 해서 꼼꼼히 알아보고 가야 한다. 마지막으로 이탈리아 내에서도 이런 행태(?)가 가장 심한 곳을 꼽으라면 베네치아와 로마 관광지 중심부를 들 수 있다. '뭐 얼마나 차이가 나겠어, 일단 가서 찾아보면 적당한 곳이 있겠지' 하는 안일한 생각은 당황스런 환상으로 끝나게 될 것이다.

이탈리아의 빼놓을 수 없는 매력, 에스프레소

예전에 우리나라에서 한식의 세계화를 위해 '떡볶이 연구소'라는 것을 만들었다는 기사를 본 적이 있는데, 이탈리아에도 이런 흥미로운 연구소가 있다. 바로 국립 이탈리아 에스프레소 연구소 Istituto Nazionale Espresso Italiano. 주된 업무는 에스프레소로 대표되는 이탈리아 커피를 보호하고 홍보하는 것이다. 스타벅스 같은 다국적 체인에서 저마다의 방식으로 커피를 만들고 '카푸치노' '마키아토' 등의 이름을 무분별하게 사용하는 것에 반발하여 이탈리아 커피의 제대로 된 제조법의 기준을 정하여 알리고 있다. 이탈리아 사람들의 커피에 대한 자부심을 엿볼 수 있는 부분이다.

에스프레소는 이탈리아 커피의 기본이자 핵심이다. 커피가루에 증기를 압축시켜 뽑아내는 것으로, 이탈리아 사람들이 가장 많이 마시는 커피이기도 하다. 그리고 여기에 다른 것이 조금씩 첨가되어 다양한 커피가 만들어진다.

그 중 대표적인 것으로 카푸치노를 들 수 있다. 카푸치노는 에스프레소에 스팀 밀크(우유 거품)를 넣어 만든 것인데, 적당한 온도의 스팀 밀크를 만드는 과정이 상당히 까다롭기 때문에 제대로 된 카푸치노를 만들기 위해서는 숙련된 기술이 필요하다. 이탈리아의 웬만한 바르에서는 제대로 된 카푸치노를 마실 수 있다.

우리에게도 익숙한 카페 마키아토 Caffé Macchiato는 에스프레소에 소량의 우유를

탄 커피를 말한다. 마키아토는 '얼룩진, 흔적을 남긴'이라는 뜻으로 워낙 소량의 우유가 들어가서 사람들이 에스프레소와 구분하기 어려우니, 위에 스팀 밀크를 올려 놓아 이 안에 약간의 우유가 들어있음을 증명하는 데서 나온 말이다.

한편 라테 마키아토 Latte Macchiato 는 이와는 반대로 우유가 기본이고 여기에 약간의 에스프레소를 넣은 커피를 말한다. '커피의 흔적이 보이는 우유'라는 재미있는 뜻이다. 그렇다면 카페 라테 Caffé Latte 와는 어떻게 다를까? 카페 라테가 커피에 초점을 맞추었다면 라테 마키아토는 우유에 초점을 맞추고 있다. 그래서 라테 마키아토에는 카페 라테보다도 적은 양의 에스프레소가 들어간다.

우리가 보통 마시는 아메리카노는 카페 아메리카노 Caffé Americano 를 말하고, 그것보다 약간 진한 커피는 카페 룽고 Caffé Lungo 라고 한다. 카페 룽고는 에스프레소를 추출할 때 조금 더 긴 시간을 들이며 물을 탄 커피를 말한다. 여름이라 시원한 커피가 마시고 싶다면 카페 프레도 Caffé Freddo 를 찾으면 된다.

유럽은 물가가 비싸서 물 한 병 사 마시는 것도 아끼게 되지만, 이탈리아 카페의 물가는 오히려 저렴하다. 자리에 앉아서 마시면 비싸지만, 바르에서 서서 마시는 에스프레소 한 잔은 보통 €0.8, 카푸치노 한 잔이 €1로 부담이 없다. 바르에서는 마시고 난 후에 계산을 하는 경우도 있지만, 사람들이 많이 북적이는 곳에서는 카운터에서 먼저 계산을 하고 영수증을 받아 종업원에게 건네주어야 하는 곳도 있다.

모든 도시가 잠들어 있는 이른 아침에도 바르의 문은 열려 있다. 어쩔 수 없이 피곤함이라는 숙명을 안고 다녀야 하는 여행자에게 상큼한 젤라토도 좋지만, 수백 년 된 광장 테라스석에 앉아서 카푸치노 한 잔으로 여유를 즐기는 것은 여행자의 특권이다. 시끌벅적한 바르에서 이탈리아 사람들과 어깨를 스치며 서서 마시는 에스프레소도 빼놓을 수 없는 매력이다. 그 순간 내가 정말 이탈리아에 와 있다는 것을 새삼 느끼게 될 것이다.

산 에우스타키오 일 카페
Sant'Eustachio Il Caffé

에스프레소의 재발견

뉴욕 타임즈의 한 칼럼에서 진정한 에스프레소를 맛보고 싶다면 로마 행 비행기표를 사서 이 카페로 가라고 했을 만큼 이곳의 에스프레소는 독보적인 명성을 자랑한다. 1938년에 문을 연 이후 오랜 세월 사랑을 받아온 곳답게 그윽한 향과 맛은 매우 탁월하다. 에스프레소 외에도 카푸치노와 그랑 카페Gran Caffé가 유명하며 원두만 구입할 수도 있다.

바에서 서서 마시면 €1.5이고 테라스석에 앉아서 마시면 €4 정도인데, 에우스타키오 광장을 바라보며 앉아 마시는 것도 꽤 낭만적인 기억이 될 것이다. 에우스타키오 광장에 가면 비슷한 이름의 카페가 여럿 있어서 헷갈리기 쉬우니 잘 살펴볼 필요가 있다.

SHOP INFO.
Map P.420-F
Add. Piazza di Sant'Eustachio 82, 00186, Roma
Tel 06 6880 2048
Access Barberini역에서 도보 20분(나보나 광장이나 판테온에서 도보 2분)
Open 일~목 08:30~다음날 01:00, 금 08:30~다음날 01:30, 토 08:30~다음날 02:00, 8월과 12월에 부정기 휴무
Price (서서 마실 경우) 그랑 카페, 카푸치노 €1.5
URL www.santeustachioilcaffe.it

1 테라스석에 앉아 마시면 가격이 올라간다. **2** 이곳의 인기 메뉴인 카푸치노

트레 스칼리니 **Tre Scalini**

나보나 광장의 명물이 된 초콜릿 아이스크림

19세기 후반에 문을 연 레스토랑&바인데, 1946년부터 만들기 시작한 타르투포Tartufo(오른쪽 사진)가 크게 인기를 끌어 지금은 나보나 광장의 명물이 되었다.
타르투포는 겉이 단단하고 진한 다크 초콜릿 아이스크림 위에 휘핑크림이 얹어져 있는, 이탈리아의 전통 아이스크림 디저트이다. 숟가락으로 깨 부셔 먹는데, 혀가 얼얼해질 정도로 진한 초콜릿의 매력을 풍부하게 느낄 수 있다. 타르투포라는 이름은 이탈리아어로 송로버섯을 뜻하는데 생김새가 비슷하다고 해서 붙여진 이름이다. 지방마다 조금씩 차이는 있지만 이곳의 타르투포는 오스트리아에서 수입한 7가지의 질 좋은 코코아를 배합하여 만드는 것이 비결이라고 한다. 가게 앞에 마련된 테라스석에 앉아서 먹으면 €10이고, 테이크 아웃을 해서 먹으면 €5로 가격 차이가 많이 난다. 그외에도 아이스크림 종류가 다양하고, 샌드위치부터 코스 요리까지 식사 메뉴도 있다.

SHOP INFO.
Map P.420-B
Add. Piazza Navona 28, 00186, Roma
Tel 06 6880 1996
Access Barberini역에서 도보 20분(나보다 광장 내)
Open 매일 10:00~22:00
Price (앉아서 먹을 경우)
타르투포 €10
URL www.trescalini.it

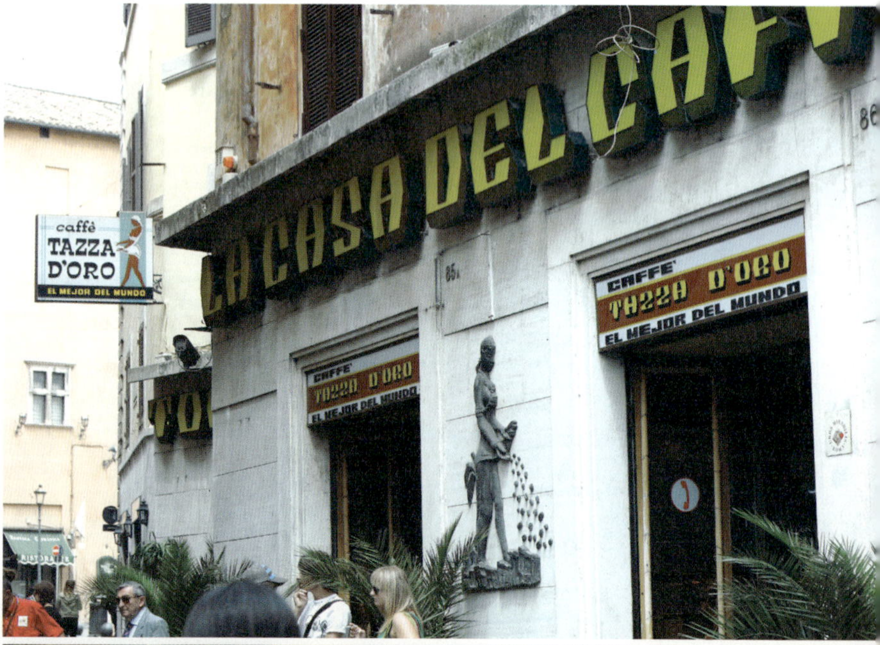

caffè
TAZZA D'ORO
EL MEJOR DEL MUNDO
LA CASA DEL CAFF
CAFFE
TAZZA D'ORO
EL MEJOR DEL MUNDO

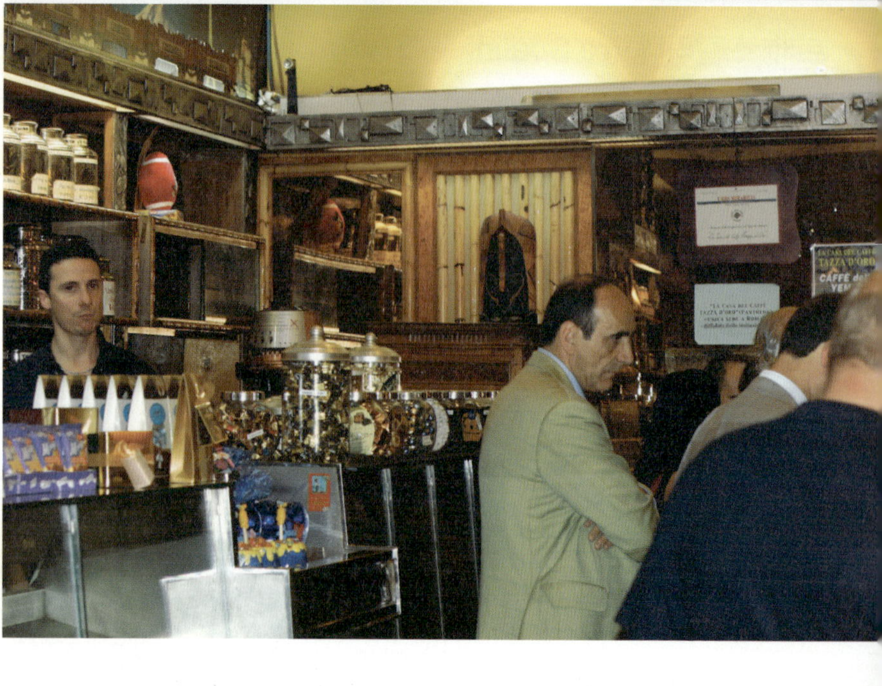

타차 도로 Tazza d'Oro

세계적인 명성을 자랑하는 로마 최고의 커피

1946년에 문을 열어 꾸준한 사랑을 받고 있는 자타공인 로마 최고의 커피 전문점이다. 창업주가 직접 전 세계의 커피 산지를 찾아 다니며 원두를 수입해 왔고 그 인연으로 언제나 질 좋은 원두를 공급받고 있다. 특히 아라비카의 최고급 원두를 라 레지나 데이 카페La Regina Dei Caffé 라는 고유의 블랜드 방식으로 만든 커피는 진하면서도 잔잔한 부드러움이 남아 그 맛이 일품이다.

이곳의 명물은 뭐니 뭐니 해도 그라니타 디 카페 콘 파나 Granita Di Caffè Con Panna인데 얼린 커피에 휘핑 크림을 얹은 것으로, 여름이면 날개 돋친 듯이 팔려나간다. 가게 분위기는 생각보다 수수하지만 전문가의 손길이 느껴지는 명품 커피 한 잔으로 진한 행복감을 느껴볼 수 있다. 판테온 바로 근처에 위치해 있어 찾기도 쉽다.

SHOP INFO.
Map P.421-C
Add. Via degli Orfani 84, 00186, Roma
Tel 06 678 9792
Access Barberini역에서 도보 17분(판테온 바로 근처)
Open 매일 07:00~20:00
Price (서서 마실 경우)
에스프레소 €0.8, 카푸치노 €1, 그라니타 디 카페 콘 파나 €2.5
URL www.tazzadoro coffeeshop.com

1 휘핑크림을 올린 에스프레소 **2** 유명세에 비해 가게는 의외로 소박하다.

카페 그레코 Caffé Greco

역사와 전통을 자랑하는 유서 깊은 카페

1760년에 문을 연 전통의 카페로 수세기의 역사를 이어오
면서 괴테, 바이런, 스탕달, 니체, 카사노바 등 당대의 예
술가들과 문인들이 즐겨 찾던 곳으로도 유명하다. 홀에는
붉은 벨벳 의자와 대리석 테이블이 놓여 있고, 벽면에는
금빛 몰딩의 액자와 로코코 양식의 그림이 어우러져 고전
적인 아름다움을 한껏 느낄 수 있다. 1953년에는 이탈리
아의 문화재로도 지정되어 단순한 카페가 아닌 역사적으
로도 의미 있는 곳이 되었다. 턱시도를 입고 서빙을 하는
웨이터들의 모습도 옛날 방식 그대로인데, 가끔 나이 지긋
한 분이 딱딱하게 응대하여 불편함을 느끼는 때도 있다.
바에서 서서 마시면 €1~1.5로 저렴하지만 홀에 앉아서 마
시면 €5~8로 꽤 비싼 편이어서 여유롭게 낭만을 즐기기
에는 부담스러운 것이 아쉽다. 이탈리아식 샌드위치인 트
라메치니Tramezzini, 파니니Panini를 곁들일 수 있지만,
€10를 넘기에 커피를 제외한 메뉴는 추천하지 않는다.

SHOP INFO.
Map P.421-C, 423-D
Add. Via dei Condotti 86,
00187, Roma
Tel 06 679 1700
Access Spagna역에서 도보
3분 **Open** 화~토 09:00~19:30,
일~월 10:30~19:00, 8월에 2주
휴무 **Price** (서서 마실 경우)
에스프레소 €1, 카푸치노 €1.5
(앉아서 마실 경우) 에스프레소
€5, 카푸치노 €8
URL www.anticocaffegreco.eu

카페 도리아 Caffé Doria

600년 된 대저택에 위치한 유서 깊은 카페

15세기에 지어진 도리아 팜필리 궁전 1층에 위치한 고풍스러운 카페. 한 세기를 풍미했던 팜필리 가문의 궁전은 르네상스 양식으로 지어진 화려한 저택으로 1,000개가 넘는 방이 있는 것으로도 유명하다. 또한 벨라스케스가 그린 교황 이노센트 10세의 초상화를 비롯해 카라바조, 라파엘로 등 유명 화가들의 작품 400여 점을 보유하고 있어 지금은 미술관으로 사용되고 있다. 이곳은 한때 카페 그레코(☞p.163)와 어깨를 견줄 정도로 명성이 자자했으며, 특히 그림을 보고 난 후 미술학도들이 열띤 토론을 벌이는 장소였다고도 한다. 시간적으로 여유가 있다면 미술관에서 그림을 감상하고 난 후 한가롭게 커피를 마시며 사색에 잠겨보는 것도 좋겠다. 역사적인 건물이기에 더 특별한 의미와 낭만이 있을 것이다. 케이크, 타르트와 같은 디저트와 이탈리아식 샌드위치인 트라메치니Tramezzini, 파니니panini도 있어서 간단하게 요기를 할 수도 있다.

SHOP INFO.
Map P.421-G
Add. Via della Gatta 1, 00186, Roma
Tel 06 679 3805
Access Barberini역에서 도보 20분(판테온에서 도보 6분)
Open 월~토 10:00~19:00, 일요일 휴무
Price 카푸치노 €4

Caffè Doria

폼피 Pompi

딸기와 치즈가 절묘하게 조화된 로마 최고의 티라미수

로마에서 가장 맛있는 티라미수를 만든다고 소문난 곳이다. 초콜릿이 올라간 일반 티라미수와 딸기가 올라간 이곳만의 특제 티라미수가 있는데, 후자가 훨씬 인기있다. 아이스크림처럼 부드럽게 녹는 마스카르포네 치즈의 진한 풍미와 딸기의 상큼함이 어우러져 입 안 가득 기분 좋은 달콤함이 퍼진다. 여러 대의 투명한 대형 냉장고에 케이크 수십 개가 꽉꽉 차 있는 것을 보면 이곳의 인기를 실감할 수 있다. 계산대에서 가장 작은 사이즈로 주문을 하고 나서, 티라미수가 있는 곳에 가서 영수증을 보여주면 딸기fragola와 초코 중 어떤 것을 고를 것인지 묻는데, 둘 중 하나를 선택하면 된다. 조그만 플라스틱 용기에 담겨 있는 1인분이 €3 정도이며, 커다란 한 판으로 파는 것은 딸기나 초코를 추가로 담아 무게로 계산한다. 관광지에서 좀 떨어져 있지만 중심부 지하철역에서 매우 가깝고 찾아가기도 쉽다.

SHOP INFO.
Map P.423-B
Add. Via Albalonga 7, 00183, Rome
Tel 06 7000 418
Access Re di Roma역에서 도보 1분
Open 매일 06:30~다음날 01:30
Price 티라미수 (작은 용기에 든 1인분) €3~
URL www.barpompi.it

치암피니 Ciampini

젤라토로 유명한 멋진 카페

로마 현지인들 사이에서 꽤 인기가 높은 카페로, 명품 숍 거리인 코르소 거리Via Del Corso 뒤편에 위치해 있다. 파니니나 샌드위치 등 간단하게 식사를 해결할 수 있는 메뉴와 케이크도 있지만 가장 인기 있는 것은 젤라토이다. 로마에는 젤라토로 유명한 가게가 수없이 많은데, 그중에서도 변치 않는 맛으로 꾸준히 사랑 받고 있다. 스테인리스 통에 꼼꼼하게 밀봉하여 신선함을 유지한 젤라토는 부드러우면서도 진한 맛이 일품이며 양도 많은 편이다. 여러 종류의 맛이 있는데 보통 2종류의 맛을 선택하는 것이 무난하다. 실내보다는 로렌초 인 루치나 광장Piazza San Lorenzo in Lucina까지 펼쳐져 있는 테라스석에 앉아 여유로운 한때를 즐겨보기를 권한다. 안티파스티 메뉴와 식사 메뉴도 갖추고 있지만 맛에 비해 가격대가 높다. 가끔 관광객에게 터무니 없는 팁을 요구해 원성을 사기도 한다. 따라서 실속 있게 즐기고 싶다면 젤라토를 테이크아웃 하자.

SHOP INFO.
Map P.421-C
Add. Piazza di San Lorenzo in Lucina 29, 00186 Roma
Tel 06 687 6606
Access Spagna역에서 도보 10분
Open 07:30~21:00, 일요일 휴무
Price 젤라토(테이크 아웃) €2.5~, 커피(테라스석) €5~
URL www.caffeciampini.com

라 몬테카를로 La Montecarlo

부담 없는 가격에 푸짐한 양으로 인기

1986년에 문을 열어 20년 넘게 로마 시내에서 자리를 지켜오고 있는 유명 피자집으로 관광객에게도 많이 알려져 있는 곳이다. 오래된 화덕에서 갓 구워낸 얇은 도우의 로마식 피자로 유명하며, 피자 외에도 파스타, 스파게티 등의 메뉴를 갖추고 있다.

피자를 추천해달라고 하면 이곳의 이름을 딴 몬테카를로 피자를 권하는데 반숙한 달걀이 얹어져 느끼할 수 있으므로 좀더 단순한 토핑의 피자를 추천한다. 솔직히 피자 외에 다른 메뉴는 권하고 싶지 않다.

흔히 관광객들이 많이 몰리는 곳에 있는 식당은 가격에 비해 맛이나 서비스가 기대 이하여서 실망을 하기 쉬운데, 이곳은 시내 중심가에서 적당한 가격에 양도 푸짐하고 서비스도 나쁘지 않은 곳이다. 사실 피자의 맛만으로 본다면 최고의 맛이라고는 할 수 없으나, 바가지 쓸 걱정 없이 로마식 피자가 어떤 맛인지 경험하기에 괜찮은 곳이다.

Map P.420-F
Add. Vicolo Savelli 13, 00186, Roma **Tel** 06 686 1877
Access Barberini역에서 도보 30분(나보나 광장에서 도보 3분) **Open** 화~일 12:30~15:00, 18:30~다음날 01:00, 월요일 휴무
Price 피자 €6~10, 음료 €2~4
URL www.lamontecarlo.it

로스치올리 Roscioli

따끈따끈한 로마 최고의 조각 피자

수십 년 동안 한결 같은 맛의 빵과 피자로 사랑을 받아온 곳이다. 다양한 견과류와 건포도, 올리브 등을 넣어 만든 라리아노Lariano 빵을 비롯한 이탈리아 전통 빵들은 담백하면서도 고소한 맛이 일품이다. 그러나 이곳에서의 최고 인기 메뉴는 조각 피자Pizza al taglio이다. 버섯, 모차렐라 치즈, 프로슈토, 시금치 등이 올라간 여러 종류의 조각 피자는 로마에서 단연 최고의 피자 중 하나로 꼽을 만하다. 갓 구워낸 다양한 피자들 중에서 원하는 것을 손으로 가리키면 원하는 만큼 잘라준다.

간이 테이블이 있긴 하지만 자리 잡기가 쉽지 않아 대부분 포장을 해서 길가에 서서 먹는데, 그런 불편을 감수하고도 언제나 사람들의 행렬은 끊이지 않는다. 근처에 이곳의 특제 빵, 치즈, 햄을 음식과 함께 먹을 수 있는 레스토랑이 있는데, 가격대는 1인당 €40 정도로 매우 높다.

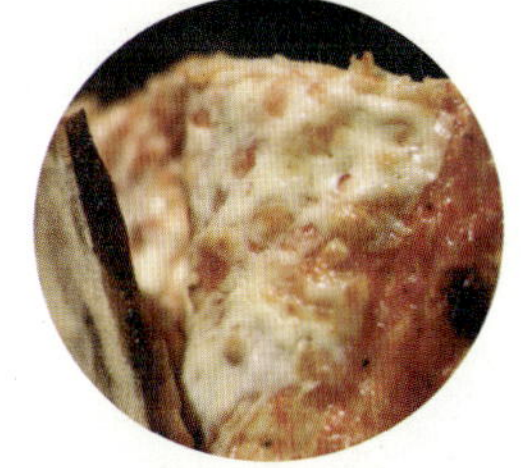

SHOP INFO.
Map P.420-F
Add. Via dei Chiavari 34, 00186, Roma **Tel** 06 686 4045
Access Colosseo역에서 도보 15분 (나보나 광장에서 도보 7분)
Open 월~토 10:30~20:00, 일요일 휴무 **Price** 조각 피자 1개 €1~(무게 단위로 판매), 각종 파스타 €4~, 빵 €0.5~
URL www.salumeriaroscioli.com

1

로 조조네 Lo Zozzone

담백한 피자 샌드위치가 인기

로마의 대표적인 관광지 중 하나인 나보나 광장 근처에서 부담 없이 한 끼를 해결하기에 좋은 곳이다. 밀가루 반죽을 납작하게 펴서 구운 피자 비앙카Pizza Bianca를 알맞은 크기로 자르고 그 안에 각종 재료를 넣어서 샌드위치처럼 만든 것으로 느끼하지 않고 담백하여 인기가 많다. 안에 들어가는 재료로는 프로슈토, 모차렐라, 시금치, 버섯 등 다양한데 재료에 따라 가격도 달라진다. 아주 특별하게 맛이 있는 것은 아니지만 바가지 쓰기 쉬운 관광지에서 가볍게 들러 식사 또는 간식으로 먹기에 제격이다.

2

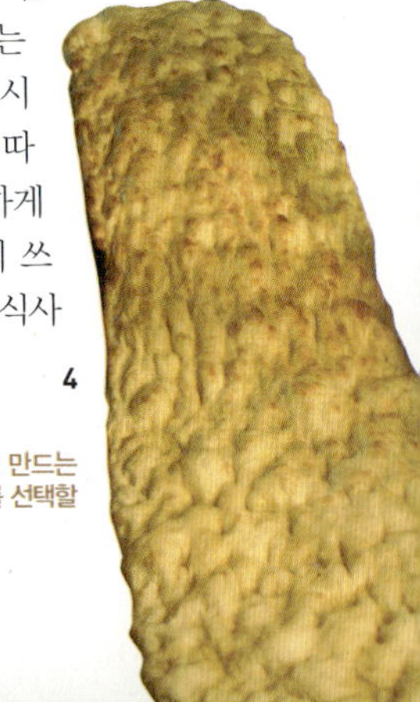

3

4

1 피자 비앙카 안에 각종 재료를 넣었다. 2 만드는 과정을 옆에서 볼 수 있다. 3 다양한 속재료를 선택할 수 있다. 4 갓 구워 낸 피자 비앙카

SHOP INFO.
Map P.420-F
Add. Via del Teatro Pace 32, 00186, Roma
Tel 06 6880 8575
Access Colosseo역에서 도보 20분(나보나 광장에서 도보 2분)
Open 월~금 09:00~21:00, 토~일 09:00~23:00, 겨울에는 일요일 휴무 **Price** 샌드위치 €5~7

일 포르노 캄포 데 피오리
Il Forno Campo de' Fiori

피자 비앙카의 매력에 흠뻑 빠지다

캄포 데 피오리Campo de' Fiori에는 로마에서 가장 활기 넘치고 서민적인 정서를 느낄 수 있는 전통 재래시장이 있어 언제나 많은 사람들이 찾는 곳이다. 시장 한 귀퉁이에 위치한 이곳은 다양한 조각 피자로 유명한데, 특히 담백한 맛의 피자 비앙카Pizza Bianca가 인기이다. 피자 비앙카는 밀가루 반죽에 엑스트라 버진 올리브유를 뿌리고 소금으로 간을 하여 바삭하게 구워낸 깔끔한 맛이 일품인 피자이다. 화려한 토핑은 물론 피자의 상징이라 할 치즈조차도 없어 뭐 특별한 맛이 있겠나 싶지만 일단 한 입 베어 물면 그런 생각이 부끄러워질 만큼 특별한 감동을 전한다. 담백한 맛이 입에 착착 붙어 몇 조각이든 계속해서 먹을 수 있을 것 같은 중독성 있는 매력에 빠질 것이다. 가게 앞은 기다리는 사람들로 항상 분주하다.

SHOP INFO.
Map P.420-F
Add. Vicolo del Gallo 14, 00186, Roma **Tel** 06 6880 6662
Access Colosseo역에서 도보 20분(나보나 광장에서 도보 5분)
Open 10:30~16:45, 토요일 오후·7월과 8월에 부정기 휴무
Price 조각 피자 1개 €1~(무게 단위로 판매), 빵 €0.5~
URL www.fornocampodefiori.com

젤라토에 대한 모든 것

젤라토는 밀크파우더, 설탕, 감미료, 인공 또는 천연 향료, 신선한 과일 또는 원재료, 과일 파우더 등으로 만들어진다. 재료를 적당한 온도로 올려서 살균한 다음 다시 온도를 내리고 거기에 다른 재료를 넣어 온도를 조절하면서 섞어 만든다. 이때 어떤 재료를 얼마나 그리고 어떤 온도에서 어떻게 섞어 만드느냐에 따라 젤라토의 맛이 결정된다고 할 수 있다. 유명 젤라테리아에서는 자기들만의 고유 비법이 있으며 절대 공개하지 않는다. 젤라토가 원래의 부드러운 상태로 보관되기 위해서는 간접 냉각 방식을 유지해야 하기 때문에 가정에서는 보관하기가 어렵다. 가게 역시 아무리 잘 보관했다고 해도 그 부드러운 질감은 시간이 지날수록 떨어지기 마련이다. 따라서 매일 직접 만든 신선한 것이어야 온전한 맛을 느낄 수 있다. 유명 젤라테리아의 젤라토가 맛있는 이유는 그 자체의 맛도 맛이지만, 빨리 팔리기 때문에 자주 만들어지고 그러다 보니 신선함이 더해져서 훌륭한 맛을 내는 것이다.

천연 젤라토

한때 과일 파우더에 적당히 감미료를 섞어서 만드는 저질 젤라토가 판을 친 적도 있었다. 하지만 소위 말하는 고급 젤라토는 천연 재료를 사용하여 재료 자체의 순수한 맛을 살리기 때문에 입안에서 감도는 느낌부터가 다르다. 유명 젤라테리아일수록 천연 재료 사용을 고집하고 재료에 더 많은 신경을 쓴다. 피에몬테산 헤즐넛, 보론테산 피스타치오 등 재료별로 최고의 원산지에서 최상의 재료를 공급받기 위해 애를 쓴다. 과일도 예외는 아니다. 신선한 제철 과일은 건조시키거나 냉동시킨 과일로는 흉내 낼수 없는 맛을 내기에 유명 젤라테리아에서는 제철 과일이 나오지 않을 때에는 아예 그 과일 맛의 젤라토는 팔지 않기도 한다.

어른을 위한 맛있는 장난감 가게

이탈리아에서는 가는 골목마다 젤라테리아를 발견하게 된다. 그리고 그 앞에는 남녀노소를 불문하고 젤라토를 먹는 데 열중하는 모습을 볼 수 있다. 특히 70~80대의 노인들까지 젤라토를 즐기는 모습을 보면 마치 어른을 위한 맛있는 장난감 가게 같다는 생각이 든다. 우리나라 같으면 나이 든 사람이 커다란 콘 아이스크림을 들고 혀로 핥아 가면서 먹는 모습을 주책스럽다고 여길지 모르지만, 이탈리아에서는 전혀 이상한 모습이 아니다.

아무 젤라토 가게나 가면 낭패를 볼 수도

불행히도 관광지 근처에 있는 상당수의 젤라테리아는 신선한 재료를 사용하지 않고 가루만으로 쉽게 만드는 저질 젤라토를 팔고 있다. 그렇다고 싼 것도 아니어서, 맛에 실망하고 가격에 또 한 번 실망하게 된다. 심지어 어떤 곳에서는 좀 어눌해 보인다 싶은 관광객에게는 바가지를 씌우기도 한다. 이것저것 권하면서 몇 개를 가득 골라 담게 한 후 터무니 없는 비싼 돈을 청구할 때도 있다. 이 책에 소개한 젤라테리아를 비롯해서, 괜찮은 곳을 미리 알아보고 가는 것이 좋겠다.

어떤 맛을 먹을지 고민해야 하는 행복한 순간

사실 젤라토는 우리가 상상할 수 있는 모든 재료로 만들어진다. 참깨를 넣은 우유 맛, 장미 맛, 입이 얼얼할 정도의 85% 카카오 맛까지 그 변신은 한도 끝도 없어 보인다. 어떤 곳은 자체적으로 개발한 고유의 맛에 가족의 이름을 붙인 것도 있다. 보통 가게마다 30~40가지의 맛이 있지만 계절마다 또는 주인 마음대로 수시로 바뀌기도 한다.

'어떤 젤라토를 선택해야 할까'는 행복하면서도 머리 아픈 고민이다. 어느 집의 어떤 맛이 맛있는지에 대해서는 늘 의견이 분분하다. 주인에게 물어봐도 난감해 하기는 마찬가지이다. 결국 취향의 문제가 아닐까? 사실 소문난 곳이라면 어떤 맛이든 두루 만족할 수 있는 편이다. 결국 그때 그때 가장 혀끝이 당기는 맛을 고르는 것이 최상의 선택일 것이다.

콘 또는 컵

젤라토에 대해 엄격함의 잣대를 요구하는 사람들은 콘으로는 젤라토의 진정한 맛을 느낄 수 없다고 비난한다. 그래서 디 산 크리스피노(☞p.178) 같은 로마의 유명 젤라테리아에서는 아예 콘을 팔지 않는다. 그러나 이것은 냉면을 가위로 잘라먹으면 맛이 변한다는 것과 같은 논리이며 일부 예민한 미식가의 주장에 지나지 않는다고 생각한다. 영화 〈로마의 휴일〉에서 오드리 헵번이 젤라토를 먹는 장면을 본 이후로 나는 젤라토와 콘을 영원한 찰떡궁합이라고 생각했다. 더운 날씨에 금세 흘러내려 옷과 신발에 종종 묻히면서도 말이다. 매끄럽게 혀에 닿는 순간의 그 쾌감을 포기할 수 없기 때문에 젤라토에는 콘 만한 것이 없다고 생각한다.

독특한 주문법

보통 규모의 젤라테리아에서는 주문을 먼저 하고 나서 계산을 한다. 하지만 큰 규모의 젤라테리아에서는 카운터에서 먼저 계산을 하고 그 영수증을 받아 젤라토가 있는 곳으로 가서 보여주고 주문을 하게 된다. 이때 '확인했다'는 의미로 영수증을 찢는 경우가 보통이다.

대표적인 젤라토 맛

멘타Menta 민트

판나 코타Panna Cotta 구운 크림

티라미수Tiramisù 티라미수

지안두아Gianduja 부드럽게 갈아 녹인
헤즐넛이 들어간 초콜릿

멜레Mele 사과

스트라치아텔레Stracciatella 초코칩이
들어간 바닐라 아이스크림

바닐리아Vanilglia 바닐라

페스카Pesca 복숭아

초콜라토Cioccolato 초콜릿

크레마Crema 크림

프루티 디 보스코Frutti di Bosco
진한 산딸기

노치올라Nocciola 헤즐넛

피오르 디 라테Fior di Latte 우유 크림

리모네Limone 레몬

피스타치오Pistacchio 피스타치오

프라골라Fragola 딸기

만돌라Mandorla 아몬드

크레메리아 몬테포르테
Cremeria Monteforte

크림이 얹어진 시원한 얼음과자의 매력

판테온을 바라봤을 때 바로 오른쪽에 위치해 있어 찾기도 쉽고, 맛도 좋다. 젤라토 관련 대회에서 여러 차례 수상을 하여 그 맛을 인정받은 곳이다. 과일 종류보다는 피스타치오와 다크 초콜릿, 요거트 같은 젤라토로 더 유명하다. 여름에는 커피 얼음에 휘핑크림이 올려진 에스프레소 그라니타 콘 파나Granita Con Panna를 파는데, 젤라토에 지겨워졌을 때 좋은 대안이 된다.

가게 안에는 앉을 자리가 없기 때문에 판테온 주변의 계단에 걸터앉아서 먹으면 된다. 12월 중순~2월 중순 사이에 비정기적으로 쉬는 날이 많으니 참고하자.

SHOP INFO.
Map P.421-G
Add. Via della Rotonda 22, 00186, Roma
Tel 06 686 7720
Access Barberini역에서 도보 20분(판테온에서 도보 1분)
Open 화~일 10:00~23:00, 월요일 휴무
Price 콘 또는 컵 €2~

지올리티 Giolitti

놓치면 후회하게 될 젤라토의 명가

1900년에 시작하여 3대를 내려오며 로마 최고 젤라토의 명성을 지켜오는 곳이다. 로마의 많은 젤라테리아들이 점점 인공 첨가물로 단맛을 내는 경우가 많아지는데, 이곳은 예전의 방법을 고수하며 전통 젤라토의 맛을 지켜 내고 있다. 그런 이유 때문인지 이곳의 젤라토는 단맛이 적고 우유 맛이 거의 안 나는 깔끔한 맛을 자랑한다. 종류도 100여 가지나 되어 선택이 폭이 넓다. 교황 요한 바오로 2세도 이곳의 젤라토를 좋아했다고 전해지는데 특히 밤 크림Crema Marrone 맛을 선호했다고 한다.

카운터에서 돈을 낸 다음 영수증을 들고 진열대에 가서 원하는 맛을 고르면 된다. 여름 성수기에는 길게 줄을 서기 때문에 민첩하게 주문할 필요가 있다. 원하는 세 가지 맛을 잘 보아 두었다가, 차례가 되면 빠르게 외쳐야 한다. 두 가지 맛만 얘기하고 뜸을 들이면 그 두 가지만 퍼주는 불상사가 생기기도 한다.

SHOP INFO.
Map P.421-C
Add. Via degli Uffici del Vicario 40, 00186, Roma
Tel 06 699 1243
Access Barberini역에서 도보 15분(판테온에서 도보 4분)
Open 매일 07:00~다음날 01:30
Price 콘 또는 컵 €2.5~
URL www.giolitti.it

디 산 크리스피노 Di San Crispino

줄리아 로버츠도 반해버린 사랑스런 젤라토

비교적 역사는 짧지만 젤라토의 격전지라 할 수 있는 로마에서 맛으로는 최상으로 꼽히는 곳이다. 특히 영화 〈먹고 기도하고 사랑하라〉의 포스터에서 줄리아 로버츠가 이곳의 젤라토를 맛있게 먹는 모습이 화제가 되어 여성 여행자들의 필수 방문 코스로 떠올랐다. 꽁꽁 밀봉된 은색 철통에서 퍼주는 젤라토에는 감미료나 색소 같은 인공 첨가물은 전혀 사용하지 않고, 오직 신선한 최상의 재료들만 사용하여 만들기 때문에 명품 젤라토라는 찬사를 받고 있다. 딸기, 레몬, 메론 같은 일반적인 종류도 맛있지만, 생강레몬맛Zenzero e Linome처럼 계절마다 나오는 독특한 맛도 시도해볼 만하다.

콘은 젤라토의 순수한 맛을 느끼는 데 방해가 된다고 여겨 컵으로만 판매하는 것도 이곳만의 자부심과 특별함을 느낄 수 있는 부분이다. 피움치노 공항과 로마 시내에 4개의 지점이 있다.

SHOP INFO.
Map P.421-C, D
Add. Via della Panetteria 42, 00187, Roma
Tel 06 679 3924
Access Barberini역에서 도보 5분
Open 월~금 12:00~24:30, 토~일 12:00~다음날 01:30, 화요일 휴무
Price 컵 €2.5~ **URL** www. ilgelatodisancrispino.it

델라 팔마 Della Palma

화려한 데코레이션의 젤라토 천국

무려 100종류가 넘는 형형색색의 젤라토에 화려한 데코 레이션까지 어우러져 있어 어느 것을 선택해야 좋을지 행복한 고민에 빠지게 되는 곳이다. 각종 열대 과일과 견과류, 초콜릿 같은 일반적인 종류는 물론 무설탕Senza Zucchero, 두유Latte di Soia 같은 독특한 맛과 20가지의 초콜릿 젤라토에 이르기까지 고루 갖추었다.

신선한 재료를 사용한다는 것을 증명이라도 하듯 매장에서는 종업원들이 끊임없이 과일을 다듬고 자르는 모습을 볼 수 있다. 약간 둔탁하면서도 감미료가 섞인 듯한 맛이 나기 때문에 원재료 자체의 순수한 맛을 추구한다면 조금 실망할 수도 있다.

SHOP INFO.
Map P.421-C
Add. Via della Maddalena 19, 00186, Roma
Tel 06 6880 6752
Access Barberini역에서 도보 15분(판테온에서 도보 3분)
Open 매일 08:00~다음날 01:00
Price 콘 또는 컵 €2~

젤라테리아 델 티아트로
Gelateria del Teatro

엄선된 재료로 만든 이색 젤라토의 매력

단골이 아니면 모르고 그냥 지나치기 쉬운 골목 안쪽에 위치해 있는 숨은 보석 같은 젤라테리아이다. 매장으로 들어가는 입구에 아담한 테이블을 놓고 군데군데 작은 화분과 담벼락을 타고 내려오는 담쟁이덩굴이 이 골목의 스산함을 낭만적으로 바꿔놓았다.

매일 아침 주인이 직접 시장에서 사오는 신선한 재료와 브론테 지방에서 들여오는 피스타치오, 시칠리아의 아몬드 등 엄선된 재료만을 사용하여 만들기 때문에 젤라토에 대한 자부심은 그 어느 곳에 뒤지지 않는다.

여러 종류의 맛이 있는데 그 중에서도 80% 카카오 함량의 젤라토80% Cacao Cioccolato Puro, 달콤한 와인 크림 젤라토Crema al Vino Porto 등 이곳에서만 맛볼 수 있는 독특한 젤라토로 인기몰이를 하고 있다.

SHOP INFO.
Map P.420-B
Add. Via di San Simone 70, 00186, Roma
Tel 06 4547 4880
Access Barberini역에서 도보 25분(나보나 광장에서 도보 5분)
Open 일~목 12:00~22:30, 금~토 12:00~23:30
Price 콘 또는 컵 €2~

올드 브리지 Old Bridge

과일 맛 젤라토가 먹고 싶다면 바로 여기!

양이 많고 가격도 저렴한 편이라 관광객들과 현지인들에게까지 인기가 있는 젤라테리아다. 특히 한국 관광객의 비중이 상당한 편이다. 전반적으로 맛이 상당히 진한 편인데 여름이라면 과일 종류의 맛을 먹어보기를 추천한다. 입안 가득 신선함이 퍼져 온몸을 상쾌하게 해준다. 누텔라 Nutella, 피스타치오 같은 크림 계열의 젤라토도 인기이다. 관광객들은 대부분 근처에 있는 바티칸 박물관 관람을 마치고 난 후에 들르는데 한참 걸어 지치고 피로해진 심신을 달래는 데 이보다 더 좋은 건 없을 듯싶다.

그런데 명성에 비해 막상 매장을 찾아 가보면 규모도 작고 소박해서 의아해 할지도 모르지만 양과 가격만큼은 절대 실망시키지 않는다. 작은 콘을 주문해도 워낙 많이 퍼주어서 굳이 큰 것을 주문하지 않아도 될 정도이다.

아쉬운 점은 잠시 앉아 먹을 수 있는 의자나 테이블이 전혀 없다는 것이다.

SHOP INFO.
Map P.422-B
Add. Viale dei Bastioni di Michelangelo 5, 00192, Roma
Tel 06 3972 3026
Access Ottaviano역에서 도보 7분
Open 월~토 09:00~다음날 01:00, 일요일 휴무
Price 콘 또는 컵 €1.5~

피오르 디 루나 Fior Di Luna

원재료의 순수한 맛 그대로인 젤라토

로마 시내에서 테베레 강을 지나면 나오는 트라스테베레 Trastevere 구역은 이름난 유적지가 적어 관광객들에게는 등한시되는 곳이었다. 하지만 오랜 역사를 간직한 고풍스러운 건물과 소문난 맛집들이 모여 있어 진정한 로마의 매력을 느낄 수 있는 동네이다.

트라스테베레 한복판에 있는 이 젤라테리아는 세계 최초로 얼음과자가 개발된 고장인 시칠리아 출신의 주인이 직접 아이스크림을 만드는 곳으로 특히 엄선된 최상급의 재료를 중요시 여긴다. 그래서 가게 앞 간판을 보면 랑게 지방의 헤즐넛, 베네수엘라산 카카오 등 재료의 원산지와 등급이 자세히 표기되어 있다.

순수한 맛의 젤라토가 어떤 것인지 그대로 보여주고 있으며 젤라토 외에도 직접 만든 초콜릿과 케이크를 판매한다. 조금 멀더라도 주위의 맛집들도 둘러보며 찾아갈 만한 보람이 있는 매력적인 곳이다.

SHOP INFO.
Map P.419-A
Add. Via della Lungaretta 96, 00153, Roma **Tel** 06 6456 1314
Access 포로 로마노에서 도보 12분(트라스테베레 구역)
Open 화~일 12:00~다음날 01:00, 월요일 휴무
Price 콘 또는 컵 €1.5~
URL www.fiordiluna.com

날고기보다 햄이 더 대접 받는 이탈리아 햄 세상

구안치알레 Guanciale

돼지의 볼살과 목살로 만든 햄으로 쫄깃한 맛이 일품이다. 고기를 소금에 3주 정도 절인 후, 후추가루 등의 향신료를 발라서 한두 달 정도 숙성시키는 과정을 거친다. 잘게 썰어 파스타의 재료로 많이 사용하는데 우리가 흔히 먹는 카르보나라 파스타나 매콤한 아마트리치아나 파스타에도 들어 간다. 베이컨이나 판체타에 비해 특유의 진한 풍미가 살아 있어 파스타의 감칠맛을 더해준다.

프로슈토 Prosciutto

이탈리아인의 식탁에 가장 많이 오르는 햄이다. 돼지 뒷다리를 소금에 두 달 정도 절였다가, 소금을 씻어내고 뿌리는 작업을 몇 번 반복한 후 1년 이상 서늘한 곳에서 장기 숙성시키는 과정을 거친다. 보통은 종이처럼 얇게 썰어서 그대로 먹는다. 프로슈토는 다양한 종류가 있는데 그 중 이탈리아 중부 파르마의 프로슈토 디 파르마Prosciutto di Parma와 북부 산 다니엘레의 프로슈토 디 산 다니엘레 Prosciutto di San Daniele를 최고로 쳐준다. 두 종류 모두 원산지 명칭 보호제도DOP (Denominazione di'Origine Protetta)의 적용을 받고 있기 때문에 정해진 지역에서 생산된 프로슈토에만 그 이름을 붙일 수 있다. 좋은 프로슈토는 부드럽고 섬세하면서도 달콤한 맛이 감돈다.

쿨라텔로 Culatello

이탈리아의 햄 중에서 가장 비싸고 고급에 속한다. 돼지 뒷다리에서 뼈를 발라내고 기름기가 없고 단단한 살을 소금에 절인 후 며칠 동안 뮤어 두어 모양을 잡은 후 돼지 방광에 넣어 최소 1년 이상 숙성시킨다. 쿨라텔로의 독특한 풍미를 만드는 가장 큰 요인은 이것을 만드는 지벨로와 그 근처 지방의 독특한 기후 때문이다. 여름에는 습하고 찌는듯한 더운 바람이, 겨울에는 축축하고 서늘한 안개가 스며들어 쿨라텔로만의 코를 톡 쏘는 풍미를 만들어낸다.

카포콜로 Capocollo

돼지 목살에서 어깨살을 와인과 허브, 마늘이나 지방에 따른 양념에 재었다가, 소금을 뿌려서 주무른 후 돼지 창자에 넣어 6개월 이상 숙성시킨 햄을 말한다. 보통 얇게 잘라서 와인 안주나 안티파스티로 먹는다.

스펙 Speck

돼지 뒷다리에서 뼈를 제거한 후 소금과 향신료에 재어 한 달 이상 숙성시킨다. 그리고 약한 불에서 아주 서서히 훈제시킨 다음, 다시 5개월 이상 숙성 과정을 거치게 된다. 얇게 썰어 먹으면 생햄과는 다른 훈제의 풍미를 느낄 수 있으며 파스타나 이탈리아 요리에 두루 쓰인다.

판체타 Pancetta

돼지 삼겹살을 열흘 정도 소금에 절인 후, 각종 향신료를 발라서 3개월 이상 숙성시킨 햄을 말한다. 구안치알레 대신 파스타에 들어가기도 하고, 가격이 저렴하기 때문에 각종 이탈리아 요리에 무난하게 많이 쓰인다. 요리에 넣으면 베이컨과 비슷한 맛이 난다.

모르타델라 Mortadella

돼지 지방 조각과 향신료가 들어간 돼지고기 소시지. 단면이 성인 남자 주먹만한 사이즈부터 축구공만한 사이즈까지 다양하다. 이탈리아 중부의 볼로냐에서 만든 것이 유명하며, 얇게 썰어 먹으면 기름진 풍미가 좋다.

테스타치오 시장 Mercato di Testaccio

유서 깊은 로마의 전통 먹거리 시장

원래는 가축 도살장이 있었던 곳으로 도축 후 소와 돼지의
내장, 부속 고기 등을 내다팔며 자연스럽게 형성된 시장이
다. 예전에 비해 시장 규모는 많이 축소되었지만 여전히 전
통 시장의 흔적을 느낄 수 있다. 호박꽃, 아티초크처럼 로마
요리에 자주 쓰이는 채소, 절인 올리브에서 말린 토마토 같
은 저장 식품, 수십여 가지의 치즈와 식재료들을 구경하는
재미가 쏠쏠하다.

그리고 시장 주변에는 다양한 식료품을 구비한 볼페티(☞
p.189)를 비롯해 다 펠리체(☞p.205) 같은 소문난 맛집들이
많기로도 유명하다. 그중 바삭한 로마식 피자로 인기를 모으는 피체리아 다 레모도 잊지 말고
가보자. 종이처럼 얇지만 바삭바삭한 도우의 매력이 살아있는 20종류 이상의 피자가 있는데,
어떤 피자든 로마식 피자의 진수를 충분히 느낄 수 있다. 한창 식사시간일 때 가면 기다리게 되
므로 조금 일찍 서둘러서 가기를 권한다.

SHOP INFO.
Map P.422-A
Access Piramide역에서
도보 8분
Open 월~토 07:30~13:30

피체리아 다 레모 Pizzeria da Remo
Add. Piazza di Santa Maria Liberatrice 44, 00153   **Tel** 06 574 6270   **Access** 테스타치오 시장에서 도보 2분
Price 피자 €7~

볼페티 | Volpetti

로마 식재료의 모든 것

1973년 움브리아Umbria 출신의 볼페티 형제가 테스타치오 시장 옆에 문을 연 식료품점으로, 40년 가까이 질 좋은 식재료를 공급하여 로마 최고의 식료품점이라는 명성을 이어오고 있다. 산 다니엘레, 쿨라텔로, 파르마산 햄 등 50여 종의 이탈리아 지방 특산 햄들을 원하는 만큼 잘라서 살 수도 있고, 20여 종의 신선한 치즈와 10여 종의 토르타, 시칠리아식 절임 채소 같은 손질 채소도 있다. 델리 코너에는 칸투치(Cantucci, 비스코티), 로제타(Rosetta, 겉이 딱딱한 작고 둥근 빵) 등의 먹음직스러운 빵과 과자들도 가득하다. 평범한 주부부터 유명 레스토랑의 요리사들까지 애용하는 이곳의 식재료는 언제나 최상의 선택이 된다. 10년 이상 꾸준히 근무해온 베테랑 종업원 아저씨들이 이것저것 시식도 권하고, 조언도 해주며 유쾌하게 가게를 이끌어 간다. 근처에 자그마한 레스토랑이 함께 있어서, 이곳 식재료를 이용한 간단한 요리를 즐길 수도 있다.

SHOP INFO.
Map P.422-A
Add. Via Marmorata 47, 00153, Roma **Tel** 06 574 2352
Access Piramide역에서 도보 8분 **Open** 월~토 08:00~14:00, 17:00~20:15(레스토랑은 10:30~15:30, 17:30~21:30), 일요일 휴무
URL www.volpetti.com

FAVE
DEI
MORTI

이노첸티 Innocenti

장인의 손길이 느껴지는 수제 생과자점

100년의 역사를 간직한 생과자 전문점으로 우리나라에 맨 처음 양과자가 들어왔을 때의 모습을 보는 것처럼 고풍스럽다. 커다란 저울과 옛날식 쇼케이스가 눈길을 끄는 실내에는 하얀 모자를 쓴 아주머니가 각종 이탈리아 과자를 구워내는 모습을 볼 수 있는데 얼핏 봐도 자부심이 대단하다는 걸 느낄 수 있다.

약 30가지가 넘는 가지각색의 과자들은 비슷비슷해 보이면서도 나름대로의 개성이 뚜렷하다. 그 중에서도 '맛있지만 못생긴'이라는 재미있는 이름의 브루티 마 부오니 Brutti ma Buoni 쿠키와 비스코티 Biscotti, 각종 토르타 Torta 등이 호기심을 자극한다. 주문은 파스티체리아 다 테(Pasticceria da Te, 모듬 과자)를 선택하고 쇼케이스에 진열된 과자들 중에서 마음에 드는 것을 담아 계산하는 방법을 추천한다.

SHOP INFO.
Map P.419-B
Add. Via della Luce 21, 00153, Roma **Tel** 06 580 3926
Access 포로 로마노에서 도보 10분(트라스테베레 구역)
Open 월~토 08:00~20:00, 일 09:30~14:00 **Price** 파스티체리아 다 테(모듬 과자) 1kg당 €11, 비스코티 1kg당 €7.5

192 Roma

이탈리아의 식당 구분법

일반적으로 이탈리아의 식당은 리스토란테Ristorante, 트라토리아Trattoria, 오스테리아Osteria, 타볼라 칼다Tavola Calda로 구분된다. 식당 앞에 내걸린 간판에서 이런 단어들을 볼 수 있다.

그 중에서 리스토란테는 가장 고급에 속하는 곳이다. 하얀 테이블보가 깔려 있고, 정장을 차려 입은 웨이터가 정중하게 격식을 갖추어 서비스하는 곳이다. 가격은 당연히 비싼 편이고, 메뉴판에는 다른 곳에서는 찾아보기 어려운 코스 메뉴가 있는 경우도 있다. 트라토리아와 오스테리아는 거의 비슷하다고 보면 된다. 가장 일반적인 스타일의 식당으로 가족이 함께 운영하는 곳이 많다. 가정에서도 즐겨 먹는 이탈리아의 전통 음식은 물론이고, 가게만의 특별 요리를 선보이기도 한다. 대부분 테이블간의 간격이 넓지 않아 친밀하면서도 활기찬 분위기이다. 원래 오스테리아는 술과 음식을 즐기기 위한 곳이었다고 하는데, 지금은 이 두 단어에 의미상의 차이는 없다.

타볼라 칼다는 우리나라로 치면 카페테리아 정도로 보면 된다. 미리 만들어놓은 음식을 오븐에 데워주거나 간단한 음식을 만들어 준다. 가볍게 한 끼 식사를 해결할 수 있는 곳이다.

그리고 거리를 다니다 보면 바르Bar라는 간판을 보게 될 것이다. 우리나라의 바Bar는 술집을 가리키지만 이탈리아에서는 커피나 간단한 주류, 음료 등을 마시는 곳이다. 대부분의 이탈리아 사람들은 바르에서 서서 에스프레소를 마신다. 아침 일찍 문을 열기 때문에 패스트리와 함께 간단히 아침식사를 해결할 수도 있고, 미리 만들어놓은 파니니 샌드위치로 오후의 허기를 달랠 수도 있다.

끝으로, 이탈리아에 가면 반드시 '이탈리아 피자'를 먹어 보겠다고 다짐하는 분이 있을 것이다. 그런데 이탈리아 레스토랑에는 피자라는 메뉴가 없는 경우가 보통이다. 피자는 '피체리아Pizzeria'라는 간판을 내건 이른바 피자집에서 주로 팔기 때문에 그런 곳을 찾아가야 한다.

쿨 드 삭 Cul de Sac

음식도 맛있고 가격도 맘에 드는 인기 와인 바

1968년에 문을 연 로마에서 꽤 오래된 와인 바 중 하나로, 나보나 광장에서 몇 발자국 떨어진 곳에 있는 또 하나의 작은 광장에 위치해 있다. 1,500개 이상의 와인 리스트를 보유하고 있어 다양한 가격대의 와인을 부담 없이 즐길 수 있으며, 계절별로 다르게 선보이는 요리도 맛이 좋다. 그 중에서도 인살라타 카프레제Insalata Caprese(모차렐라와 토마토 샐러드), 라자냐 파타 인 카사Lasagna Fatta in Casa(홈 스타일 라자냐) 등의 파스타류, 콩 수프Zuppa Dell Fagioli는 언제나 인기 있는 메뉴이다. 와인 안주로는 살루미와 치즈도 놓치지 말자. 종업원들이 꽤 친절한 편으로, 관광객에게도 차별대우 없이 요리나 와인에 대해 성의 있게 추천해 준다.

광장 쪽에 마련된 테라스석에서 오가는 사람들을 구경하며 여유를 즐겨보는 것도 괜찮다. 단, 예약을 받지 않는 곳이니 테라스석에 앉으려면 일찍 서둘러서 가야 한다.

SHOP INFO.
Map P.420-F
Add. Piazza di Pasquino 73, 00186, Roma
Tel 06 6880 1094
Access Barberini역에서 도보 30분(나보나 광장에서 도보 1분)
Open 매일 12:00~16:00, 18:00~24:00
Price 파스타 €7~10, 메인 요리 €10~17   **URL** www.enoteca culdesac.com

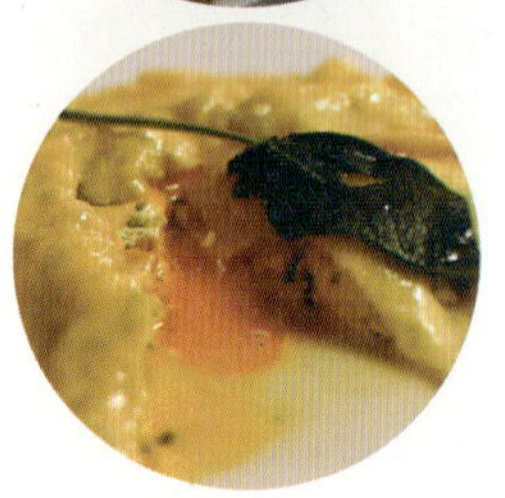

트라토리아 몬티 Trattoria Monti

맛, 서비스, 분위기 모두 100점

깔끔하게 잘 정돈된 아담한 규모의 레스토랑으로, 엄마는 요리를 하고 친절하고 잘생긴 아들 둘이서 서빙을 하는 가족적인 분위기가 매력인 곳이다. 로마 북동쪽 마르케 Marches 지방의 요리를 전문으로 하지만, 전통 이탈리안 요리부터 창의적인 요리까지 다양한 요리를 즐길 수 있다. 메뉴는 계절에 따라 달라지는데 고르곤졸라 소스의 양파 파이Tortino di Cipolle Rosse con Crema al Gorgonzola, 달걀 노른자가 들어간 토르텔로(큰 만두)Tortello al Rosso d'uovo, 수프류, 토끼 요리 등이 인기 있다. 친밀한 지인의 집에 초대받은 듯 따뜻하게 응대해 주므로, 메뉴 주문에도 어려움이 없다. 추천 메뉴가 대부분 우리 입맛에 매우 잘 맞는다. 모든 면에서 로마 최고로 꼽고 싶은 추천 순위 1위의 트라토리아이다. 반드시 예약을 해야 하며, 낮 보다는 밤이 더 분위기가 좋지만 근처가 좀 위험한 편이라 주의할 필요가 있다.

SHOP INFO.
Map P.422-D
Add. Via di San Vito 13, 00185, Roma
Tel 06 446 6573
Access Vittorio Emanuele역에서 도보 5분 **Open** 화~토 13:00~15:00, 19:30~22:30, 일요일 · 월요일 휴무
Price 안티파스티 €8, 토르텔로 등 파스타 €12, 메인 요리 €15~18

1

다르 필레타로 아 산타 바바라
Dar Filettaro a Santa Barbara

대구 튀김과 파 절임의 절묘한 조화

갓 튀겨낸 바삭바삭한 대구 튀김과 시원한 맥주를 부담 없이 즐길 수 있는 곳이다. 염장대구를 튀겨낸 필레티 디 바칼로Filetti di baccala는 로마 서민들이 즐겨먹는 음식 중 하나로, 통통하면서 바삭바삭한 맛이 일품이다. 우리 의 파 절임과 비슷한 푼타렐레Puntarelle (치커리를 얇게 썰어 안초비와 마늘, 올리브 오일 등으로 간을 한 것)를 곁 들이면 좋다. 브루스케타, 호박 튀김, 안초비, 살라미, 치 즈 등 몇 가지 안주거리가 더 있지만 그다지 추천할 만하 지 않다. 대구 튀김만 포장해 갈 수도 있으며, 여름이면 아 름다운 산타 바바라 성당이 보이는 야외 테이블에서 즐길 수도 있다. 자리가 금방 차서 30분 이상 기다릴 수도 있으 므로 이른 저녁에 가기를 권한다.

1 필레티 디 바칼라와 푼타렐레를 함께 주문하자. **2** 여름에는 야외 테이블이 마련된다.

2

SHOP INFO.
Map P.420-F
Add. Largo dei Librari 88, 00186, Roma
Tel 06 686 4018
Access Colosseo역에서 도보 20분(나보나 광장에서 도보 6분)
Open 월~토 18:30~, 일요일 휴무
Price 대구 튀김 €5(1인분), 푼타렐레 €5

누구든 유쾌하게 즐길 수 있는 이탈리아 요리들을 선보인다.

디티람보 Ditirambo

시끌벅적한 시장의 매력이 담긴 트라토리아

로마의 전통 재래시장인 캄포 데 피오리 옆에 있는 아담하고 소박한 레스토랑으로 늘 활기 넘치는 분위기가 매력이다. 제철 재료를 사용한 정통 이탈리안 요리부터 이를 발전시켜 새롭게 개발한 창작 요리까지 다양한 요리를 적당한 가격에 즐길 수 있어 항상 사람들의 발길이 끊이지 않는다. 치즈의 풍미가 가득한 카치오 에 페페Cacio e Pepe, 식욕을 돋우는 모듬 안티파스티Antipasto della Casa는 우리 입맛에도 잘 맞는 인기 메뉴. 양고기 로스트Agnello al Forno 같은 전통 요리도 좋지만, 감자를 곁들인 그린 소스의 문어 샐러드Insalata di Polpo in Salsa Verde con Crema di Patate처럼 독창적인 요리로 이탈리안 요리의 색다른 맛을 경험해 볼 수 있다. 캄포 데 피오리에 가게 된다면 추천하지만, 가끔 관광객을 차별대우한다는 평도 있다.

1 60석 규모의 아담한 실내는 가정집에 초대 받은 듯 편안한 느낌을 준다.
2 치즈의 풍미가 살아있는 카치오 에 페페는 우리 입맛에도 잘 맞는다.

SHOP INFO.
Map P.420-F
Add. Piazza della Cancelleria 74, 00186, Roma
Tel 06 687 1626
Access Barberini역에서 도보 30분(나보나 광장에서 도보 4분)
Open 13:00~15:00, 19:30~23:30, 월요일 점심 휴무, 8월 중 3주 휴무
Price 안티파스티 €8~11, 파스타 €9~13, 메인 요리 €16~18
URL www.ristoranteditirambo.it

잠파냐 Zampagna

85년 역사의 소박한 로마 전통 맛집

대학가 옆에 위치한 소박한 트라토리아로, 1924년부터 변함없이 전통 로마 음식을 선보이고 있다. 톤나렐리 아마트리치아나Tonnarelli all'amatriciana, 카르보나라 Tonnarelli alla Carbonara 같은 로마 전통 파스타에서는 쫄깃한 구안치알레와 고소한 치즈, 통통한 톤나렐리 면발이 잘 조화되어 있다. 인볼티니Involtini(얇게 자른 고기에 속을 채워 말아놓은 요리), 살팀보카Saltimbocca(송아지고기를 얇게 썰어 튀겨서 조린 것), 로마식 소의 양 요리 Trippa alla Romana을 비롯해 대부분의 메인 메뉴가 전통 로마 레시피를 충실히 따르고 있다. 시작으로는 가볍게 멜론과 프로슈토Prociutto melone도 좋다. 중심가에서 떨어져 있고, 가까운 지하철역도 없기에 일부러 찾아 가기는 쉽지 않지만, 성 바오로 대성당Basilica di S. Paolo에서 600미터 거리에 있기에 대성당을 보고 난 후 가볼 만하다. 점심에만 운영하고, 가격대도 저렴한 편이다.

SHOP INFO.
Map P.423-F
Add. Via Ostiense, 179
Tel 06 5742306
Access Basilica di S. Paolo역에서 도보 10분 (길 찾기가 어렵기에 실질적으로 20분쯤 소요)
Open 월~토 12:30~15:00, 저녁과 일요일·공휴일은 휴무
Price 파스타 €6, 메인 메뉴 €8~14

콜리네 에밀리아네 Colline Emiliane

맛의 도시 볼로냐의 향토요리로 유명

이탈리아 북부의 볼로냐 지방은 '뚱보의 도시Bologna la Grass'라는 말이 있을 정도로 맛있는 음식이 넘쳐나는 미식의 고장이다. 이곳 역시 넉넉한 인심으로 볼로냐의 향토요리를 선보이고 있다. 걸쭉한 고기 소스의 굵은 면 파스타Tagliatelle alla Bolognese, 맑은 국에 손톱만큼 앙증맞은 만두를 넣은 요리Tortellini in Brodo, 달콤한 호박을 넣은 만두 요리Ravioli di Zucca 등이 대표 메뉴이다. 그리고 전통 방식으로 오랜 시간 조리한 우족과 으깬 감자요리Giambonetto di Vitella con Purea는 볼로냐의 풍미를 강하게 느낄 수 있는 토속 메뉴이다.

고기와 치즈, 무거운 소스를 많이 사용하기 때문에 기름지고 느끼할 수도 있지만 나름대로의 묘미를 느낄 수 있다. 안티파스티, 프리미피아티, 메인 요리, 디저트를 주문해서 둘이서 나누어 먹어도 눈치주지 않는다. 지하철역에서 가까이에 있어서 찾아가기도 쉬운 편이다.

SHOP INFO.
Map P.422-C
Add. Via degli Avignonesi 22, 00187, Roma
Tel 06 481 7538
Access Barberini역에서 도보 3분 **Open** 화~일 12:45~14:45, 화~토 19:45~22:45, 월요일 · 토요일 점심 · 일요일 저녁 휴무
Price 안티파스티 €7~10, 파스타 €9~13, 메인 요리 €14~22

라 캄파나 La Campana

풍성한 요리와 흥겨운 분위기로 인기

규모도 크고 손님도 많은 인기 레스토랑으로 로마에서 가장 오랜 역사와 전통을 지닌 곳 중 하나이다.

안티파스티 뷔페를 선택하면 카르치오피 알라 로마나 Carciofi alla Romana (삶은 아티초크), 구운 가지와 호박, 아스파라거스 조림, 절인 올리브 등 10여 가지가 넘는 전채 요리를 맛볼 수 있다(안티파스티 뷔페 메뉴는 파스타나 다른 메뉴도 주문 필요). 파스타도 포르치니 버섯 페투치니 Fettuccine Funghi Porcini, 봉골레 스파게티 Spaghetti alle Vongole 등 10여 종류가 넘고, 메인 요리도 어린 양 구이 Abbacchio Arrosto, 살팀보카 Saltimbocca 등 30여 종류가 넘는다.

메뉴의 종류가 꽤 많은 편인데 특정 메뉴만 유명한 것이 아니라 두루 맛이 좋은 편으로, 이탈리아 전통 음식을 다양하게 즐길 수 있다. 카치오 페페 Cacio pepe, 각종 튀김 요리 Fritti를 비롯한 로마 전통 메뉴들도 훌륭하다.

SHOP INFO.
Map P.420-B
Add. Vicolo della Campana 18, 00186, Roma
Tel 06 687 5273
Access Spagna역에서 도보 14분(나보나 광장에서 도보 5분)
Open 화~일 13:00~15:00, 19:30~22:30, 월요일 휴무
Price 안티파스티 €7~10, 파스타 €10~12, 메인 요리 €12~18
URL www.ristorantelacampana.com

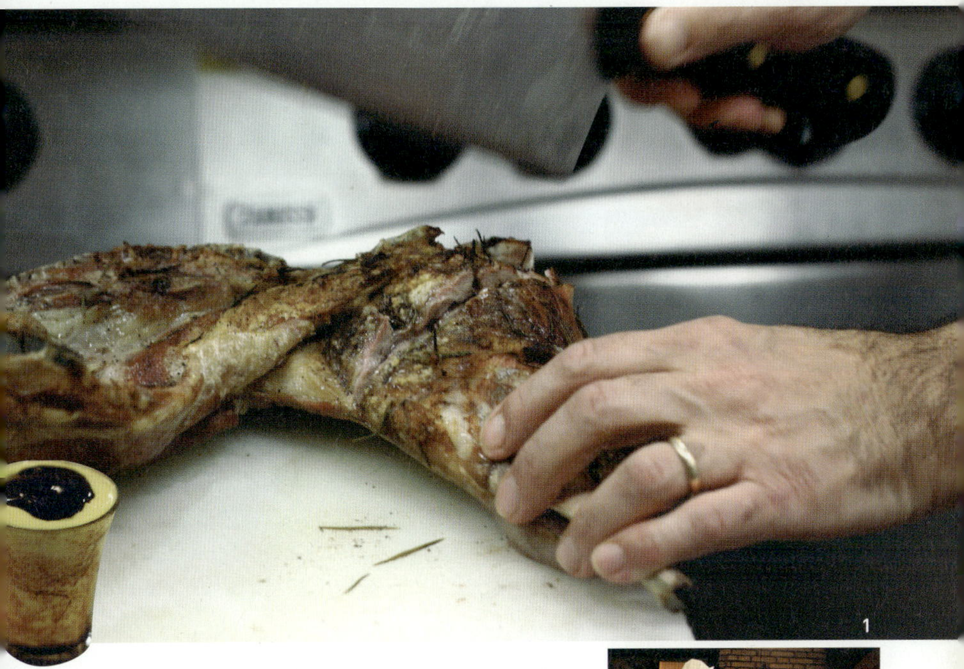

다 펠리체 Da Felice

누구나 인정하는 로마 최고의 맛집

1936년부터 로마의 전통 요리를 선보이며 현지인들의 입
맛을 사로잡은 최고 인기의 트라토리아이다. 재료 자체의
특성을 최대한 살려 깊은 맛을 내는 이곳의 요리들은 한
번 맛보면 꼭 다시 찾게 만드는 묘한 매력이 있는데 그 비
결은 기본에 충실한 살바토레 티스초네 셰프의 손맛에 있
다. 가장 인기 있는 후추 치즈 파스타Cacio e Pepe, 삶은
아티초크Carciofi alla Romana, 염장 대구 요리Baccalà,
살팀보카Saltimbocca (송아지와 프로슈토를 얇게 썰어서
튀기고 조린 요리) 등은 로마 요리의 교과서라 할 수 있다.
디저트 역시 메인 요리만큼이나 완벽한 맛을 보여주는데
특제 마스카르포네 치즈를 듬뿍 넣은 티라미수를 추천한
다. 맛도 분위기도 흠잡을 데 없이 완벽한데다가 가격까
지 합리적이어서 언제나 예약이 가득 찬다.

SHOP INFO.
Map P.422-A
Add. Via Mastro Giorgio 29,
00153, Roma **Tel** 06 574 6800
Access Piramide역에서 도보 8분
Open 월~토 13:00~15:00,
19:30~22:30, 일요일 휴무
Price 파스타 €6~8, 메인 요리
€8~14
URL www.feliceatestaccio.com

1 어린 양의 다리를 완벽하게 구워 내었다. 2 지배인과 젊은 요리사들 3 제철
재료로 만든 진정한 이탈리아식 향토요리

트라토리아 다 지노 Trattoria Da Gino

아는 사람만 안다는 숨은 보석 같은 맛집

콘도티 거리에서 가까운 중심가에 있지만 미로 같은 골목 길 안에 위치해 있어서 단골이 아니면 찾아가기 어려운 곳 이다. 하지만 저녁시간에는 예약을 하지 않으면 자리를 잡 기 힘들 만큼 인기가 많은 숨은 맛집이다.

홈스타일 톤나렐리Tonnarelli della Casa, 펜네 아라비 아타Penne all'Arrabbiata, 살팀보카Saltimbocca alla Romana 같은 파스타와 요리들은 세월이 지나도 변함 없 는 사랑을 받는 인기 메뉴이다. 내부도 50년 전 문을 열 때 의 모습 그대로 유지되어 있어서 옛 트라토리아의 낭만을 느낄 수 있다. 세련됨이나 고급스러움은 찾아볼 수 없는 지 극히 소박한 곳이지만 인근 의회의 정치인들이나 저널리스 트들이 즐겨 찾는 단골집으로도 유명하다. 그래서인지 종 업원들의 서비스가 꽤 훌륭하다. 한 가지 유의할 점은 음식 값을 계산할 때 카드 사용이 불가능하다는 것이다.

프리실라 Priscilla

시골집에 온 것 같은 푸근함이 매력적인 곳

중심가에서 벗어난 곳에 있는 120년 전통의 트라토리아 로, 고대 로마 도로였던 아피아 안티카 도로상에 위치해 있다. 소박하면서 편안한 분위기로, 카치오 페페Cacio pepe와 토마토소스 뇨끼Gnocchi al Amatriciana 같은 로 마 전통 파스타와 비프 스튜Spezzatino, 얇게 썬 고기 요 리Straccetti 같은 가정식 요리를 추천한다. 여기는 인도가 매우 좁고 차가 매우 쌩쌩 달리는 위험한 도로상에 위치 한데다, 상점 하나 없고 인적도 드물다. A. San Giovanni 에서 218번 버스를 타고 도미네 퀴바디스 교회에서 내려 갈 수 있으나, 버스가 매우 드물게 다니고, 정류장 간격도 멀어 딱 맞춰 내리기 어렵기에, 초행길이라면 대중교통은 절대 말리고 싶다. 특히 저녁식사는 생각조차 하지 말자. 꼭 대중교통을 이용한다면 아침 일찍 카타콤베를 구경하 고 Quo Vadis 표지판을 따라 내려가서(1km) 도미네 퀴바 디스 교회 관광을 겸해 점심식사를 하길 권한다.

케키노 달 1887 Checchino dal 1887

환상적인 와인 리스트를 보유한 전통 레스토랑

1887년에 창업하여 5대 째 이어오는 레스토랑으로, 당시의 오리지널 레시피를 바탕으로 한 정통 로마 요리를 선보인다. 2003년과 2005년에 영국 레스토랑 잡지에서 뽑는 세계 50대 레스토랑에 선정되기도 한 화려한 이력이 있으나 전통 요리법을 고수하고 있기 때문에 음식에 대해서는 호불호가 갈린다. 그럼에도 이곳을 추천하는 가장 큰 이유는 어마어마한 와인 리스트 때문이다. 원래 지하 와인 저장고로 시작한 곳이었기 때문에 지금도 지하에 600여 종이 넘는 와인 리스트를 보유하고 있고 가격 또한 무척 합리적이다. 20여 가지가 넘는 다양한 치즈도 트롤리에 준비되어 와인과 함께 즐길 수 있다. 주변에 라이브카페, 클럽, 고급 레스토랑 등이 즐비한데 낮 시간에는 조용하다가 밤이 되면 활기를 띤다. 지하철역에서 꽤 멀리 떨어져 있고, 걸어서 찾아가기에 상당히 까다로운 편이다.

SHOP INFO.
Map P.423-E
Add. Via di Monte Testaccio 30, 00153, Roma
Tel 06 574 3816
Access Piramide역에서 도보 12분 **Open** 화~토 12:30~15:00, 20:00~24:00, 일요일 · 월요일 휴무 **Price** 파스타 €14~18, 메인 요리 €18~30 **URL** www.checchino-dal-1887.com

미슐랭이 이탈리아를 좋아하지 않는 이유는?

세련된 매너의 웨이터가 하얀 테이블보 위에 정중하게 음식을 내려놓는다. 접시는 그림을 담는 세련된 액자이고, 그 액자 속 요리는 예술 작품 부럽지 않다.

미슐랭이 추구하는 요리 세계는 맛뿐 아니라 데커레이션, 서비스, 인테리어 등도 중요하게 생각한다. 그 모든 면에서 미슐랭만의 '일정 기준' 이상이 되어야 함은 물론이다. 그런데 이탈리아는 유독 이 '미슐랭'에 약하다. 전 세계가 알고 있기로 이탈리아는 '맛있는' 나라임에 틀림없는데, 막상 미슐랭 별 숫자로는 초라하기 그지없다. 도쿄, 파리에는 미슐랭 별 두세 개를 획득한 레스토랑이 그렇게 많은데도 이탈리아의 수도인 로마에는 단 두 곳밖에 없다. 더군다나 그 두 곳도 엄밀히 말하면 이탈리아 음식을 하는 곳이 아니다. 여러 가지 이유가 있겠지만 가장 먼저 떠오르는 생각이 있다. 이탈리아 음식이, 그리고 레스토랑이, 미슐랭이란 날렵한 잣대로 잴 수 없는 곳이 많아서이기 때문이라는 생각이 든다.

사람은 음식을 닮고, 음식은 사람을 만든다. 이탈리아 사람과 음식을 보면 우리나라와 비슷하다는 생각을 가끔 한다. 투박한 모양새의 음식, 엄마의 손맛, 정 많고 푸근한 사람 말이다.

미슐랭이 현재 세계 최고 권위의 미식 가이드라는 것은 부인할 수 없지만, 어쨌든 프랑스인의 잣대이다. 그리고 그 잣대는 일본 음식 또한 높게 평가하였다. 가끔 일본 음

식을 보면 프랑스 음식과 비슷하다는 느낌을 받을 때가 많다. 장인 정신도 그렇지만 한눈에 들어오는 완벽한 기교와 모양새가 더욱 그렇다. 물론 프랑스의 음식들도 지방으로 갈수록 향토적이면서 푸근한 음식들이 많다. 그러나 평균선을 본다면 프랑스 음식들은 프랑스 사람들처럼 깐깐한 면이 있다. 프랑스 요리를 무척 좋아하기는 하지만 가끔은 과하다 싶을 때도 있다. 내가 먹고 자란 우리의 음식들이 보통 그렇지 않기 때문일 것이다. '세세한 모양새, 복잡한 방법, 그런걸 왜 신경 써야 해?'라고 푸념하는 듯한 이탈리아의 전통 요리처럼 말이다. 나 또한 평범한 한국 사람이어서인지 '와! 이쁘다'에 그리 큰 즐거움을 얻는 편은 아니다. 투박하고 슴슴해 보여도 맛있으면 그만이다.

그런데 이탈리아 요리계에도 마침내 소리 없는 전쟁이 시작되었다고 한다. 미슐랭이 인정을 하면 그만큼 국제적으로 이름을 알릴 수 있기 때문에 미슐랭 평가단의 눈치를 보기 시작했다는 것이다. 이탈리아는 이탈리아이기에 이러한 시도들이 그리 좋아 보이지는 않는다.

이탈리아 요리는 그냥 이탈리아다웠으면 좋겠다. 미슐랭이 별을 주지 않더라도, 세계 50대 레스토랑에 선정된 레스토랑이 얼마 안되더라도 그냥 그랬으면 좋겠다. 굳은살 박힌 할머니의 손끝으로 빚은 파스타에 오랜 시간 정성 들여서 고아낸 소스 한 국자를 퍼 담은 그 맛이 더 오래 지속되었으면 좋겠다.

로마의 고급 레스토랑

이탈리아의 레스토랑은 인테리어나 음식의 데코레이션이 중시되는 고급 레스토랑으로 갈수록 가격 대비 만족도가 떨어진다는 생각을 하게 된다. 물론 음식 자체는 훌륭한 곳도 많다. 문제는 두 배의 가격에 두 배 이상의 만족을 느껴야 하는데, 그렇지 못하다고 느낄 때가 있다. 파리나 바르셀로나처럼 합리적인 가격대의 점심 코스 메뉴가 없는 점도 아쉽다. 그럼에도 불구하고 이러한 최고급 레스토랑은 정교하고 섬세한 기법, 분위기, 고급 식재료, 이탈리아 음식에 대한 새로운 접근 등 그 나름의 의미가 있다. 로마에서 좋은 평가를 받는, 검증된 최고급 레스토랑 세 곳을 소개한다.

일 팔리아초 Il Pagliaccio

몇 년 새 급부상하고 있는 미슐랭 스타 레스토랑

미슐랭 별 2개의 레스토랑으로 오너 셰프인 안소니 제노베제Anthony Genovese가 선보이는 고급스러운 로마식 정찬과 지중해식 요리를 즐길 수 있다. 레스토랑은 18세기 유서 깊은 로마 전통 가옥에 위치하고 있다. 외딴 골목길에 있어서 찾기도 쉽지 않고 주변 환경도 너무 허름해서 과연 이런 곳에 고급 레스토랑이 있을까 하는 의문을 갖게 하지만 안으로 들어가면 생각보다 세련된 분위기로 단장되어 있어서 기대를 저버리지 않는다.

사실 몇 년 전까지만 가격 대비 만족도가 꽤 높은 곳이었는데, 최근 몇 년 사이에 미슐랭 2스타와 감베로로소에서 로마 레스토랑 2위로 선정되어 인지도가 급속히 높아지면서 가격이 많이 올라 예전만 못하다는 느낌이 드는 것도 사실이다. 가격 대비 만족을 위해서는 테이스팅 메뉴(8코스, 10코스, 12코스)를 추천한다. 점심과 저녁 가격이 동일하므로 이왕이면 분위기 좋은 저녁 때 가기를 권한다.

SHOP INFO.
Map P.420-E
Add. Via dei Banchi Vecchi 130, 00186, Roma
Tel 06 6880 9595
Access 나보나 광장에서 도보 8분 **Open** 화~토 13:00~14:30, 20:00~22:30, 화요일 점심 · 일요일 · 월요일 휴무
Price 파스타, 메인 요리 €35~45, 테이스팅 메뉴(10코스) €135
URL www.ristoranteilpagliacc io.com

일 콘비비오 트로이아니
Il Convivio Troiani

작지만 품격 있는 이탈리안 레스토랑

트로이아니Troiani 3형제가 함께 운영하며 두 명은 홀을, 한 명은 주방을 책임지는 25석 규모의 아담한 레스토랑이다. 번화가에서 조금 떨어진 조용한 골목에 위치하여 겉보기에는 일반 가정집처럼 느껴지지만, 입구에 있는 벨을 누르고 안으로 들어가면 3형제의 따뜻한 환영 인사와 함께 생각보다 꽤 우아한 분위기의 공간을 만나게 된다. 로마식 전통 요리에 현대적인 감각을 더한 요리를 선보이는데, 프랑스나 스페인의 비슷한 가격대의 레스토랑에 비해서 가격 대비 만족도는 다소 떨어지는 편이다. 그러나 로마 상류층 가정을 방문한 듯 정중하면서도 친밀한 서비스와 낭만적인 분위기는 인상적이다. 개별 메뉴로 여러 개 주문하는 것보다 테이스팅 메뉴로 주문하는 것이 합리적이다. 자연스럽게 권하거나 따라주는 물과 와인의 가격이 무척 높기 때문에, 꼭 메뉴판을 확인하고 주문할 필요가 있다.

SHOP INFO.
Map P.420-B
Add. Via dei Soldati 31, 00186, Roma **Tel** 06 686 9432
Access Barberini역에서 도보 20분(나보나 광장에서 도보 4분)
Open 월~토 20:00~23:00, 일요일 휴무
Price 파스타 €30, 메인 요리 €44, 테이스팅 메뉴 €99
URL www.ilconviviotroiani.com

라 페르골라 La Pergola

맛, 분위기 그러나 가격까지 로마 최고(最高)

이탈리아 요리를 전문으로 하지는 않지만 명실상부한 로마 최고의 레스토랑으로 평가 받는 곳이다. 카발리에리 힐튼Cavalieri Hilton 호텔의 최상층에 위치해 있어서 로마 유적지의 풍경이 그림처럼 내려다보이며, 특히 해질녘에는 로맨틱한 광경이 연출된다. 1994년부터 이곳을 맡고 있는 셰프 하인즈 벡Heinz Beck은 다양한 국제 경험을 지닌 독일인으로, 지중해식에 영감을 받은 창의적인 요리 세계를 선보이고 있다. 로마에서는 유일하게 2005년부터 지금까지 꾸준히 미슐랭 별 3개를 유지하고 이탈리아의 유명 레스토랑 가이드 〈감베로로쏘〉로부터도 꾸준히 로마 최고의 레스토랑으로 꼽히고 있다. 그러한 명성만큼 정교하고 세련된 요리를 맛볼 수 있다. 다만 이탈리아의 전통 요리와는 거리가 있으므로 향토색 짙은 요리를 원한다면 다른 곳을 찾는 것이 좋다. 3천 종이 넘는 와인 셀러가 자랑이지만 최고급 레스토랑치고도 가격이 상당히 높다.

SHOP INFO.
Map P.423-C`
Add. Via Alberto Cadlolo 101, 00136, Roma(카발리에리 힐튼 호텔 내) **Tel** 06 3509 2055
Access Barberini역 근처에서 매시 정각 호텔 셔틀버스 이용(공휴일, 일요일은 미운행. 자세한 것은 홈페이지 참조). 또는 Cipro역에서 택시 이용
Open 화~토 19:30~23:30, 일요일 · 월요일 휴무
Price 6코스 €175, 9코스 €198
URL www.romacavalieri.com

Firenze

● 피렌체의 추천 젤라테리아
Vestri, Badiani, Gelateria dei Neri, Grom, Gelateria la Carraia, Vivoli, Perché No
● 피렌체의 달콤한 간식타임
Rivoire, Antonio Mattei, Paticceria Cosi, Migone
● 마음까지 든든해지는 저렴한 맛집
Nerbone, Trattoria Mario, Pugi, I Due Fratellini, Yellow Bar, Il Chicco di Caffè
● 낭만이 가득한 피렌체의 레스토랑
Osteria de Benci, Trattoria Anita, Il Guscio, Enoteca Pane e Vino, Il Santo Bevitore, Fagioli, Cibréo, Trattoria Cibréo, Il Teatro del Sale, Antica Macelleria Cecchini

가난한 음식 '쿠치나 포베라Cucina Povera'

피렌체가 속한 토스카나의 음식을 설명할 때 자주 등장하는 표현이다. 좋지 않은 뜻인 것처럼 들리지만 알고 보면 그렇지 않다. 세련된 기교보다는 내 땅에서 자란 자연 재료로 본연의 맛을 잘 살린 음식을 뜻하기 때문이다.

토스카나의 토양은 건강한 먹거리를 만들어낸다. 다양한 콩, 버섯, 신선한 올리브 오일 등의 재료들은 토스카나 음식의 기본이 된다. 피렌체 사람들이 영혼의 수프라고 표현하는 리볼리타Ribollita만 봐도 알 수 있다. 토스카나 콩과 양배추 등 각종 야채와 굳은 빵을 넣어 되직하게 끓여낸 수프는 모양새는 그저 그렇지만 뭉근한 깊은 맛이 난다. 벌건 토마토 죽 같은 파파 알 포모도로Papa al Pomodoro와 갈은 닭간을 빵에 올린 크로스티노Crostino는 또 어떠한가. 토스카나 요리는 구수한 매력이 있다. 처음부터 확 끌리지는 않지만 은근히 생각나는 맛. 시골에 계신 할머니 솜씨처럼 말이다.

피렌체 사람들이 음식에 자주 곁들여 먹는 것 중 삶은 콩에 신선한 올리브 오일만 뿌린 것이 있다. 왠지 맛없겠다는 생각이 먼저 떠오르겠지만 신선한 토스카나산 엑스트라 버진 올리브 오일의 풋풋함과 질 좋은 콩이 어우러져서 은은한 향내가 난다. 토스카나 사람들의 올리브 오일 사랑은 유난스러울 정도로 대단하다. 올리브 오일이 아닌 기름은 거의 쓰지도 않으니 말이다. 나물에 제대로 된 참기름 하나만 넣어도 맛이 사는 것처럼, 엑스트라 버진 올리브 오일은 토스카나 식재료의 맛을 끌어올리는 비밀 병기이다.

그리고 빼놓을 수 없는 또 하나가 비스테카 알라 피오렌티나Bistecca alla Fiorentina. 피렌체를 대표하는 음식이라면 누구나 이 티본 스테이크를 떠올린다. 숯불에 지글지글 구운 육즙 가득 고인 스테이크를 싫어하는 사람이 있을까? 두텁지만 야들야들한 이 스테이크에는 올리브 오일과 소금 외에는 그 어떤 양념도 들어가지 않는다. 5cm에 육박하는 두께, 모두가 꿈꾸고 원하는 진짜 스테이크. 향신료나 소스보다는 재료 자체의 맛을 살리는 토스카나의 맛이다.

디저트로는 칸투치Cantucci(비스코티)가 빠지지 않는다. 딱딱한 칸투치를 씹어먹으면 따각따각 경쾌한 소리가 울리며 입안에 고소함이 퍼진다. 빈 산토Vin Santo라는 달콤한 와인에 찍어먹기도 한다.

피렌체는 이러한 향토 음식을 충실히 지켜오고 있을 뿐 아니라 세련되게 발전시키고 있다. 르네상스의 발상지이자 화려한 문화를 꽃피우던 곳답게 말이다. 몇 백 년째 내려오는 레시피에서 푸근한 향토의 맛을 느낄 수 있다면, 새로운 레시피에서는 신선한 즐거움을 찾을 수 있다. 가격 대비 훌륭한 레스토랑도 많이 찾아볼 수 있다. 로마나 베네치아에 비하면 관광객들의 몸살(?)을 덜 앓고 있는 곳이기에 그럴 수도 있겠다. 관광지가 중심부에 집중적으로 몰려 있기 때문에 그곳만 조금 벗어나면 좋은 레스토랑들을 많이 찾을 수 있다.

피렌체에서 쿠치나 포베라, 아니 그 이상에 빠져보자.

SHOP INFO.
Map P.425-C
Add. Borgo degli Albizi 11, 50122, Firenze
Tel 05 5234 0374
Access 피렌체 대성당에서 도보 5분 **Open** 월~토 10:00~19:30, 일요일 · 8월 휴무 **Price** 젤라토 €1.7~, 초콜릿 모듬 중간사이즈 €5.3~ **URL** www.vestri.it

베스트리 Vestri

슬로 푸드 협회에서 인증한 초콜릿과 젤라토

피렌체에서 초콜릿과 젤라토로 유명한, 작지만 명성 있는 가게이다. 슬로 푸드 협회에서 인증을 받은 이곳의 젤라토와 초콜릿은 모두 최상급의 천연 재료를 이용해 인공 첨가물 없이 전통적인 방법으로 만들어진다는 공통점이 있다. 젤라토가 다른 곳보다 달지 않고, 원재료의 깊은 풍미를 느낄 수 있는데, 특히 초콜릿 맛 종류가 뛰어나다. 계절에 따라서 독특한 향신료나 과일이 초콜릿 맛과 어우러지는데, 후추 초콜릿 Cioccolato peperoncino, 아란치아(오렌지) 초콜릿 Cioccolato arancione 등이 이색적이다. 초콜릿은 아몬드나 헤이즐넛 등 견과류가 들어간 종류가 많은데, 가게의 로고가 새겨진 예쁜 하늘색 상자에 담아주어 선물용으로도 인기이다.

바디아니 Badiani

부드러운 크림 젤라토의 강력한 매력

뉴욕 타임즈에서는 이곳을 피렌체 최고의 젤라토를 즐길 수 있는 곳이라고 추천하기도 했다. 인기를 드높이고 있는 부온타렌티Buontalenti는 진한 우유 맛이 나는 젤라토로, 바닐라나 다른 재료가 첨가되지 않은 순수하지만 강렬한 맛이 일품이다.

부온타렌티라는 이름은 16세기 후반 피렌체 출신의 유명 건축가 베르나도 부온타렌티Bernardo Buontalenti의 이름을 딴 것으로, 그의 훌륭한 작품들을 기리기 위해서 지었다고 전해진다. 헤즐넛이나 피스타치오 같은 다른 크림 계열 젤라토도 훌륭하다. 젤라토뿐 아니라 달콤한 디저트와 커피도 있고 실내가 넓고 쾌적해서 잠시 여유를 즐기기에도 좋다. 딸기 타르트 같은 케이크와 패스트리류는 피렌체 내에서 수준급으로 통한다. 하지만 아쉽게도 관광지에서 좀 멀리 떨어진 주택가 캄포 디 마르테Campo di Marte 부근에 있기 때문에 일부러 찾아가기에는 쉽지 않다.

SHOP INFO.
Map P.427-B
Add. Viale dei Mille 20, 50131, Firenze **Tel** 05 557 8682
Access Firenze C.M.역에서 도보 15분 **Open** 수~월 07:00~24:00(여름에는 01:00까지), 화요일 휴무 **Price** 각종 파스티체리아 €1~, 젤라토 €2~
URL www.buontalenti.it

젤라테리아 데이 네리
Gelateria dei Neri

별 다섯 개를 줘도 아깝지 않은 젤라토

주변에 베키오 궁전이나 우피치 미술관 같은 관광 명소가 있어 사람들이 많이 지나다니긴 하지만 비교적 인적이 드문 골목 안쪽에 위치해 있어서 여행자들에게는 많이 알려져 있지 않은 젤라테리아이다. 하지만 한번 맛을 보면 누구나 최고라고 인정하는 젤라토가 바로 이곳에 있으며, 아직 덜 유명해진 탓에 줄을 서서 오래 기다리지 않아도 된다.

가장 인기 있는 노치올라Nocciola (헤즐넛)와 다크 초콜릿은 풍부하면서도 혀를 휘감는 진한 맛이 일품이며, 계절에 맞춰 나오는 유자나 베리 같은 상큼한 맛도 좋다. 리코타 치즈와 무화과 맛Ricotta e fichi처럼 이색적인 맛에서도 즐거움을 느낄 수 있다. 피렌체 중심부에 위치하면서도 가격대가 저렴한 편이라 더욱 만족스럽다.

SHOP INFO.
Map P.426-D
Add. Via dei Neri 22, 50122, Firenze **Tel** 05 521 0034
Access 우피치 미술관에서 도보 2분
Open 매일 09:00~24:00
Price 젤라토 €1.5~

그롬 Grom

고소하고 부드러운 피스타치오 젤라토

이탈리아의 토리노 지방에서 건너온 체인점으로 미국, 일본, 프랑스 등에도 지점을 두고 있다. 체인점이긴 하지만 엄선된 천연 재료를 사용하고 인공첨가물은 일체 넣지 않아 신선하면서도 순수한 맛으로 많은 인기를 모으고 있다. 특히 토리노 지방의 특산물인 견과류 계통의 젤라토가 맛이 좋은데 신선한 피스타치오를 그대로 갈아 넣은 듯 고소하게 퍼지는 맛이 일품이다. 그 외에 초콜릿이 부드럽게 녹아 드는 잔두아Gianduja(투린 지방의 특산품으로 헤즐넛을 갈아 넣어 만든 초코)도 추천할 만한다. 과일 맛이 나는 종류는 제철에 나는 신선한 과일로만 만들어서 판매하기 때문에 어떤 것을 선택해도 후회하지 않을 정도로 맛이 뛰어나다. 피렌체 대성당 근처에 위치해 있어서 오다가다 들르기는 쉽지만 눈에 잘 띄는 곳은 아니므로 간판을 잘 확인하자.

SHOP INFO.
Map P.426-A
Add. Via del Campanile, 50122, Firenze
Tel 05 521 6158
Access 피렌체 대성당에서 도보 1분 **Open** 4~9월 10:30~24:00, 10~3월 10:30~23:00
Price 젤라토 €2~
URL www.grom.it

젤라테리아 라 카라이아
Gelateria la Carraia

SHOP INFO.
Map P.424-F(1호점)
Add. Piazza Nazario Sauro
25-red 50124, Firenze(1호점)
/ Via de'Benci, 24, 50122,
Firenze(2호점)
Tel 05 528 0695(1호점)
331 589 1665(2호점)
Access 우피치 미술관에서 도보
11분 **Open** 매일 12:00~22:00
Price 젤라토 €1~
URL www.lacarraiagroup.eu

단돈 €1로 즐길 수 있는 반가운 곳

카라이아Carraia 다리 바로 건너편에 위치한 이 젤라테리아는 단돈 €1부터 시작하는 양 많고 저렴한 젤라토로 인기를 모으고 있다. 특히 초콜릿 종류를 포함한 크림 계열 종류가 맛있기로 유명하다. 초콜라토 퐁당테Cioccolato Fondente (다크 초콜릿), 스트라치아텔라Stracciatella (초코칩), 노치올로사Nocciolosa (헤즐넛과 초콜릿) 등 종류가 다양하다. 최소 €2 이상 하는 그롬(☞p.223) 같은 유명 젤라토 맛에는 미치지 못하겠지만 가격 대비 만족도가 꽤 높은 곳이다. 특히 오후가 되면 수업을 마치고 나오는 고등학생들이 젤라토를 사먹으러 몰려 드는 재미있는 풍경도 볼 수 있다. 1호점은 중심부에서 좀 떨어져 있지만, 최근 문을 연 2호점은 산타 크로체 광장 옆에 있어 더욱 쉽게 갈 수 있다.

비볼리 Vivoli

80년 전통의 쫀득쫀득한 쌀 맛 젤라토

1930년에 창업하여 피렌체 최고의 젤라테리아로 명성을 이어오고 있다. 관광지에서 떨어져 있어 일부러 찾아가야 하는 위치에도 불구하고, 연일 관광객과 현지인들로 문전 성시를 이룬다. 예나 지금이나 변함 없는 방식으로 만들고 최고의 재료만을 사용하기 때문에 늘 한결 같은 맛을 선보이는 것이 인기 비결이다. 다른 곳에서는 보기 힘든 다양한 맛의 형형색색 젤라토들이 진열되어 있는데, 그 중에서도 쌀 맛이 나는 리조Riso가 가장 유명하고 선명한 빛깔의 과일 맛 젤라토도 인기 있다.

유명세가 있다 보니 다른 곳에 비해 가격은 약간 비싼 편이다. 가게 안쪽에는 잠시 앉아 쉬면서 먹을 수 있는 좌석이 마련되어 있다. 콘은 안 팔고 컵으로만 구입할 수 있으며, 가격에 비해 양이 약간 적은 것이 아쉽다.

SHOP INFO.

Map P.426-D
Add. Via Isola delle Stinche 7, 50122, Firenze
Tel 05 529 2334
Access 우피치 미술관에서 도보 5분 **Open** 화~토 07:30~24:00, 일요일 09:30~24:00, 월요일 · 8월에 2주간 휴무
Price 제일 작은 컵 €1.7~
URL www.vivoli.it

페르케 노 Perchè No

비볼리와 쌍벽을 이루는 오랜 전통의 젤라토

1939년에 문을 열어 비볼리(☞p.225) 다음으로 오랜 전통을 자랑하는 곳으로, 70년 넘게 대를 이어 꾸준한 사랑을 받아온 젤라토 명소이다. 사실 외관상으로는 과연 이곳이 맛이 있는 곳일까 하는 의문이 생길 만큼 별 다른 특징이 보이지 않는다. 하지만 인공 첨가물을 사용하지 않은 순수함과 재료 본연의 맛을 느낄 수 있는 것이 인기 비결이다. 레몬 껍질과 바닐라를 재료로 만든 크레마Crema와 시칠리아산 피스타치오로 만든 피스타치오Pistacchio 맛 등을 추천한다. 그 외에 꿀과 참깨를 넣은 생크림Fior di Latte Miele e Sesamo 젤라토와 장미 젤라토처럼 이색적인 것도 있다. 혹시라도 젤라토가 지겨워졌다면 이곳만의 특선 메뉴인 세미프레디Semifreddi도 좋은 선택이다. 현지 주민뿐 아니라 관광객에게도 유명하여 언제나 손님이 많다. '왜 안되는데Why not?'라는 뜻의 가게 이름처럼, 경쾌하고 기분좋게 들를 수 있는 곳이다.

SHOP INFO.
Map P.426-A
Add. Via dei Tavolini, 19-red, 50122, Firenze
Tel 05 5239 8969
Access 피렌체 대성당이나 우피치 미술관에서 도보 3분
Open 매일 11:00~23:00
Price 젤라토 €2~
URL www.percheno.firenze.it

리보이레 Rivoire

시뇨리아 광장의 명물이 된 진한 핫초코

1872년 유명 쇼콜라티에였던 엔리코 리보이레Enrico Rivoire가 이곳에 초콜릿 작업실을 낸 것이 시작이 되어 140년 가까이 전통을 이어온 초콜릿의 명가이다. 특히 부드러우면서도 진한 핫초코는 피렌체 최고의 맛으로 정평이 나 있다. 그 중에서도 초콜릿과 휘핑 크림이 절묘한 조화를 이룬 초콜라타 칼다 콘 판나Cioccolata Calda con Panna는 이곳의 대표 메뉴. 일명 할머니 파이라고 불리는 트르타 델라 논나Torta della nonna (커스터드 크림이 듬뿍 든 파이)를 곁들이면 더욱 좋다. 실내의 바에서 서서 마시면 좀더 저렴하다. 맛도 맛이지만 위치 또한 멋들어진 곳에 있다. 눈 앞에 듬직한 조각상들이 호위하듯 서 있는 베키오 궁전이 보이고, 몇 발자국만 더 가면 르네상스의 진수를 보여주는 우피치 미술관이 있다. 광장 한 켠에 예쁜 테라스석을 마련하여 오가는 사람들의 쉼터로 사랑 받고 있다.

SHOP INFO.
Map P.426-C
Add. Piazza della Signoria 5, 50122, Firenze
Tel 05 521 4412
Access 시뇨리아 광장 바로 앞
Open 화~토 08:00~24:30 (겨울에는 21:00까지), 일요일 · 월요일 · 크리스마스 휴무
Price 초콜라타 €7(테라스석에 앉아서 마실 경우)
URL www.rivoire.it

안토니오 마테이 | Antonio Mattei

세계인의 입맛을 사로잡은 명품 비스코티

바삭바삭 씹는 맛이 일품인 담백한 쿠키 비스코티Biscotti로 유명한 곳이다. 1858년 창업주인 안토니오 마테이가 처음 만들어 팔면서 인기를 끌게 되었고, 지금도 당시의 레시피를 그대로 사용하여 3대 째 변함 없는 맛을 이어오고 있다. 피렌체에서 기차로 20분 거리에 있는 프라토라는 작은 마을에 아담하고 고풍스러운 모습으로 오랜 세월 같은 자리를 지켜왔다. 언제 먹어도 완벽한 맛을 자랑하는 이곳의 비스코티는 여러 나라로 뻗어나가 세계인의 입맛을 사로잡고 있다. 갓 만든 비스코티는 담백한 맛과 오도독거리는 식감이 완벽히 조화되어 고개를 끄덕이게 한다. 밀봉된 비스코티는 유통기간도 1년이나 되어 여러 나라로 수출된다고 하지만, 역시 갓 만든 비스코티의 맛에는 비할 수 없다. 그래서 일부러 여기에 자주 들러 조금씩 사가는 단골들이 많다고 한다. 아몬드의 고소함이 은은하게 퍼지는 갓 구워낸 비스코티를 꼭 맛보자.

SHOP INFO.
Map P.427-A
Add. Via Ricasoli 20, 59100, Prato **Tel** 05 742 5756
Access 피렌체 중앙역에서 기차로 20분 거리에 있는 Prato P. Serragl역에서 도보 8분
Open 화~토 08:00~19:30 (토요일 13:00~15:30은 휴무), 일 08:00~13:00, 월요일 휴무
Price 비스코티 €6~
URL www.antoniomattei.it

파스티체리아 코지 Pasticceria Cosi

피렌체 사람들의 단골 빵집

빵과 케이크, 과자 등을 파는 파스티체리아 겸 바르bar이다. 겉은 소박해 보이지만 안으로 들어가면 아치형 천장 아래 놓여진 화려한 디저트에서 눈을 뗄 수 없다.

입구부터 시작되는 길다란 진열장에는 화려하고 예쁜 각종 케이크와 크루아상, 바바 오 럼, 브리오슈, 슈크림, 프로피테롤, 타르트, 에클레르 등 수십 여 종류의 빵과 파이가 먹음직스럽게 진열되어 있다. 그 중에서도 크레미노 Cremino (크림이 들어 있는 브리오슈)는 아침식사로 애용되는 빵으로 피렌체 최고의 맛이라고 손꼽히고 있다. 간식거리로 제격인 이탈리아 쿠키와 과자들도 구입할 수 있다. 안쪽에는 테이블석이 마련되어 있어서 맛있는 빵과 함께 차와 음료도 즐길 수 있다. 카푸치노도 훌륭하며, 캄파리 소다Campari Soda 같은 가벼운 칵테일은 입맛을 돋우기에도 좋다.

SHOP INFO.
Map P.425-D
Add. Borgo degli Albizi 15, 50122, Firenze
Tel 05 5248 0367
Access 피렌체 대성당에서 도보 6분 **Open** 월~토 07:00~20:00, 일요일 · 8월 휴무
Price 크레미노 등 각종 파스티체리아 €1~
URL www.pasticceriacosi.com

BIGNOLINE
AL
PISTACCHIO
€.2,50
L'etto

CROSTATINA
ALLA
FRUTTA
€.1,50

TORTA ALLO
YOGURT
€.2,50
L'etto

SHOP INFO.

Map P.426-A
Add. Via dei Calzaioli, 85,
50122 Firenze
Tel 05 521 4004
Access 피렌체 대성당에서 도보
2분
Open 화~토 09:00~19:30,
일요일 · 월요일 · 크리스마스 휴무
Price 토로네 중간 크기 €5

미고네 Migone

누가와 전통 과자가 가득한 피렌체 제과 명가

명품 숍들이 줄지어 있는 칼자이올리 거리Via dei Calzaioli 한복판에 위치한 전통의 과자점으로 1918년부터 그 역사가 시작되었다. 쇼윈도에는 알록달록 예쁜 사탕이 담긴 유리병과 정성스럽게 만든 과자들이 진열되어 있어 오가는 사람들의 시선을 사로잡는다.

특히 이곳은 결혼식 같은 집안의 큰 행사 때 참석해준 손님들에게 답례품으로 선물하는 콘페티Confetti라는 과자로 유명하다. 형형색색의 마르자파네Marzapane (아몬드 가루를 듬뿍 넣어 모양을 낸 과자), 판포르테Panforte (말린 과일과 견과류를 넣은 이탈리아의 전통 디저트), 토로네Torrone (누가) 등 이탈리아 전통 과자류와 비스코티, 초콜릿, 과일 절임들을 구경하는 것만으로도 재미있다. 그리고 두오모 성당의 모습을 본떠 만든 오리지널 박스에 담긴 과자와 사탕 세트는 선물용으로 안성맞춤이다.

네르보네 Nerbone

쫄깃한 내장이 가득 씹히는 시장표 샌드위치

피렌체 중앙 시장Mercato Centrale에서 1872년부터 자리를 지켜온 명물 식당이다. 시장 안에 있는 식당들이 대개 그렇듯이 이곳 역시 넘쳐나는 손님으로 언제나 정신 없이 바쁘지만, 뜨내기 손님을 위한 눈가림 음식이 아니라 제대로 공들여 만든 정성스런 음식으로 오랜 세월 사랑을 받아온 곳이다. 피렌체 사람들의 된장국이라 할 수 있는 리볼리타Ribollita(야채 콩 수프)를 비롯해 모듬 샐러드Insalata Mista, 각종 파스타, 닭고기 구이 등도 있지만 뭐니 뭐니 해도 최고의 인기 메뉴는 파니니 볼리토Panini Bollito이다. 방금 삶아낸 소 내장을 커다란 빵 사이에 넣고 육수와 특제 소스로 간을 한 것인데, 담백하면서도 쫀득한 맛이 일품이며 한 끼 식사로도 거뜬하다. 테이블이 몇 개 있기는 하지만 자리 잡고 앉아서 먹기는 쉽지 않다.

1 파니니 볼리토와 리볼리타 **2** 모든 음식을 공들여 제대로 만들어 내기에 슬로 푸드 협회로부터 인증을 받았다. **3** 언제나 손님들이 줄을 선다.

SHOP INFO.
Map P.425-C
Add. Via Rosina 2, 50123, Firenze
Tel 05 521 9949
Access Firenze S.M.N(중앙역)에서 도보 6분
Open 월~토 07:00~14:00, 일요일 휴무
Price €3~5

FIASCHETTERIA - TRATTORIA
mario
Trattoria
Mario
Firenze
dal 1953

트라토리아 마리오 Trattoria Mario

정과 낭만이 느껴지는 피렌체의 인기 맛집

점심에만 운영하는 동네 분식점 같은 분위기에다가 항상 사람이 많아 합석도 감수해야 한다. 그럼에도 불구하고 피렌체에서 가장 인기 있는 맛집 중 하나인 이곳은 이탈리아 트라토리아의 낭만을 흠뻑 느낄 수 있다. 메뉴는 매일매일 다른데 리볼리타Ribollita (콩과 야채, 굳은 빵으로 만든 걸쭉한 수프), 비스테카 알라 피오렌티나Bistecca alla Fiorentina (피렌체식 스테이크) 등의 전통 요리를 비롯해 아마트리치아나Amatriciana (매콤한 토마토 소스의 파스타), 탈리아텔레 알 라구Tagliatelle al Ragu (미트 소스 파스타) 같은 대중적인 요리도 다양하게 갖추고 있다. 현지인은 물론 관광객에게도 차별 없이 친절하게 대해주어 평판이 좋으며, 가격대도 저렴하고 신선한 재료를 사용하여 어떤 음식을 먹어도 만족스럽다.

1 로스트 비프Arrosto di vitello, 막 구워 낸 닭고기와 함께 하는 풍성한 식탁
2 창업주인 마리오의 가족들이 이끄는 활기 넘치는 트라토리아의 매력

SHOP INFO.
Map P.425-C
Add. Via Rosina 2, 50123, Firenze **Tel** 05 521 8550
Access 피렌체 중앙시장에서 도보 1분, Firenze S.M.N(중앙역)에서 도보 6분
Open 월~토 12:00~15:30, 일요일 · 공휴일 · 8월 휴무
Price 단품 요리 €4~15
URL www.trattoria-mario.com

푸지 | Pugi

조각 피자와 맛있는 빵으로 인기 절정!

1925년 산 마르코 광장에서 시작하여 꾸준한 사랑을 받아오고 있는 인기 빵집으로 피렌체에만 모두 3개의 매장이 있다. 이곳에서 가장 인기있는 메뉴는 조각 피자Pizza al taglio로 토마토, 바질, 가지, 잣, 프로슈토, 모차렐라 치즈, 얇게 채친 호박 등의 다양한 토핑이 올라가는데, 그 종류만 20가지가 넘는다. 새로운 피자가 나오기 무섭게 팔리기에, 식사시간에 가면 항상 뜨끈한 피자를 맛볼 수 있다. 야채를 비롯한 모든 식자재는 매일 아침 들어오는 신선한 것만을 사용한다고 한다. 원하는 피자를 가리키면 잘라주며 가격은 무게 단위로 계산된다.

그 밖에도 포카치아(올리브 오일을 넣은 부드러운 발효빵), 오곡빵, 호밀빵 등 식사 대용 빵이 많아 점심시간이면 입구에 들어가기 힘들 정도로 긴 행렬이 늘어선다. 앉아서 먹을 수 있는 테이블은 없고 포장만 가능하다.

SHOP INFO.
Map P.425-C
Add. Piazza di San Marco 10, 50121, Firenze
Tel 05 528 0981
Access Firenze S.M.N(중앙역)에서 도보 12분
Open 월~금 07:45~20:00 (토 08:30~20:00), 일요일 휴무
Price 조각 피자 1개 €2
URL www.focacceria-pugi.it

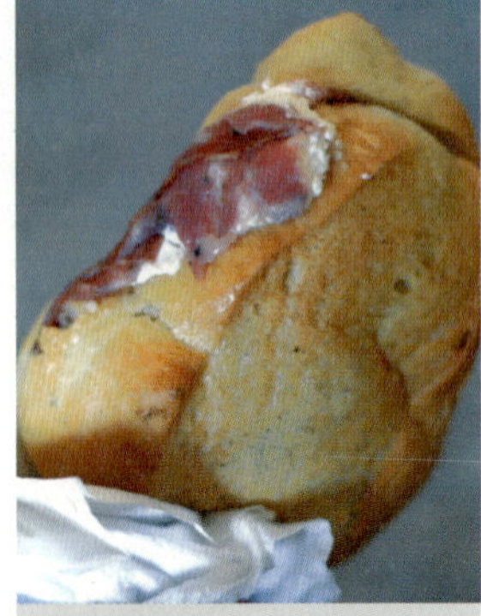

이 두에 프라텔리니 I Due Fratellini

135년 전통의 피렌체 명물 샌드위치

피렌체에서 가장 인기 있는 샌드위치 가게로 항상 현지인들과 관광객들로 문전성시를 이룬다. 로제타Rosetta라는 겉이 딱딱하고 둥근 빵에 한두 가지 정도의 재료만을 넣어서 만드는데, 여러 가지 재료를 넣은 푸짐한 샌드위치에 익숙한 우리 입맛에는 조금 심심하게 느껴질 수도 있지만 먹으면 먹을수록 담백한 매력이 있다. 안에 들어가는 재료로는 토스카나 햄, 버섯, 모차렐라 치즈, 페코리노 치즈, 베이컨, 앤초비, 살라미, 청어, 참치, 아루굴라Arugula(시금치와 비슷한 푸른 채소) 등이 있다. 그중에서도 염소 젖 치즈와 말린 토마토Caprino, pomodori secchi를 넣은 샌드위치를 추천한다. 샌드위치와 함께 자그마한 와인 잔으로 제공되는 다양한 종류의 와인도 같이 즐길 수 있다. 가게에는 앉아서 먹을 자리가 없기 때문에 근처 거리에 샌드위치와 와인 잔을 들고 서서 먹는 사람들로 북적거린다.

SHOP INFO.

Map P.426-C
Add. Via dei Cimatori 38-red, 50122, Firenze
Tel 05 5239 6096
Access 우피치 미술관, 피렌체 대성당에서 도보 3분
Open 매일 09:00~20:00
Price 샌드위치 €2.5
URL www.iduefratellini.com

옐로 바 Yellow Bar

신선한 생면 파스타를 맛볼 수 있는 곳

1970년에 문을 열어 40년 넘게 피렌체 중심가에서 맛있는 생면 파스타와 피자를 선보이는 곳이다. 보통 이탈리아의 레스토랑에서는 피자를 취급하지 않기 때문에 파스타와 피자를 한 곳에서 즐길 수 있는 곳이 드문데 이곳은 둘 다 즐길 수 있어 좋다.

관광객이 많이 지나다니는 대로변에 있으며 한창 시간에 가면 줄을 서서 기다릴 각오를 해야 한다. 레스토랑 안쪽 유리 벽으로 할머니가 직접 파스타면을 반죽하고 뽑아내는 장면을 볼 수 있는 것도 흥미롭다.

감자 뇨키Gnocchi di Patate, 탈리올리니 포모도로 Tagliolini Pomodoro 같은 생면 파스타와 피자는 각각 €8 정도(봉사료 별도)로 가격도 무난한 편이다. 갓 만든 생면 파스타와 질 좋은 재료로 만든 소스가 어우러져 감칠맛을 더한다.

일 치코 디 카페 Il Chicco di Caffè

할머니의 손맛이 느껴지는 곳

중심가에서 멀리 떨어져 있어서 일부러 찾아갈 정도는 아니지만, 피렌체에서 며칠 여유가 있어 관광지를 벗어나고 싶다면 가볼 만한 곳이다. 원래는 카페이고 점심시간에 몇 가지 음식을 저렴하게 내놓는다. 주인의 어머니인 로라 할머니가 음식을 만들어 할머니의 손맛을 느껴볼 수 있다. 2코스에 물까지 포함된 점심 메뉴에는 탈리아텔레 알 라구(Tagliatelle al Ragu, 미트소스 파스타), 감자 뇨키(Gnocchi di Patate, 삶은 감자를 으깨어 수제비처럼 만든 음식), 로스트 비프, 간단한 스테이크가 있어서 한 끼 식사로 든든하다. 파스타나 메인 요리도 €4.5 정도이고, 하우스 와인도 한 잔에 €1~2, 물도 €0.5로 무척 저렴하다. 할머니가 음식을 만들다 보니 상황에 따라 문을 열지 않을 때도 종종 있으며 맛은 무난한 수준이다.

1 음식을 만드는 로라 할머니 2 탈리아텔레 알 라구

오스테리아 데 벤치 Osteria de Benci

시끌벅적함이 매력인 부담 없는 레스토랑

오래된 목조 가구와 붉은 벽이 클래식한 느낌을 주는 듯 하지만 막상 들어가면 록카페에 온 것처럼 시끌벅적하고 유쾌한 분위기이다. 토스카나의 전통 요리도 맛있고, 10년 넘게 꾸준한 인기를 얻어온 창작 메뉴도 훌륭하다. 피렌체의 전통 요리인 크로스티노Crostino di fegatini(닭의 간을 갈아서 빵 위에 얹은 것)는 고소한 풍미가 있으며 와인과 곁들이는 안티파스티로 그만이다.

술 취한 스파게티Spaghetti dell'Ubriacone라는 재미있는 이름의 요리는 스파게티를 와인에 끓여서 익힌 후 마늘과 올리브 오일로 간을 한 것으로, 담백하면서도 감칠맛이 나서 자꾸 먹고 싶어지는 중독적인 매력이 있다. 상큼한 딸기 리조토Risotto alle Fragole와 마늘 향이 물씬 나는 골로사Golosa 스테이크도 우리 입맛에 잘 맞는다.

날씨가 좋을 때에는 13세기 알베르티 가의 탑이 보이는 테라스석에 앉아 여유롭게 즐겨보는 것도 좋다.

SHOP INFO.
Map P.425-G, 426-D
Add. Via de' Benci 13, 50122, Firenze **Tel** 05 5234 4923
Access 우피치 미술관에서 도보 4분 **Open** 월~일 12:30~15:30, 19:30~23:00
Price 파스타 €8~10, 메인 요리 €16~20
URL www.osteriadeibenci.it

1

트라토리아 아니타 Trattoria Anita

€10짜리 스테이크의 매력

우피치 미술관에서 도보 2분 거리에 있는 소박한 트라토리아로, 주머니 사정이 여의치 않은 배낭여행자나 현지의 젊은이들에게 인기가 많은 곳이다. 그 이유는 저렴한 가격에 배불리 먹을 수 있는 세트 메뉴가 있기 때문이다. 점심 파스타 세트 메뉴가 €7(음료와 빵은 별도 요금), 고기 세트 메뉴가 €10로 가격대비 만족도를 보장하는 곳이다. 그 중에서도 피렌체에서 꼭 한번은 먹어봐야 한다는 비스테카 알라 피오렌티나Bistecca alla Fiorentina (피렌체식 스테이크)를 부담 없는 가격에 맛볼 수 있어 좋다.

저녁에는 가격대가 조금 올라가지만 그래도 다른 곳들에 비하면 매우 저렴한 수준이다. 위치도 관광 중심지에 있어서 편리하고 간판이 크게 붙어 있어서 찾기도 쉬우니 한번쯤 가볼 만하다.

SHOP INFO.
Map P.426-D
Add. Via del Parlascio 2/r, 50122, Firenze
Tel 05 521 8698
Access 우피치 미술관에서 도보 2분 **Open** 월~토 12:00~14:30, 19:00~22:30, 일요일 휴무
Price 파스타 세트 메뉴 €7, 고기 세트 메뉴 €10

1, 2 피렌체식 스테이크인 비스테카 알라 피오렌티나와 야채 샐러드 **3** 식당 입구

일 구치오 Il Guscio

피렌체 중년 단골이 많은 전통 있는 레스토랑

아르노 강을 건너 조금 깊숙한 곳에 위치해 있어 찾기에 다소 까다롭지만, 현지인 단골이 많은 곳이다. 적절히 격식을 갖춘 분위기에서 피렌체 전통 요리뿐 아니라 창작 요리를 즐길 수 있다. 토스카나식의 안티파스티Antipasti toscano를 주문하면 크로스티니Crostini(닭의 간을 갈아서 빵 위에 올린 것)와 토스카나 지방 햄을 두루 맛볼 수 있다. 파스타 메뉴는 그때그때 바뀌는데, 넓직한 면의 파파르델레Pappardelle나 탈리아텔레Tagliatelle에 고기 소스가 곁들여진 파스타는 묵직한 매력이 있다. 메인 메뉴는 비스테카Bistecca(스테이크)를 비롯해 육류 요리carni를 추천한다. 점심에는 저렴한 가격대의 3코스 메뉴를 선보이는데, 점심은 항시 운영하는 것이 아니니 전화 후 방문하는 게 좋다. 500여 종의 와인을 갖추고 있고, 원하는 가격대에 맞추어 친절하게 추천해준다.

SHOP INFO.
Map P.424-E
Add. Via dell'Orto 49, 50124, Firenze **Tel** 05 522 4421
Access 우피치 미술관에서 도보 14분 **Open** 화~토 20:00~23:00, 일요일 · 월요일 · 7월의 토 · 일요일 휴무 **Price** 파스타 €8~10, 메인 요리 €16~24
URL www.il-guscio.it

에노테카 파네 에 비노
Enoteca Pane e Vino

와인과 함께 하는 미식 코스 요리

와인 바로만 생각하기 쉬운 이름이지만, 전통 미식 요리로도 인정 받는 곳이다. 조금 촌스럽다고 느껴질 정도로 고전적이고 차분한 분위기에서 이탈리아 와인과 전통 음식을 함께 즐길 수 있다. 계절마다 메뉴는 계속 바뀌지만 4가지의 안티파스티를 선보이는 '그날의 전채 모듬 요리 Antipasto misto'와 '토스카나산 쇠고기로 만든 3종류의 소고기 요리Il manzo in tre cotture'와 같은 메뉴는 한번에 다양한 요리를 맛볼 수 있어 좋다. 와인 바로 시작한 곳이어서 와인 리스트와 가격경쟁력이 뛰어나지만, 부담 없이 잔으로 마실 수 있는 10종의 와인 리스트(평균 €4)도 괜찮다. €35부터 시작하는 3코스 메뉴와 와인을 코스 요리에 매칭한 메뉴(€60)도 추천할 만하다. 종업원들과 영어로 의사소통이 힘든 편이지만, 격식을 갖추면서도 친밀한 서비스가 인상적이다.

SHOP INFO.
Map P.424-B
Add. Piazza di Cestello 3/r, 50124, Firenze
Tel 05 5247 6956
Access 우피치 미술관에서 도보 11분 **Open** 월~토 20:00~23:30, 일요일 휴무
Price 코스 요리 €35, €45
URL www.ristorantepaneevino.it

일 산토 베비토레 Il Santo Bevitore

분위기를 잡고 싶다면 이곳으로!

아치형 천장에 촛불이 은은하게 켜져 있어 로맨틱한 분위기가 물씬 흐르는 곳으로, 연인이나 부부가 간다면 최고의 저녁식사를 즐길 수 있을 것이다.

메뉴는 피렌체의 전통 요리를 비롯해 이를 발전시킨 응용 요리까지 그 어떤 요리도 맛깔나게 내놓으며 우리 입맛에도 잘 맞는다. 특히 진한 풍미가 일품인 프로슈토 모듬으로 시작해 제철 재료를 사용한 특선 메뉴를 선택한다면 만족스러운 식사를 할 수 있을 것이다. 파파 알 포모도로 Papa al Pomodoro 같은 향토 요리도 있고 스테이크 종류도 있지만, 메뉴가 자주 바뀌므로 웨이터의 추천을 받는 것도 좋다.

잔으로 즐길 수 있는 와인도 10가지 이상이나 되어 부담 없는 가격에 좋은 품질의 와인을 맛볼 수 있는 것도 매력이다. 음식 맛으로 보나, 분위기로 보나, 합리적인 가격대로 보나 피렌체에서 가장 추천하고픈 레스토랑으로 꼽고 싶다.

SHOP INFO.
Map P.424-F
Add. Via di Santo Spirito 64-red, 50125, Firenze
Tel 05 521 1264
Access 우피치 미술관에서 도보 7분 **Open** 월~토 12:30~14:30, 19:30~22:30, 일요일 · 8월 중순 휴무 **Price** 파스타 €8~10, 메인 요리 €16~24
URL www.ilsantobevitore.com

1

파졸리 Fagioli

피렌체 향토 요리의 모든 것

소박하지만 따뜻한 정이 느껴지는 피렌체의 가정식 요리 전문점이다. 모든 메뉴가 토스카나의 전통 요리이며 새로운 스타일의 요리라고는 전혀 찾아볼 수 없는 고집스러운 곳이다. 하지만 오래전부터 내려오는 오리지널 레시피를 그대로 고수하고 오랜 시간 정성을 들여 제대로 만들어내기 때문에 현지인들에게는 꽤 인기가 많은 곳이다. 판자넬라Panzanella (빵이 들어간 샐러드), 파졸리 알 올리오 Fagioli al Olio (파스타 콩 수프), 리볼리타Robolita (야채 콩 수프) 등 보기에는 투박해도 깊은 맛이 느껴진다. 인테리어도 이곳의 요리처럼 옛 느낌이 나면서 편안하게 꾸며져 있다. 영어가 잘 통하기 때문에 주문에 어려움은 없으며, 피렌체의 중심 관광지인 베키오 다리에서 가까운 편이다. 성수기에는 반드시 예약을 해야 한다.

1 주인인 안토니오와 형이 홀을 책임지고, 그의 아버지와 매형이 주방을 담당한다. **2~5** 식재료 하나, 요리법 하나도 모두 토스카나식을 따르고 있다.

SHOP INFO.
Map P.425-G, 426-D
Add. Corso dei Tintori 47-red, 50122, Firenze
Tel 05 524 4285
Access 우피치 미술관에서 도보 4분 **Open** 월~금 12:30~14:30, 19:30~22:30, 토요일 · 일요일 휴무
Price 단품 요리 €7~23

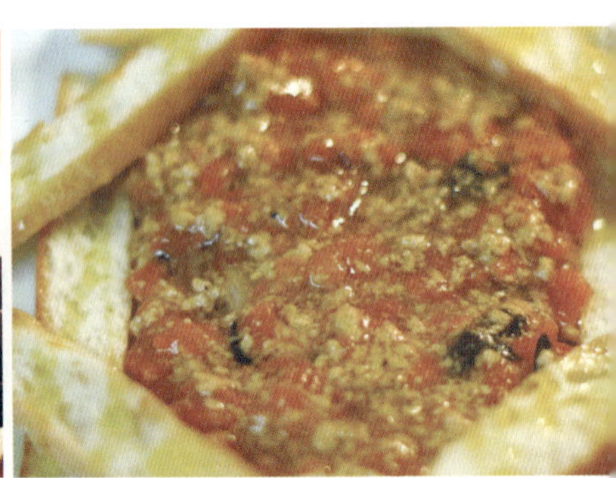

피렌체 레스토랑의 거물
파비오 피치가 탄생시킨 향토음식점 세 곳

피렌체에서 식당에 조금이라도 관심이 있는 사람이라면 파비오 피치Fabio Ficchi를 모르는 사람은 없을 것이다. 그는 1979년 동업자와 손을 잡고, 토스카나의 전통을 살리되 혁신적인 방향으로 나아가 보자는 뜻을 가지고 레스토랑을 열었다. 그의 레스토랑은 곧 피렌체를 대표하는 고급 레스토랑으로서 국제적인 명성을 얻었다. 타지인의 입맛에 100% 맞는다고 볼 수 없지만 피렌체 사람들이 최고로 치는 향토음식점으로의 가치가 있다.

고급 레스토랑인 치브레오Cibréo에서는 토스카나의 전통 식재료와 레시피, 그리고 그만의 감각이 더해져서 정교하면서도 수준 높은 토스카나 요리를 즐길 수 있다. 웨이터가 친밀하게 다가와 마치 상담을 해주듯이 요리 하나하나에 대해서 자세히 설명을 해준다. 소의 양을 데쳐 올리브 오일로 무친 것Trippa in insalata, 리코타 치즈 푸딩Ricotta flan, 닭의 간을 올린 크로스티노Crostini di Fegatini 등 토스카나 향토 음식이 무료 애피타이저로 조금씩 제공된다. 프리미로는 치즈향이 좋은 폴렌타Polenta, 단호박 수프Passato di zucca 등이 있다. 메인으로는 송아지의 뇌, 속을 채워 넣은 비둘기 등 우리에게 다소 생소한 요리들이 나오는데, 닭 목 요리 Collo di pollo ripieno는 이곳의 대표메뉴이기도 하다.

치브레오보다 좀더 저렴하게 토스카나 향토 음식을 즐길 수 있는 트라토리아 치브레오Trattoria Cibréo가 그 맞은 편에 위치하고 있다. 치브레오와 비슷한 메뉴를 좀더 소박한 형식으로 선보인다. 폴렌타, 토스카나 대표요리인 파파 알 포모도로Papa al pomodoro, 리볼리타Ribolitta 같은 프리미가 있다. 세콘디로 닭 목 요리는 치브레오처럼 이곳의 간판 메뉴이고, 리코타 치즈를 넣은 미트볼 Polpettine di Polli은 피렌체에서 최고로 여겨진다. 예약을 받지 않기에 자리를 잡으려면 서둘러 움직여야 한다.

SHOP INFO.
치브레오 Cibréo
Map P.425-D
Add. Via del Verrocchio 8r,
50122, Firenze
Tel 05 5234 1100
Access 피렌체 대성당에서 도보
8분 **Open** 화~토 13:00~14:30,
19:00~23:15, 일요일 · 월요일
휴무 **Price** 3코스를 기준으로
€70 정도 **URL** www.edizionite
atrodelsalecibreofirenze.it

SHOP INFO.
트라토리아 치브레오
Trattoria Cibrèo
Map P.425-D
Add. Via de' Macci 122r, 50122, Firenze
Tel 전화 없음(예약을 받지 않음)
Access 피렌체 대성당에서 도보 8분 **Open** 월~토 13:00~14:30, 19:00~23:15, 일요일 · 월요일 휴무 **Price** 단품 요리 €7~23, 코스 요리(3코스) €25~30
URL www.edizioniteatrodelsa lecibreofirenze.it

토스카나 음식을 뷔페식으로 즐긴 후 문화공연을 관람할 수 있는 일 티아트로 델 살레 Il Teatro del Sale라는 극장식 레스토랑도 바로 그 옆에 있다. 뷔페식이어서 바로 만든 음식을 먹을 수 없다는 점이 아쉽지만, 치브레오의 음식 솜씨는 여기서도 유감없이 발휘된다. 가짓수는 많지 않지만 요리 하나하나가 정성껏 준비한 듯 훌륭하다. 단 이곳은 멤버들만 이용 가능한 멤버십 클럽이기 때문에 €5의 가입비를 내야 한다. 가입비를 내더라도 €35에 이러한 수준의 음식과 분위기를 즐길 수 있다는 점에서 추천할 만하다.

SHOP INFO.
일 티아트로 델 살레
Il Teatro del Sale
Map P.425-H
Add. Via de' Macci 111r, 50122, Firenze **Tel** 05 5200 1492
Access 피렌체 대성당에서 도보 8분 **Open** 점심 12:30~14:15, 저녁 19:00~20:45(공연은 21:30~23:00), 부정기 휴무
Price 점심 €20, 저녁 €30, 멤버십 가입비 €5
URL www.edizioniteatrodelsa lecibreofirenze.it

안티카 마첼레리아 체키니 Antica Macelleria Cecchini

세계 최고의 푸주한(고기 다루는 전문가)으로 알려진 다리오 체키니의 정육점 및 레스토랑. 뉴욕 타임즈에 소개가 되고, 제이미 올리버 같은 유명 셰프도 다녀간 곳이다. 다리오 체키니는 고기를 다루는 실력뿐 아니라 독특한 철학으로 세계적인 스타가 되었지만, 특별한 일정이 없는 한 이 정육점을 계속 지키고 있다. 고기와 간단한 빵, 와인을 시식할 수도 있고, 그가 운영하는 3가지 종류의 식당을 경험할 수도 있다. 마크 다리오Mac Dario는 간단한 고기 요리를 내놓는데, 250그램의 고기가 들어가는 다리오표 특제 버거 세트메뉴가 인기이다. 솔로치아 Solociccia는 스테이크, 커피와 신선한 야채, 와인과 케이크까지 포함된 코스 메뉴가 €30 수준이다.

오피치나 델라 비스테카Officina della Bistecca는 그의 고기를 가장 완벽하게 맛볼 수 있는 특별 코스로, 4시간이 넘는 고기 요리의 향연이 펼쳐진다. 30명 정도가 길다란 테이블에 모여 앉아서 서로 대화를 나누며 다리오의 만찬을 즐기게 된다. 다진 쇠고기 숯불구이Brustico del chianti, 코스타타 알라 피오렌티나Costata alla fiorentina(립아이 스테이크)로 시작해서 피렌체식 스테이크, 판차노 스테이크로 대미를 장식하게 된다. 4시간 동안 고기가 천천히 차례로 구워 나오면서 흥을 돋운다. 무제한 고기 만찬과 와인, 샐러드와 콩 요리 등이 포함된 비용이 €50 정도인데, 그 이상의 만족을 느낄 수 있다.

이 식당이 위치한 도시 판차노는 피렌체 버스터미널에서 하루에 두세번 정도 있는 버스를 타고 한 시간 반 정도를 가면 나오는 매우 자그마한 마을인데, 그림처럼 아름다운 키안티 지방을 거쳐가기에 가볼 만한 가치가 있다.

SHOP INFO.
Map P.427-C
Add. Via XX Luglio, 11 Panzano in Chianti Firenze
Tel 05 585 2020
Access 피렌체 중앙역 바로 옆에 있는 시외버스 터미널에서 판차노Panzano행 버스로 약 1시간 30분 소요. 하루에 4~5편만 운행되므로 왕복 버스 시각표를 반드시 확인하자. 판차노에 도착하면 도보 1분.

● **3가지 종류의 식당**

오피치나 델라 비스테카 (사진)
Officina della Bistecca

화 · 금 · 토요일 20:00, 일요일 13:00. 최소 2주 전에 예약 필수. €50.

솔로치차 Solociccia

목 · 금 · 토요일 19:00 또는 21:00, 일요일 13:00. 예약 필수. €30.

마크 다리오 Mac Dario

월~토요일 12:00~15:00. 예약 불필요. €10

URL www.dariocecchini.com
예약 문의 macelleriacecchini@tin.it 또는
☎05 585 2727

VONGOLE
7,00
VONGOLE
7,00
VONGOLE
Napoli

● 나폴리의 대표 빵집 살펴보기
Gran Bar Riviera, Pintauro
● 꼭 먹어봐야 할 나폴리의 피자
Pizzeria Trianon Da Ciro, Di Matteo, Brandi, Da Michele, Il Pizzaiolo del Presidente

피자에서 리몬첼로까지 개성만점 나폴리의 먹거리

나폴리 하면 누구든 피자를 떠올린다. 그러나 이 세상에는 유명세만 타고 알맹이는 없는 것도 허다하다. 더군다나 우리나라에서도 흔한 게 피자인데, 종주국인 이탈리아에서는 어디서든 맛있는 피자를 찾을 수 있지 않을까?

여기에 대해서 'No'라고 단호히 말할 수 있다. 다른 지방의 피자도 나름의 풍미가 있지만, 그래도 치즈가 쭉쭉 늘어지는 피자는 오직 나폴리, 나폴리 피자이다. 나폴리 피자의 대표라 할 수 있는 마르게리타 피자는 숙련된 피자 기술자가 질 좋은 재료로 원칙을 지키며 만들어 낸다. 화덕에서 금새 부풀어지도록 밀가루, 물, 이스트, 소금으로 반죽하고, 이 지방에서 나는 특별한 단맛의 산마르지아노 토마토 소스가 올라가며, 나폴리가 속한 캄파니아 지방에서 나는 신선한 모차렐라 치즈와 약간의 바질이 올라간다. 그리고 전통 화덕에서 장작 태운 불로 1분 안에 구워진다. 그리고 순식간에 식탁으로 놓여지는 피자. 냉큼 집어 들면 입안에는 새콤달콤 쫀득한 행복감이 퍼진다. 군더더기 없는 맛. 그러나 가장 완벽한 맛이다.

2007년에는 이탈리아 농무부에서 나폴리 피자를 보호하고 다른 피자와 차별화하기 위하여 지침까지 마련했다. 나폴리 피자는 지름이 35.56㎝를 넘으면 안되고 피자 원판의 가운데 두께는 0.3㎝를 넘어서도 안 되며, 크러스트 두께도 2㎝이하를 유지해야 한다는 것이다. 하지만 무심한 듯 끊임없이 피자를 만들어 내는 나폴리의 피자 기술자Pizzaiolo들은 이러한 사사로운 규정에는 무신경해 보인다. 오히려 '그런 게 있었나요?'라고 되물을 듯싶다. 저런 조건은 아마도 질 나쁜 재료로 대충 만들어 놓고 '나폴리 피자'라고 주장하는 전세계 '엉터리 피자'들에게 주는 경고쯤일 것이다.

나폴리에는 피자 말고도 맛있는 게 많다. 나폴리를 포함한 이탈리아 남부의 명물들을 모두 만날 수 있는 것도 매력이다. 나폴리 연안에서 나는 상큼한 레몬으로 만드는 리몬첼로Limoncello는 노란빛의 병이 예뻐서 한번쯤 손에 잡게 된다. 하지만 알코올 도수가 35도를 넘는 양주 못지 않게 독한 술이니 조심할 필요가 있다.

더운 지방이니 젤라토가 발달한 것도 당연지사. 젤라토의 원조라 할 수 있는 그라니타(Granita, 얼음과자)도 이탈리아 남부 지방에서 탄생했다.

달달한 빵 종류도 발달되어 있다. 나폴리의 거리를 지나다니다 보면 우리나라 노점상의 '떡볶이'라는 글자만큼이나 '바바Baba'라는 글자를 많이 볼 수 있다. 버섯처럼 생긴 이 빵은 아무것도 들어있지 않은 것은 심심풀이 간식이 되며, 각종 크림이 올라가면 다양한 버전으로 재탄생 된다.

그리고 나폴리 하면 빼놓을 수 없는 또 하나의 것이 스폴리아텔라(Sfogliatella, 치즈와 계란을 넣은 조개 모양의 파이)이다. 옛날 어느 제빵사가 수녀원에서 훔쳐온 레시피로 만들기 시작했다고 전해지는데, 그 흥미로운 이야기만큼이나 묵직한 맛이 일품이다.

남부 지방이니 해산물도 풍부하다. 요즘 나폴리 근처에서는 오염 때문에 참바지락이 없어졌다고 하지만, 그래도 싱싱한 봉골레 파스타는 놓칠 수 없다. 봉골레 파스타에는 알단테로 꼬돌꼬돌하게 익힌 (건조)스파게티 면이 제격이다.

물가가 싼 것은 무엇보다도 큰 장점이다. 적은 예산으로도 만족스러운 식사를 할 수 있어 행복하다. 이처럼 맛있는 먹거리가 풍부하고 세계 3대 미항으로 손꼽히는 아름다운 도시인 반면, 무질서와 지저분함 때문에 이탈리아 사람들조차 가지 말라고 겁을 주는 무서운 도시이기도 하다. 하지만 그것을 감수하고도 꼭 한번은 가봐야 할 매력 넘치는 곳이다.

GRAN BAR RIVIERA
BABA'
CON PANNA
€ 2,50

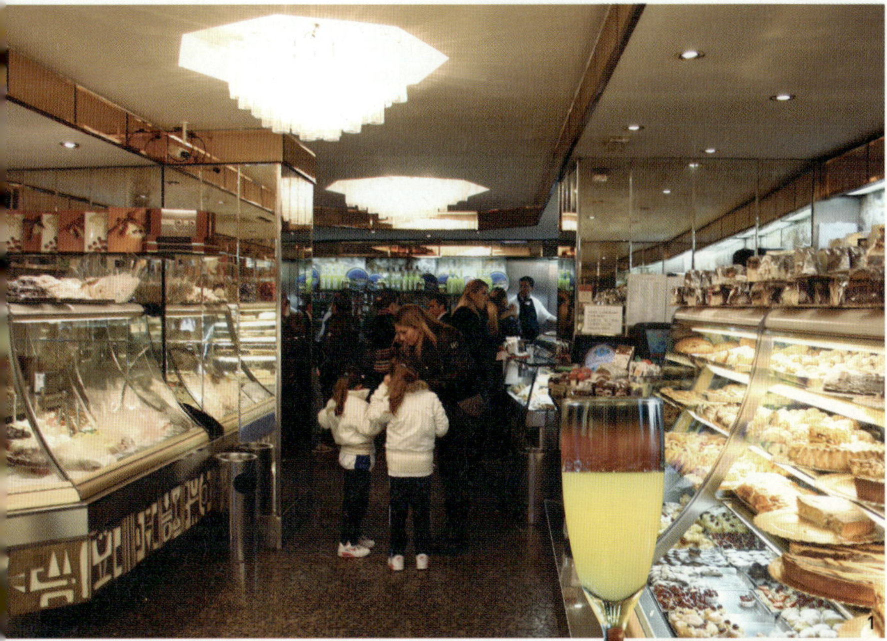
1

2

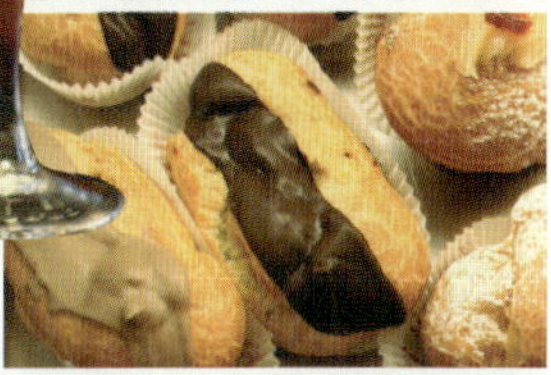

그랑 바 리비에라 Gran Bar Riviera

나폴리 패스트리의 모든 것

100평 정도 되는 엄청난 규모의 빵집이자 카페로, 나폴리에서 만들어지는 파스티체리아(패스트리류)는 모두 볼 수 있다고 말해도 과언이 아닐 정도로 각양각색의 빵이 진열되어 있다. 커피와 초콜릿 등이 입혀진 슈크림Sciu, 각종 과일의 토르타Torta(파이), 나폴리의 명물 스폴리아텔라Sfogliatella(치즈와 달걀을 넣은 조개 모양의 파이), 다양한 크림이 들어간 바바Baba 등 구경하는 것만으로도 눈이 즐거워진다. 맛 또한 훌륭하여 나폴리 최고의 수준이라는 평판이 나있다. 카페 좌석에 앉아서 즐길 수 있는데 젤라토나 리몬첼로, 커피를 곁들여도 좋다. 상큼한 레몬주스처럼 보이는 리몬첼로는 보기와는 달리 알코올 도수가 매우 높은 술이므로 한 잔을 시켜서 여러 명이 나누어 맛을 보는 정도가 좋겠다.

1 가게 내부가 매우 넓다. **2** 노란 빛이 예쁜 리몬첼로는 보기와는 달리 독한 술이다.

SHOP INFO.

Map P.428-A
Add. Riviera di Chiaia 181, 80122, Napoli
Tel 081 66 5026
Access Piazza Amedeo역에서 도보 8분
Open 24시간 영업, 부정기 휴무
Price 프로피테롤 €3.5, 커피 슈 €1.5 등 파스티체리아 €1.5~.

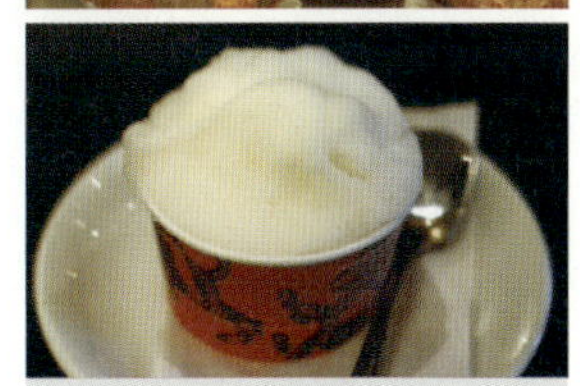

PINTAURO

1

핀타우로 **Pintauro**

나폴리의 명물 스폴리아텔라의 원조

스폴리아텔라Sfogliatella는 조개 모양의 빵으로 겉은 밀가루 반죽을 얇게 펴서 여러 겹으로 되어 있고, 안에는 리코타 치즈와 달걀 등으로 만든 속이 들어간다. 크기는 작지만 하나만 먹어도 배가 부를 정도로 든든하며 겹겹의 패스트리 속에는 치즈와 달걀, 계피향이 어우러져 달콤한 맛이 난다. 그런데 이 빵의 유래에 얽힌 이야기가 재미있다. 1700년경 이탈리아 남부 살레르노 지방의 크로체 디 로카 수도원에서 처음 만들어진 이후 수도원과 수녀원에서만 먹던 것을, 이 빵집의 창업주인 핀타우로Pintauro 씨가 몰래 레시피를 알아내 만들어 팔기 시작했다고 전해진다. 지금은 나폴리의 명물이 되어 현지인은 물론 관광객 사이에서도 많은 인기를 모으고 있다. 그 밖에도 바바와 파이, 비스코티도 맛이 훌륭하다.

2

3

SHOP INFO.
Map P.428-B
Add. Via Toledo 275, 80132, Napoli **Tel** 081 41 7339
Access Montesanto역에서 도보 14분. 푸니쿨라(나폴리 케이블카) Augusteo역에서 도보 1분 **Open** 월~토 09:00~20:00, 일요일 · 8월 휴무
Price 각종 빵 €1.5~

1 조개 모양의 스폴리아텔라. 나폴리의 명물 빵이다. 2 다양한 패스트리와 디저트
3 부드럽고 달콤한 토로네Torrone(누가)

피체리아 트리아농 다 치로
Pizzeria Trianon Da Ciro

다양한 치즈와 토핑이 올라간 30여 종류의 나폴리 피자

피자의 격전지 나폴리에서 1923년부터 자리를 지켜온 피자의 명가이다. 걸어서 1분 거리에 있는 다 미켈레(☞ P.269)와 피자 맛을 놓고 자존심 대결을 펼치고 있다. 특히 이곳은 다양한 치즈를 사용하여 조금씩 다른 맛을 선보이는데, 그 중에서도 신선한 물소 젖 모차렐라 치즈의 풍미를 느껴볼 수 있다. D.O.C 등급의 물소 젖 모차렐라 치즈와 토마토가 올라가는 D.O.C 마르게리타 피자는 €6.7로 약간 비싸지만 신선한 우유향이 감도는 듯 하면서 촉촉한 맛이 일품이다. 마르게리타 피자만도 10종류가 넘는데 그 중 살시치아Salsiccia(이탈리아 소시지의 일종) 피자가 별미이다. 다른 곳에 비해 가격대는 높은 편이지만 나폴리 피자의 다양한 맛을 경험해 볼 수 있다.

1 피자가 끊임없이 구워지는 화덕 **2** 피자 도우를 반죽하는 모습을 바로 옆에서 볼 수 있다. **3** D.O.C 마르게리타 피자

SHOP INFO.
Map P.428-C
Add. Via Pietro Colletta 42, 80139, Napoli
Tel 081 553 4460
Access Porta Nolana역에서 도보 7분 **Open** 매일 11:00~15:00, 19:00~23:00
Price 보통 마르게리타 €3.8, D.O.C 마르게리타 €6.7, 기타 피자 €4~7

디 마테오 **Di Matteo**

현지인들이 인정하는 나폴리 No.1 피자

구시가지의 번화가에 위치해 있으며 명실상부하게 나폴리 최고의 피자집으로 손꼽히는 곳이다. 건물 외벽에서도 오랜 역사가 느껴지는 이곳은 1936년에 문을 열어 지금까지 나폴리 피자의 맥을 이어오고 있다. 모두 10종류 이상의 피자를 선보이고 있는데, 그 중에서도 가장 기본인 마르게리타 피자를 추천한다. 모차렐라 치즈와 토마토 소스의 진한 향이 어우러져 입안 가득 풍미가 퍼진다. 피자 외에도 아란치니Arancini (쌀튀김볼), 감자 크로켓 Crocchette di Patate 같은 이탈리아 남부 지방의 요리를 맛볼 수 있는데 특히 피자 프리타Pizza Fritta (튀긴 피자) 가 별미이다. 피자 반죽부터 화덕에서 굽는 모습까지 가까이에서 볼 수 있다. 단 자릿세가 있으므로 테이크아웃 해서 먹는 것이 더 저렴하다.

1 배 나온 아저씨가 피자를 계속 구워낸다. **2** 화덕으로 들어가는 피자 **3** 입안 가득 퍼지는 마르게리타의 향

SHOP INFO.
Map P.428-C
Add. Via dei Tribunali 94, 80138, Napoli **Tel** 081 455 262
Access Piazza Cavour역 또는 Museo역에서 도보 8분
Open 월~토 10:30~23:00, 일요일 · 8월 둘째 주 휴무
Price €6(피자+음료)
URL www.pizzeriadimatteo.it

브란디 Brandi

마르게리타 피자를 최초로 만든 곳

1780년부터 피자를 만들어온 전설적인 곳으로 마르게리타 피자의 발상지이기도 하다. 1889년 화려한 궁중 요리에 싫증나 있던 마르게리타 여왕이 요리 경연 대회를 열었는데, 그때 이곳의 창업주가 토마토와 치즈와 바질만을 얹은 단순한 피자를 개발하여 여왕의 입맛을 감동시켰다. 여왕은 이 피자에 자신의 이름을 따서 '마르게리타 피자'라는 이름을 붙여주었다고 한다. 지금은 피자뿐 아니라 해산물 샐러드나 각종 파스타 등도 맛볼 수 있는 레스토랑으로 운영되고 있으며, 가격대는 다른 곳에 비해 높은 편이다. 현지인들은 맛은 비슷하고 가격이 훨씬 저렴한 다른 곳(디 마테오 등)을 찾는 편이다. 피자 하나만 주문해서 여럿이 나누어 먹는 것을 허용하지 않기 때문에 만일 두 명이 간다면 피자 한 판에 해산물 샐러드 등을 곁들여도 좋다.

SHOP INFO.
Map P.428-B
Add. Salita Sant'Anna di Palazzo 2, 80132, Napoli
Tel 081 416 928
Access Montesanto역에서 도보 20분, 푸니쿨라(나폴리 케이블카) Augusteo역에서 도보 4분 **Open** 화~일 12:30~15:30, 19:30~24:00, 월요일 휴무
Price 마르게리타 피자 €7.5, 자릿세 €1.8 **URL** www.brandi.it

다 미켈레 Da Michele

나폴리 피자의 정석을 보여주는 곳

1870년부터 피자를 만들어 5대 째 전통의 맛을 이어오고 있는 곳으로, 진짜 나폴리 피자가 어떤 것인지를 보여주고 있다. 종업원들의 유니폼에도 쓰여 있듯이 이곳은 '피자의 신전Il Tempio Della Pizza'이라 불릴 만큼 그 명성과 자부심이 대단하다. 순수하면서도 강렬한 나폴리 피자의 매력을 한껏 느낄 수 있는 마리나라Marinara 피자와 마르게리타Margherita 피자 두 가지만을 만들어서 파는데, 쫄깃한 반죽의 도우와 신선한 재료가 어우러져 최고의 맛을 선보인다. 특히 치즈 없이 토마토, 마늘, 오리가노만 얹어지는 마리나라 피자는 우리 입맛에도 잘 맞는다.

영화 〈먹고, 기도하고, 사랑하라〉에서 줄리아 로버츠가 피자를 맛있게 먹는 장면도 이곳에서 촬영한 것이라고 한다. 한 가지 주의할 점은 주변 환경이 좀 위험하므로 늦은 시간에 혼자 가는 것은 피하는 것이 좋겠다.

SHOP INFO.
Map P.428-C
Add. Via Cesare Sersale 1, 80139, Napoli **Tel** 081 553 9204 **Access** Porta Nolana 역에서 도보 7분
Open 월~토 10:30~23:00, 일요일 · 8월 셋째 주 휴무
Price €6(피자+음료)
URL www.damichele.net

일 피차이올로 델 프레시덴테
Il Pizzaiolo del Presidente

대통령도 반해버린 명품 피자의 맛

이곳의 창업주는 원래 디 마테오(☞ p.267)에서 일하던 50년 경력의 피자 기술자였다. 1994년 나폴리 G8 정상회의 때 미국의 빌 클린턴 대통령이 디 마테오에서 피자를 먹고 갔을 당시 바로 그 피자를 구워냈으며, 그가 독립해서 자신의 가게를 낸 것이 바로 이곳이다. 그래서 가게 이름도 대통령의 피자집으로 지었다고 한다. 지금은 아들이 물려받아서 그 맛을 그대로 이어가고 있다.

대표 메뉴는 나폴리 피자의 매력을 가장 잘 느낄 수 있는 마르게리타 피자이다. 숙련된 기술로 도우를 반죽하고 신선한 토마토 소스를 바른 후 모차렐라 치즈와 바질을 올려 300도가 넘는 전통 화덕에서 30초 만에 구워낸다는 원칙을 고수하여 언제나 변함없는 맛을 선보이고 있다.

SHOP INFO.
Map P.428-C
Add. Via dei Tribunali 120, 80138, Napoli **Tel** 081 210 903
Access Piazza Cavour역 또는 Museo역에서 도보 8분
Open 매일 11:30~15:30, 19:00~22:00 **Price** €6(피자+음료)
URL www.ilpizzaiolodel presidente.it

1 대표 메뉴인 마르게리타 피자 **2** '대통령의 피자집'이란 재미있는 가게 이름

Bologna
&
Modena
FARINA 00,
REGGIANO, M
SPEZIE
PRODOTTO DA PASTA M
MONTOMBRARO MO
PRODUZIONE

● 볼로냐의 인기 맛집과 식료품점
Trebbi, Trattoria del Rosso, La Sorbetteria Castiglione, Eataly, Tamburini, Simoni
● 모데나의 인기 맛집과 시장
Aldina, Ermes, Guisti, Mercato Albinelli

미각의 향연이 펼쳐지는 맛의 도시

전라북도 전주를 떠올리면 자연스레 입에 침이 고인다. 맛깔스런 음식이 넘쳐나는 곳, 무심코 들어간 식당의 4,000원짜리 백반에도 행복해질 수 있는 곳이 바로 그곳이다. 그럼 이탈리아에서는 어떨까? 이탈리아 사람들은 볼로냐를 떠올릴 때 '음' 하는 탄식과 함께 입가에 절로 미소가 지어진다. '뚱보들의 도시'라는 별명처럼 이탈리아에서 가장 먹을 것이 풍족하고 미각의 향연이 펼쳐지는 곳이 바로 볼로냐이다.

우리에게 된장, 김치, 밥이 없으면 살 수 없듯이 이탈리아 사람들은 치즈, 햄, 파스타가 없으면 살 수 없다. 그리고 볼로냐와 그 근처의 파르마, 모데나, 레조 에밀리아, 만토바 지방은 바로 그런 먹거리들이 가득한 곳이다. 이탈리아 치즈의 황제라 불리는 '파르미지아노 레자노 치즈', 이탈리아 햄의 대명사 '프로슈토 디 파르마', 그리고 손으로 반죽한 신선한 생파스타가 만들어진다. 이탈리아의 중부에 해당하는 이곳들은 젖줄인 포Pho 강이 흐르고 비옥한 평야가 끝없이 펼쳐지며, 거기서 수많은 가축들을 키우고 있다. 오직 파르미지아노 레자노 치즈를 만들기 위해서만 237,000마리의 소를 키우고 있다고 하니 어마어마한 규모가 아닐 수 없다. 신선한 우유로 치즈가 만들어지고, 잘 키운 돼지로 풍부한 맛의 모르타델라, 프로슈토 디 파르마, 쿨라텔로 같은 명물 햄이 탄생한다. 이탈리아 할머니의 손맛 가득한 생파스타도 놓칠 수 없다. 우리가 흔히 먹는 건조 파스타와 달리 생파스타에는 신선한 달걀이 들어가며, 손으로 반죽해서 밀방망이로 밀어 만들어진다. 바로 그런 것들이 있기에 화려한 관광지가 없어도 여행객들의 발길이 끊이지 않는 즐거운 곳이다. 거리 곳곳에는 한 집 걸러 하나씩 식당이나 식료품점이 있고 그곳에서 풍겨 나오는 녹녹한 치즈 향기와 프로슈토의 꾸리한 냄새는 새로운 맛에 대한 호기심을 자극한다.

발사믹 식초의 발상지인 모데나를 사이에 두고 파르마와 볼로냐는 모두 기차로 30분 이내의 거리에 있다. 이탈리아에서 가장 저렴한 레지오날레Regionale 기차가 30분에 한 번씩 있고, 요금도 €3.3 정도로 저렴해서 세 도시를 묶어 여행하면 이탈리아 진미를 두루 즐길 수 있다. 하지만 무턱대고 다니는 것은 현명한 여행자가 할 일이 아니다. 가장 큰 도시라고 할 수 있는 볼로냐만 해도 시내 중심가에서 그저 그런 파스타를 내놓고 비싼 값을 받는 곳들이 적지 않다. 그렇기 때문에 준비가 필요하다. 조금만 알아보면 맛있고 저렴한 곳들이 많다. 이 책에서는 가기 쉬운 곳들을 위주로 소개했지만, 중심가에서 멀어질수록(관광객이 가기 힘들어질수록) 알짜배기 식당들이 많다.

기차로 1시간 내에 있는 가까운 곳들이지만 그 고장만의 별미가 있다. 모데나는 발사믹 식초의 발상지답게 시큼한 식초가 들어간 요리를 종종 발견할 수 있다. 볼로냐에서는 모르타델라Mortadella라는 큼지막한 지방이 박힌 소시지를 먹는데, 크림처럼 부드럽고 야들야들한 소시지는 술술 잘도 넘어간다. 모데나의 돼지족발 소시지인 잠포네Zampone도 빼놓을 수 없다.

그리고 이쪽 지방에서는 어딜 가든 생파스타를 쉽게 발견할 수 있는데, 그중 볼로냐의 탈리아텔레 알 라구Tagliatelle al Ragu가 대표적이다. 파스타 하면 가장 먼저 떠오르는 미트 소스 파스타. 탱탱한 탈리아텔레 면발이 툭툭한 라구 소스와 조화되는 그 맛. 그건 너무 흔한 거 아니냐고 반문할 수도 있지만 제대로 만든 라구 소스는 프로슈토, 돼지고기, 토마토, 샐러리, 양파, 토마토, 닭 육수 등 그 집에만 대대로 내려오는 노하우를 담아 대여섯 시간 넘게 고아낸다. 그냥 토마토 고기 소스가 아닌 것이다. 그리고 이 지방의 또 하나의 명물인 구슬만한 크기의 미니 만두 토르텔리니를 넣은 맑은 국, 토르텔리니 인 브로도Tortellini in Brodo도 놓칠 수 없다. 단호박이 듬뿍 들어 있는 달콤한 만두, 토르텔리 디 주카Tortelli di Zucca도 꿀맛이다.

아쉬운 점이랄까, 이 모든 것들은 하나같이 열량이 높은 안티 다이어트 음식들이다. 하지만 살찌는 음식이 맛있는 음식이라는 것은 불변의 진리이거늘 어찌하랴. 꼭 조이는 스키니 청바지는 잠시 포기하고 며칠쯤 실컷 즐겨보자.

트렙비 | Trebbi

단골들로 가득 차는 향토 맛집

볼로냐 시내에서 상당히 떨어진 곳에 있지만 식사 시간이
면 현지 주민들로 꽉 차는 곳이다. 안티파스티 뷔페에는
구운 가지, 버섯 조림 등 20여 가지의 채소 요리들이 준비
되어 있다. 1인당 안티파스티 뷔페와 파스타나 메인 요리
중 하나를 주문하면 충분하다. 안티파스티 뷔페는 우리의
뷔페 개념이 아니라 샐러드 바 정도로 보면 된다.
탈리아텔레 알 라구Tagliatelle al Ragu (미트소스 파스
타), 토르텔리니 인 브로도Tortellini in Brodo (작은 만
두국) 같은 향토 요리도 좋고, 토르텔리니 디 주카 콘 구
안치알레 에 아세토 발사미코Tortellini di Zucca con
Guanciale e Aceto Balsamico (발사믹과 구안치알레 소
스의 호박 만두 요리)는 달콤하면서도 새콤한 맛이 어우
러진 이곳의 별미이다. 예약 손님만으로도 가득 차기 때문
에 가기 전에 반드시 예약을 해야 한다.

SHOP INFO.
Map P.429-A
Add. Via Solferino 40, 40124,
Bologna
Tel 051 583 713
Access 볼로냐 기차역에서 도보
30분
Open 점심 12:30~14:30, 저녁
20:00~22:30, 토요일 점심 휴무
Price 파스타 €8, 메인 요리 €15

트라토리아 델 로소
Trattoria del Rosso

볼로냐의 명물이 모두 모여있는 실비집

볼로냐의 시끌벅적한 시내에 위치해 있다. 19세기에 유명 커피숍이었던 곳으로 지금도 당시의 인테리어를 유지하고 있다. 파르미지아노 치즈, 생파스타, 프로슈토를 이용한 볼로냐의 향토요리를 두루 맛볼 수 있는데, 특히 모듬 햄과 빵Crescentine con Salumi Artigianal을 주문하면 모르타델라(볼로냐의 명물 햄)를 포함한 살루미 모듬과 작게 튀긴 빵Crescentine에 소스를 곁들여서 푸짐하게 먹을 수 있어 안티파스티로 강력 추천한다. 볼로냐의 명물인 토르텔리니 인 브로도Tortellini in Brodo (작은 만두가 들어가는 담백한 수프), 탈리아텔레 알 라구Tagliatelle al Ragu (미트소스 파스타)도 빼놓을 수 없다. 점심에는 물까지 포함된 3코스 요리(홈페이지에서 최신 메뉴 확인 가능)가 €10로 든든하고 맛있는 한 끼 식사를 즐기기에 그만이다.

Stinco al forno 7.00
Cotoletta alla Bolognese 7.00
Scaloppina con funghi Porcini 7.00
Petto di Pollo alla griglia 7.00
Roastbeef 7.00
Melanzane alla Parmigiana 6.50
Verdure alla griglia con scamorza 6.50
Insalata con Pollo alla griglia 6.50

Contorni

Friggione 3.00
Patate fritte 3.00
Verdure alla griglia 3.00
Insalata mista 3.00

Dolci

Zuppa Inglese 3.00
Tiramisù 3.00
Panna cotta 3.00

SHOP INFO.

Map P.429-A
Add. Via Augusto Righi 30, 40126, Bologna
Tel 051 236 730
Access 볼로냐 기차역에서 도보 12분 **Open** 점심 12:00~15:00, 저녁 19:00~23:00, 부정기 휴무
Price 살루미 모듬 €8, 파스타 €7, 메인 요리 €7
URL www.trattoriadelrosso.com

SHOP INFO.
Map P.429-A
Add. Via Castiglione 44, 40124,
Bologna
Tel 051 233 257
Access 볼로냐 시내에서 도보
15분 **Open** 화~토 08:30~24:00,
일 09:00~23:30, 월요일 휴무
URL www.lasorbetteria.it

라 소르베테리아 카스틸리오네
La Sorbetteria Castiglione

입에서 부드럽게 녹는 볼로냐 최고의 젤라토

볼로냐, 아니 이탈리아 최고의 젤라테리아 중 하나로 꼽히는 곳이다. 볼로냐 중심가에서 좀 벗어난 곳에 있음에도 한여름에는 줄이 길게 늘어설 정도로 손님이 많다.

이곳의 젤라토는 미켈란젤로Michelangelo, 엠마Emma, 루도비코Ludovico 등의 이름이 붙어 있는데 모두 주인이 직접 개발한 고유의 맛에 조카, 숙모, 아들 등의 이름을 따서 붙인 것이라고 한다. 젤라토에 대한 그의 애정이 얼마나 대단한지를 엿볼 수 있다. 그는 특히 재료에 각별히 신경을 쓰기 때문에 각 재료마다 최고의 원산지에서 최상의 재료를 공급받아 정성을 들여 만든다. 과일류보다는 크림이나 견과류(피스타치오 등), 초콜릿 젤라토가 더 유명하다. 워낙 손님이 많아서 그날그날 만드는 젤라또라 신선함까지 더해져서 더욱 맛이 좋다. 입 안에서 사르르 녹는 최고의 젤라토를 꼭 맛보자.

이탈리 Eataly

이탈리아의 먹거리를 한눈에

점점 줄어들고 있는 이탈리아 장인들의 식재료를 발굴하고, 건강하면서도 맛있는 음식을 모든 사람이 접근할 수 있게 해야 한다는 신조를 바탕으로 오스카 파리네티Oscar Farinetti가 설립한 식료품점이다. 그의 고향인 토리노에서 시작해 밀라노, 볼로냐, 도쿄, 뉴욕에 이르기까지 1,000여 평이 넘는 대형 매장을 차례로 내면서 이탈리아를 넘어 세계적인 식료품점이 되었다. 파스타, 올리브 오일, 햄, 빵 등 이탈리아 요리에 쓰이는 각종 재료와 각 지방에서 나는 질 좋은 식재료들이 방대하게 갖춰져 있어 요리에 관심이 있는 사람이라면 시간 가는 줄 모르고 구경하게 될 것이다. 세련된 디스플레이 때문에 비쌀 것이라 생각할 수 있지만 합리적인 가격대여서 선물을 구입하기에도 좋다. 매장에는 커피나 간단한 요리를 즐길 수 있는 카페도 마련되어 있다.

SHOP INFO.
Map P.429-A
Add. Via degli Orefici 19, 40124, Bologna
Tel 051 095 2820
Access 볼로냐 기차역에서 도보 16분(볼로냐 시내 중심)
Open 매일 09:00~24:00
URL www.eataly.it

1 파스타는 종류별로 다양하게 갖추고 있다. **2** 선물용으로 좋은 칸투치(비스코티) **3** 점원의 유니폼에 가게 이름이 재치있게 적혀 있다.

오랜 전통을 자랑하는 곳답게 다양한 구색을 갖추고 있어 시간 가는 줄 모르고 구경하게 된다.

탐부리니 Tamburini

80년 전통의 식료품점

볼로냐에서 가장 오랜 역사와 전통을 자랑하는 살루메리아이다. 1932년에 문을 열어 80년 가까이 볼로냐의 먹거리를 책임져 온 식료품의 명가로서 명성을 떨쳐 왔다. 프로슈토 디 파르마Prosciutto di Parma, 쿨라텔로Culatello 등의 명물 햄과 파르미지아노 레자노 Parmigiano Reggiano를 비롯한 각종 치즈, 생파스타를 살 수 있다. 특히 토르텔로니 리코타Tortelloni Ricotta, 토르텔로니 디 주카Tortelloni di Zucca 등의 치즈, 단호박, 시금치 등 각종 재료로 속을 채운 10종류 이상의 파스타는 보는 것만으로도 배가 부르다.

관광객들도 많이 와서인지 오랫동안 구경을 하거나 사진을 찍어도 눈치를 주지 않는다. 그러나 볼로냐의 다른 살루메리아에 비하면 가격대가 약간 높은 편이다.

SHOP INFO.
Map P.429-A
Add. Via Caprarie 1, 40124, Bologna
Tel 051 234 726
Access 볼로냐 기차역에서 도보 16분(볼로냐 시내 중심)
Open 월~토 08:30~19:00, 일요일 휴무
URL www.tamburini.com

1 겨자시럽에 절인 과일절임 **2** 리코타 치즈로 속을 채운 토르텔로니 리코타는 우리의 손만두처럼 생긴 파스타의 일종 **3** 각종 치즈와 명물 햄

시모니 Simoni

살루미 만큼은 볼로냐에서 최고!

살루미와 치즈를 파는 살루메리아Salumeria로 볼로냐 사람들은 탐부리니(☞P.281)보다 이곳을 더 선호한다. 살루미(☞P.184~185)는 돼지고기를 다양한 방법을 통해 장기보관이 가능하게 한 이탈리아의 전통 햄이다. 사용된 부위와 부속재료, 염장과 숙성 방법, 생산 지역 등에 따라서 다양한 종류가 있다. 돼지 뒷다리를 통째로 소금에 절여 숙성한 햄, 돼지고기를 다져서 향신료와 양념한 후 익힌 소시지 등 그 방법과 종류가 수십여 가지에 이르고 지방에 따라서도 미묘한 차이가 있다.

살루미는 와인 안주나 샌드위치 재료로도 쓰이고, 파스타를 포함한 이탈리아 요리에도 빠지지 않는 식재료이다. 시모니의 살루미는 그 품질로 정평이 높은데, 특히 모르타델라(지방이 박힌 볼로냐의 명물 소시지)는 볼로냐 최고로 여겨진다. 우리 입맛에도 잘 맞고, 가격도 저렴한 편이니 꼭 들러서 맛보길 추천한다.

SHOP INFO.
Map P.429-A
Add. Via Drapperie 5, 40124, Bologna
Tel 051 231 880
Access 볼로냐 기차역에서 도보 16분(볼로냐 시내 중심)
Open 월~토 08:30~19:00, 일요일 휴무
Price 모르타델라 1kg에 €11

알디나 Aldina

모데나 지방의 대표 음식들을 부담 없이 즐길 수 있는 곳

모데나 중앙시장 맞은편 2층에 위치한 곳으로 허름한 간판에 눈에 잘 띄지도 않지만 점심시간이면 넓은 식당이 손님으로 가득 찬다. 모데나의 또 다른 맛집인 에르메스(☞ p.285)와 달리 좌석 수가 많기 때문에 오래 기다리지 않아도 되고, 직접 서빙을 하는 주인 가족은 관광객에게도 친절하게 대해준다. 이 지방의 명물 음식인 토르텔리니 디 주카Tortellini di Zucca(호박으로 속을 채운 만두 같은 파스타)부터 발사믹 식초로 요리한 돼지고기 요리Scaloppine all'aceto Balsamico까지 두루 맛볼 수 있으며 가격도 저렴하여 인기가 많다. 디저트로 나오는 티라미수나 판나 코타Panna Cotta(크림에 우유 · 설탕 등을 넣어 만든 푸딩)도 맛이 훌륭하다. 모데나의 람브루스코 Lambrusco 와인을 곁들이는 것도 잊지 말자.

1 2층에 있고 간판이 작아 지나치기 쉽다 **2** 만두와 비슷한 토르텔리니 디 주카
3 발사믹 식초로 요리한 돼지고기 요리

SHOP INFO.
Map P.429-B
Add. Via Luigi Albinelli 40, 41121, Modena
Tel 059 236 106
Access 모데나 중앙시장 맞은편
Open 월~토 12:00~14:30, 일요일 · 공휴일 · 7월 중순부터 8월 휴무
Price 파스타류 €7, 메인 요리 €8

TRATTORIA
"ERMES„

에르메스 Ermes

점심시간이면 장사진을 이루는 숨은 맛집

인적 드문 조용한 골목에 있지만 한 시간 넘게 줄을 서는 것도 마다하지 않는 인기 절정의 맛집이다. 대부분의 손님이 현지인들이고 관광객에게는 결코 친절하지도 않으며 합석도 감수해야 하지만 그럼에도 불구하고 한번쯤 가볼 만한 가치가 있다. 탈리아텔레 알 라구Tagliatelle al Ragu (굵은 면의 미트 소스 파스타), 파스타 에 파졸리Pasta e Fagioli (파스타 콩 수프) 같은 파스타를 비롯해 로스트 비프Arrosto di Vitello, 발사믹 식초로 조리한 얇은 고기 요리Scaloppine all'aceto Balsamico 등의 향토 요리가 주요 메뉴이며, 밀라노식 치킨 커틀릿Cotoletta Milanese 같은 가정식 요리도 있다. 재료가 소진되면 문을 닫는데 보통 점심에만 영업을 한다. 문을 열자마자 금세 자리가 차므로 차라리 1시 이후에 가는 것을 권한다.

1 식사시간에는 한 시간 넘게 줄을 서서 기다려야 자리를 잡을 수 있다.
2 밀라노식 치킨 커틀릿 3 파스타 콩 수프

SHOP INFO.
Map P.429-B
Add. Via Ganaceto 89, 41121, Modena
Tel 059 238 065
Access 모데나 기차역에서 도보 9분
Open 월~토 12:00~14:30, 일요일 · 7~8월 휴무
Price 파스타+메인 요리 €10~15

지우스티 | Giusti

세계 최초의 식료품점과 작지만 알찬 레스토랑

후미진 골목 안쪽에 위치한 이곳은 1605년에 문을 연 살루메리아(햄, 소시지 등의 식료품을 파는 곳)로 400년 넘는 역사를 간직하고 있다. 매장 옆에는 단 4개의 테이블만이 놓인 작은 레스토랑도 함께 운영하는데 보기와는 달리 미슐랭 별 하나를 받았던 명성이 있는 곳이다. 안티파스티로 지우스티의 살루미를 다양하게 맛볼 수 있는 모듬 살루미Selezione dei Nostri Salumi를 추천하고, 파스타에서는 구안치알레(돼지 볼살 햄)를 넣은 탈리아텔레 알 라구 디 구안치알레Tagliatelle al Ragu di Guanciale가 감칠맛이 나며 그외 메뉴도 두루 맛이 좋다. 질 좋은 재료를 사용하여 맛은 뛰어나지만 가격대는 이 지역의 다른 레스토랑에 비해 2배 정도 높다. 식사 후에는 식료품점을 구경해보자. 천장에 돼지 뒷다리가 커튼처럼 드리워져 있고 직접 반죽해서 만드는 생파스타도 볼 수 있다.

1 세계에서 가장 오래된 식료품점 **2** 직접 만든 파스타

SHOP INFO.

Map P.429-B

Add. Via Luigi Carlo Farini 75, 41121, Modena

Tel 059 222 533

Access 모데나 기차역에서 도보 12분 **Open** 화~토 12:00~15:00, 일요일 · 월요일 · 8월 휴무 **Price** 안티파스티 €12~18, 파스타 €15, 메인 요리 €25

URL www.hosteriagiusti.it

🚲 현지인을 상대로 하는 시장이어서 더욱 소박하고 정겹다.

알비넬리 시장 Mercato Albinelli

모데나의 명물 먹거리가 한자리에

작고 아담한 도시 한복판에 있는 이 시장은 현지 주민들의 소박한 일상을 엿볼 수 있는 전통 재래시장이다. 관광객을 상대로 하는 대도시의 시장과 달리 바가지를 쓸 염려도 없고, 그다지 혼잡하지도 않으며, 대부분의 상인들이 친절하고 정이 넘친다. 무엇보다도 이곳에서는 모데나의 먹거리를 모두 볼 수 있어서 더욱 좋다.

다양한 종류의 람브루스코Lambrusco 와인, 발사믹 전통식초Aceto Balsamico Tradizionale di Modena, 잠포네 Zampone 소시지, 수십 종류의 생파스타, 빵과 쿠키, 신선한 채소와 과일 등 입맛을 자극하는 각종 먹거리들이 보기 좋게 진열되어 있다.

눈길 닿는 곳마다 발길을 멈추게 되는 각각의 매장들을 구경하다 보면 어느새 시간이 훌쩍 가버릴 만큼 재미있는 시장 구경을 하게 될 것이다. 단, 오전에만 영업을 하므로 일찍 서둘러서 가야 한다.

SHOP INFO.
Map P.429-B
Add. Via Luigi Albinelli 13, 41121, Modenà
Tel 059 211 218
Access 모데나 기차역에서 도보 17분
Open 월~토 07:00~12:00, 일요일 휴무
URL www.mercatoalbinelli.it

Barce

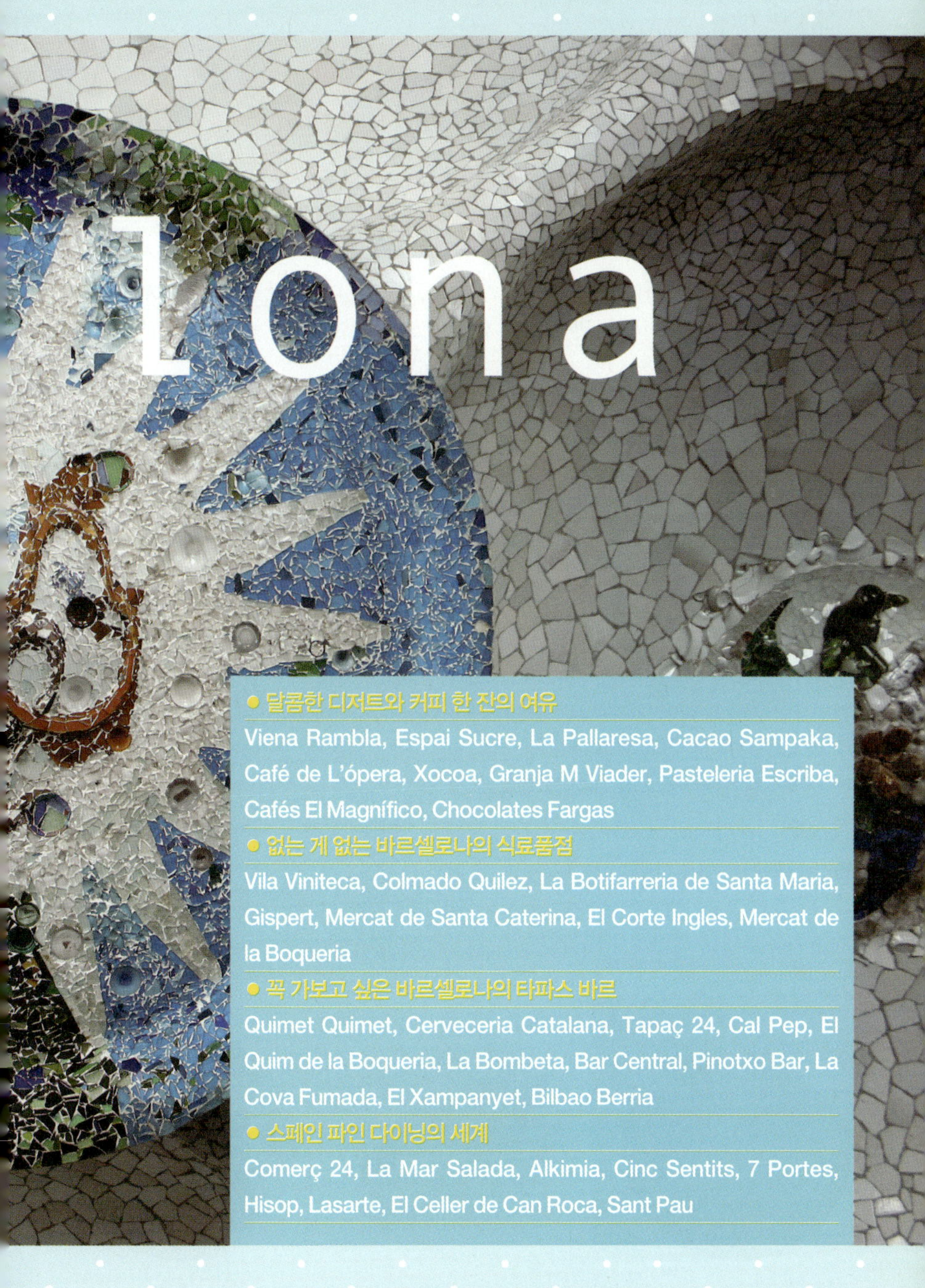
lona

● 달콤한 디저트와 커피 한 잔의 여유
Viena Rambla, Espai Sucre, La Pallaresa, Cacao Sampaka,
Café de L'ópera, Xocoa, Granja M Viader, Pasteleria Escriba,
Cafés El Magnífico, Chocolates Fargas

● 없는 게 없는 바르셀로나의 식료품점
Vila Viniteca, Colmado Quilez, La Botifarreria de Santa Maria,
Gispert, Mercat de Santa Caterina, El Corte Ingles, Mercat de
la Boqueria

● 꼭 가보고 싶은 바르셀로나의 타파스 바르
Quimet Quimet, Cerveceria Catalana, Tapaç 24, Cal Pep, El
Quim de la Boqueria, La Bombeta, Bar Central, Pinotxo Bar, La
Cova Fumada, El Xampanyet, Bilbao Berria

● 스페인 파인 다이닝의 세계
Comerç 24, La Mar Salada, Alkimia, Cinc Sentits, 7 Portes,
Hisop, Lasarte, El Celler de Can Roca, Sant Pau

스페인 제2의 도시이자
카탈루냐의 전통이 살아 숨쉬는 도시

지중해성 기후와 따사로운 햇빛, 비옥한 농토와 풍족한 바다를 끼고 있는 바르셀로나의 자연 환경은 축복 그 자체이다. 거기에 가우디의 독특한 건축물과 피카소의 손길이 도시 곳곳에 남아 있어 다채로운 개성이 꿈틀거린다. 관광객 수 세계 1위의 도시답게 전 세계에서 몰려든 사람들은 쉼 없이 보고 즐기며 먹거리를 찾아 헤맨다. 이런 곳에서 어떻게 미식이 발달하지 않을 수 있을까?

뒷골목 바르에서는 술 한잔과 타파스 두어 접시만으로도 행복을 느낄 수 있다. 타파스는 작은 접시에 나오는 적은 양의 음식들을 일컫는다. 식사 전 가볍게 먹기도 하고, 술 한잔과 곁들이기도 하고, 간단한 한끼 식사가 되기도 한다. 담겨 나오는 음식의 종류는 무궁무진한데, 꼭 한번은 맛봐야 할 것이 하몬(생햄)이다. 그 중에서도 고급인 하몬 이베리코(☞p.312)는 기름지면서도 고소한 풍미가 일품이다. 그러나 특유의 향 때문에 처음에는 좀 부담스러울 수도 있는데, 그럴 땐 우리 입맛에 좀더 잘 맞는 초리조(☞p.313)를 권한다. 그리고 판 콘 토마테Pan con Tomate (생토마토를 바르고 올리브 오일을 뿌린 빵), 파타타스 브라바스Patatas Bravas (매콤한 소스의 감자 튀김), 안초비와 절인 올리브는 가장 무난한 메뉴로 다른 타파스와도 잘 어울린다.

또한 미슐랭 스타 셰프의 품격 넘치는 요리도 즐길 수 있다. 카르메 루스카예다의 산트 파우(☞p.349), 조안 로카의 엘 세예르 데 칸 로카(☞p.347) 등이 대표적이다. 둘 다 시내에서 1시간 정도 더 가야 하고 가격 부담도 있지만 잊지 못할 멋진 추억이 될 것이다. 그보다는 좀더 가벼운 분위기에서 적당한 가격에 즐길 수 있는 곳들도 시내에 많다. 대략 €50~70에 6가지 이상의 코스 요리를 제공하는 테이스팅 메뉴는 세계 어느 고급 레스토랑과 비교해도 뒤지지 않을 정도로 훌륭하여 가격 대비 만족도가 높다.

바르셀로나에는 수많은 맛집들이 있다. 대표적인 맛집 동네로는 보른 지구, 람블라스 거리, 바르셀로네타 지구를 들 수 있다. 다양한 먹거리는 물론 볼거리도 풍부하여 눈과 입이 모두 즐거워지는 곳들이다.

산타 마리아 델 마르 성당과 피카소 미술관이 있는 보른 지구에는 미로 같은 좁은 골목 사이사이에 소문난 맛집과 전통 식료품점들이 숨어 있다. 160년 전통의 유명 식료품점 지스페르(☞p.317), 카탈루냐의 명물 소시지 보티파라와 하몬을 파는 라 보티파레리아 데 산타마리아(☞p.315), 80년 역사의 와인 전문점 빌라 비니테카(☞p.311), 커피향 가득한 카페 엘 마니피코(☞p.309)는 놓치지 말고 꼭 가봐야 할 곳들이다. 엘 삼파녜(☞p.335) 같은 선술집 분위기의 타파스 바르도 군데군데 숨어 있기에 해가 저물고 나면 뒷골목에는 소소한 낭만이 흐른다.

보케리아 시장(☞p.321)이 있는 람블라스 거리는 오래 전부터 시장이 있던 곳답게 풍족한 먹거리를 자랑한다. 파스테레리아 에스크리바(☞p.307)의 초코 크루아상과 비에나 람블라(☞p.299)의 하몬 하부고 샌드위치는 먹고 돌아서면 또 생각나는 최고의 맛이다. 보케리아 시장 구경과 시장 안의 유명 타파스 바르 탐방도 빼놓을 수 없다. 1인당 예산이 최소 €20 이상으로 시장통에 있는 곳이라고 해서 결코 만만하게 봐서는 안 된다.

바르셀로네타에서는 바닷가의 근사한 경치를 볼 수 있는 고급 레스토랑보다는 뒷골목의 수더분한 타파스 바르를 추천한다. 마음대로 돌아다니기 위험한 곳이라고는 하지만 낮이라면 괜찮다. 좁은 골목길에 라 봄베타(☞p.328), 라 코바 푸마다(☞p.333) 등 현지인들의 소박한 분위기가 매력인 바르들이 숨어 있다.

바르셀로나에서 미식 즐기기

파에야를 먹고 싶어요

스페인에 가면 다들 파에야Paella를 찾는다. 하지만 진짜 제대로 된 파에야를 맛보기는 생각보다 쉽지 않다. 파에야는 원래 스페인 남부 발렌시아 지방의 음식으로, 야외에서 남자가 장작불을 피우고 가마솥만큼 넓은 파에야 팬을 올린 다음 토끼고기, 달팽이 등의 야생 재료를 듬뿍 넣고, 샤프란으로 노랗고 붉은 색을 내며 만드는 음식이다. 스페인 음식의 대명사로 알려져 있지만, 흔히 먹는 가정식도 아니고 제대로 만들기도 어렵다. 대부분의 관광지 레스토랑에서도 식용 색소로 색을 내어 대충 만든 파에야를 내놓는다.

바르셀로나에서 파에야를 제대로 즐기고 싶다면 바닷가를 끼고 있는 해안 레스토랑을 찾아가면 된다. 바닷바람을 맞으며 해산물을 듬뿍 넣은 파에야를 먹는 것은 바르셀로나의 낭만을 즐길 수 있는 좋은 방법 중 하나이다.

올리브 오일을 사고 싶은데요

스페인은 세계에서 올리브 생산량이 가장 많은 나라인 만큼 질 좋은 올리브 오일도 많다. 그중에서도 최고는 산도 1% 미만의 엑스트라 버진 올리브 오일Aceite de Oliva Virgin Extra로, 맛과 향 자체가 뛰어나 그냥 마시기도 할 정도이다. 고급 레스토랑에서도 이 엑스트라 버진 올리브 오일은 빠지지 않는다. 향긋한 올리브 오일에 빵을 찍어 먹으면 풍미가 더해진다. 가격도 그리 비싸지 않아 엑스트라 버진 올리브 오일은 €7~10, 최상급도 €15가 넘지 않는다. 유리병에 들어 있는 것만 생각하기 쉽지만 깨질 염려가 없는 깡통에 들어 있는 것도 있다. 본문에 소개된 보케리아 시장, 산타 카테리나 시장, 콜마도 퀼레즈, 엘 코르테 잉글레스 백화점 지하 등지에서 품질 좋은 올리브 오일을 구할 수 있다. 제조일자를 꼭 확인한 후 구입하자.

카바를 마셔보고 싶어요

바르셀로나에서 놓치지 말고 맛보아야 할 술이 카바Cava이다. 거품이 보글보글 올라오는 스파클링 와인으로, 쉽게 말하면 스페인의 샴페인 정도라 할 수 있다. 카바는 바르셀로나가 속해 있는 카탈루냐 지방에서 생산된 것이 유명하다. 바르셀로나의 웬만한 레스토랑이나 바르에서는 가격도 저렴하고 맛도 좋은 카바를 쉽게 맛볼 수 있으며, 부담 없이 잔으로 즐길 수도 있다.

추로스와 초콜라테로 에너지 충전

갓 튀긴 추로스Churros와 진한 초콜라테Chocolate는 여행의 피로를 단번에 날려주고 힘이 나게 하는 묘약이다. 지친 발걸음과 허기를 달래기에 이만한 것도 없다. 아쉬운 점이라면 스페인은 아직도 시에스타(낮잠 자는 시간)를 지키는 곳이 많아서 우리가 가장 필요로 하는 오후 시간에 문이 닫혀 있는 곳이 많다는 것. 그래도 문을 열고 있는 고마운 곳이 꼭 있으니 돌아다니다가 그런 곳을 발견한다면 주저하지 말고 바로 사먹자. 몸 안에 새로운 기운이 가득 채워질 것이다.

카페 라테는 없나요

스페인의 커피는 이탈리아나 프랑스보다는 단순한 편이다. 가장 기본으로 마시는 에스프레소를 카페 솔로Café Solo 또는 카페 엑스프레소Café Expreso라고 한다. 거기에 약간의 우유를 넣은 것을 코르타도Cortado라고 하고, 우리가 흔히 카페 라테라고 말하는 우유를 더 많이 넣은 것을 카페 콘 레체Café con Leche라고 한다. 그리고 시원한 냉커피는 카페 콘 이엘로Café con Hielo라고 한다. 스페인 사람들은 잘 마시지 않지만 우리가 즐겨 마시는 아메리카노 커피는 카페 아메리카노Café Americano라고 한다.

먹어도 먹어도 또 먹고 싶은 판 콘 토마테

카탈루냐 지방에서 흔하게 먹는 음식으로 판 콘 토마테Pan con Tomate를 빼놓을 수 없다. 바삭하게 구운 빵에 올리브 오일을 뿌린 후 토마토를 비벼 바른 것으로, 단순하지만 자꾸 손이 가는 묘한 매력이 있다. 우리나라로 치면 밥에 김치 같은 존재인 이 음식은 특히 아침식사 단골 메뉴로 자주 등장한다. 바르셀로나의 어느 레스토랑이나 타파스 바르를 가든 꼭 갖추고 있는 메뉴이니 놓치지 말고 맛보자.

VIENA
Menjars ràpids ~ Fast food
ENTREPANS
BOCADILLOS
SANDWICHES
ENTREPANS
BOCADILLOS
SANDWICHES
40 anys

비에나 람블라 Viena Rambla

스페인 최고의 햄이 들어가는 특별한 샌드위치

밤낮없이 모여드는 인파로 혼잡한 람블라스 거리에서 갓 구워낸 샌드위치와 커피 한 잔으로 가벼운 한끼 식사를 즐길 수 있는 곳이다. 2006년 뉴욕 타임즈의 음식 평론 칼럼에서 이곳의 하부고 샌드위치Flauta d'Iberic Jabugo를 '세계 최고의 샌드위치'라고 소개했으며, 그 외 여러 정보지에서도 이 샌드위치에 대한 극찬을 아끼지 않았다. 하부고 샌드위치는 바게트에 스페인의 고급 돼지뒷다리 생햄인 하몬 하부고(☞p.312 참조)를 넣은 단순한 샌드위치인데, 바삭한 빵과 풍미 가득한 생햄이 어우러져 묘한 감칠맛이 난다. 여기서는 다른 샌드위치의 2배 가격이지만, 뉴욕 타임즈의 영향 때문인지 관광객들 사이에서 특별한 인기를 끌고 있다. 이 근처 수많은 먹거리를 탐색하기 위해서 배불리 먹지 않고 맛만 보고 싶다면 절반 사이즈를 주문해도 좋다.

SHOP INFO.
Map P.431-C
Add. C/ la Rambla, 115, 08002 Barcelona
Tel 93 317 1492
Access Catalunya역에서 도보 3분
Open 매일 08:30~22:00
Price 하부고 샌드위치 €6.5, 기타 샌드위치 €3~5
URL www.viena.es

CÍRCULO DEL ARTE
CÍRCULO DEL ARTE
52
hierro f
Vir
ransformacion
rrajería

에스파이 수크레 Espai Sucre

디저트만으로도 근사한 한 끼 식사

디저트에 대한 고정관념을 확 무너뜨리는 곳으로, 단맛뿐 아니라 짠맛, 매운맛 등이 고루 조화된 독특한 디저트를 코스 메뉴로 선보인다. 초콜릿 디저트만으로 구성된 메뉴도 있고, 그외에 3~5코스의 다양한 메뉴가 있다. 코스마다 잘 어울리는 와인이 정해져 있어(1잔 €4) 메뉴에 곁들일 수도 있다. 5코스 메뉴의 경우에는 웬만한 한 끼 식사를 대체할 만한 양이 된다.

디저트에 관심이 많은 사람이라면 이곳은 독특한 경험이 될 수 있다. 그러나 디저트는 역시 디저트로서의 한계가 있기 때문에 큰 기대를 하면 실망할 수도 있다. 3코스 메뉴의 경우 웬만한 레스토랑의 코스 메뉴 가격대이나, 다 먹고 나도 여전히 배가 허전할 수 있다. 그러나 디저트에 대한 색다른 접근이라는 면에서 의미가 있다. 실내 인테리어는 모던함과 미니멀한 세련미가 돋보이게 꾸며져 있으며, 30명 정도 수용 가능한 아담한 규모이기에 예약은 필수이다.

SHOP INFO.
Map P.431-D
Add. C/ Princesa, 53, 08003 Barcelona
Tel 93 268 1630
Access Jaume I역에서 도보 6분 **Open** 화~토 21:00~23:30, 일요일 · 월요일 휴무
Price 3코스 €35, 5코스 €45~50 (8% VAT 별도)
URL www.espaisucre.com

SHOP INFO.
Map P.431-C
Add. C/ Petritxol 11, 08002, Barcelona **Tel** 93 302 2036
Access Liceu역에서 도보 4분
Open 월~금 09:00~13:00, 16:00~21:00, 토 09:00~13:00, 17:00~21:00, 일요일 휴무
Price 초콜라테 €2.6, 추로스 €1.5
URL www.lapallaresa.com

라 파야레사 La Pallaresa

옛 향수에 빠지게 되는 초콜라테와 추로스의 매력

1947년에 문을 연 유서 깊은 곳으로, 당시 직접 젖소의 젖을 짜서 팔며, 간식거리도 함께 곁들여 팔았던 곳이었다. 1970년대의 어느 골목길에 위치한 도너츠 가게처럼 추억에 잠기게 하는 소박한 가게에서는 초콜라타 에스파뇰라Xocolata Espanyola, 추로스Xurros, 엔사이마다 Ensaimada(반죽에 돼지기름이 들어가고 슈가 파우더를 뿌린 빵), 멘자블랑Menjar Blanc(아몬드 크림 푸딩)에 이르기까지 카탈루냐 사람들이 좋아하는 간식거리와 마실 것을 다양하게 판다.

이곳의 최고 인기 메뉴는 바로 초콜라타 에스파뇰라와 추로스. 진한 초콜릿 죽에 바삭한 추로스를 푹 찍어 먹으면 여행의 피로가 사라지는 것 같다. 씨에스타를 꼭 지키는 곳이고, 씨에스타가 끝난 시간이라고 정확히 문을 여는 것이 아니므로 넉넉히 시간을 잡고 가는 것이 좋다. 허기진다면 €1.25짜리 엔사이마다 빵을 먹으면 든든해진다.

카카오 삼파카 Cacao Sampaka

달콤 쌉싸래한 초콜릿 천국

고품질의 카카오로 만든 다양한 초콜릿을 맛볼 수 있는 곳으로 매장과 카페를 함께 운영하고 있다. 베네수엘라, 에콰도르, 파푸아뉴기니 등지에서 공수한 최고급 카카오로 만들기 때문에 그 향과 맛이 남다르다. 견과류가 가득 박힌 초콜릿을 비롯해 허브나 리큐어를 조합시킨 색다른 맛의 초콜릿과 혀를 자극하는 다크 초콜릿까지 각양각색의 초콜릿이 고급스럽게 진열되어 있다.

다크 초콜릿 마니아라면 쌉쌀하면서도 진한 맛이 일품인 베네수엘라산 86% 초콜릿이나 에콰도르산 76% 초콜릿을 추천한다. 초콜릿 외에도 자스민이나 샤프란 등의 향을 넣은 초콜릿 음료Chocolate Frio도 마니아들에게 인기가 많다. 그러나 때론 맛의 시도가 너무 파격적으로 다가오기에 '맛있다'는 느낌보다는 당혹스러울 수도 있다. 디저트만 먹기에는 양이 부족하다 느껴지면 보카디요Bocadillos 같은 샌드위치를 곁들여도 좋다.

SHOP INFO.
Map P.431-B
Add. C/ Consell de Cent 292, 08007, Barcelona
Tel 93 272 0833
Access Passeig de Gràcia 역에서 도보 3분 **Open** 월~토 09:00~20:30, 일요일 휴무
Price 초콜릿 음료 €3.1
URL www.cacaosampaka.com

카페 드 로페라 Cafè de L'òpera

전통의 향기가 아름다운 카페

18세기말 여관 겸 레스토랑으로 시작하여 귀족들이 즐겨 찾는 레스토랑으로 인기를 끌다가 1929년 카페로 바뀌어 지금까지 이어오고 있는 유서 깊은 곳이다. 20세기를 풍미하던 스페인의 화가, 작가, 정치인, 음악가 등 유명인들의 발길이 끊이지 않은 문화 교류의 거점지로도 인기가 많았다. 고전미가 느껴지는 실내는 20세기 초의 모습을 그대로 유지하고 있어 낭만적인 한때를 즐길 수 있다.
메뉴는 커피나 초콜라테 같은 음료를 비롯해 와인, 카바, 샹그리아 같은 주류도 꽤 많이 갖추고 있다. 진한 초콜라테에 따끈따끈하게 구워낸 추로스를 함께 즐기거나, 커피에 케이크, 샌드위치 등을 곁들여도 좋다. 바르셀로나에서 가장 번화하고 사람들이 많이 몰리는 람블라스 거리에서 새벽까지 문을 여는 곳이므로 늦게까지 돌아다니다가 배가 고플 때 들러보면 좋을 것 같다.

SHOP INFO.
Map P.431-C
Add. C/ la Rambla 74, 08002, Barcelona **Tel** 93 317 7585
Access Liceu역에서 도보 1분
Open 매일 08:30~다음날 02:30
Price 샹그리아 €15~, 브랜디 €7
URL www.cafeoperabcn.com

초코아 Xocoa

감각적인 디자인과 독특한 초콜릿으로 유명

1897년부터 제과점을 해오던 가업을 이어받은 마크Marc와 미구엘Miguel 형제가 그래픽 디자이너를 고용해 초콜릿과 패키지의 디자인을 혁신적으로 바꾸면서 인기를 모으고 있다.
열쇠 모양의 초콜릿, 야한 그림의 카마수트라 초콜릿, 단추 초콜릿, 초콜릿 양초, 초콜릿 맥주 등 참신하고 독특한 것들이 많아 이것 저것 구경하는 재미가 쏠쏠하다. 특히 깜찍하고 귀여운 디자인의 초콜릿은 선물용으로 인기가 많다. 알록달록한 포장의 초콜릿 바들이 벽면을 장식하고 있는데 무설탕에서 녹차, 자메이카 페퍼 맛까지 그 종류는 스무 가지가 넘는다.
초콜릿이 들어간 패스트리의 일종인 벤탈Ventall과 부드러운 미니 사이즈 초콜릿 부스카페Buscapé 등도 맛있다. 바르셀로나에만 8개의 지점이 더 있으며 자세한 지점 정보는 홈페이지를 참조하자.

SHOP INFO.
Map P.431-C
Add. C/ Petritxol 11, 08002, Barcelona
Tel 93 301 1197
Access Liceu역에서 도보 4분
Open 매일 09:00~21:00
Price 벤탈 1조각 €2, 대부분 €2~
URL www.xocoa-bcn.com

그란하 에메 비아데르 Granja M Viader

부드러운 초콜릿 음료가 생각날 때

1873년 갓 짜낸 신선한 우유를 파는 곳으로 시작해 5대째 이어오고 있는 곳이다. 지금은 그 우유를 맛볼 수 없지만 당시의 분위기를 떠올리며 초콜릿 음료 카카올라 Cacaolat를 즐길 수 있다. 1913년에 개발했다는 이 음료는 어릴 적 즐겨 먹던 마일로처럼 부드럽고 연한 맛이다. 당시만 해도 이런 유가공품이 별로 없었기 때문에 스페인 최초의 영양 음료로 기록되고 있다. 카카올라와 함께 먹을 수 있는 다양한 종류의 케이크와 빵도 갖추고 있으며 맛도 있어서 출출할 때 간식거리로 그만이다. 그 밖에도 농장에서 직접 가져오는 치즈와 각종 유제품들을 볼 수 있는데 항상 신선함을 유지하고 있고, 좋은 품질로 인정받고 있다. 특히 신선한 휘핑크림이 올라간 카카올라 Cacaolat amb Nata와 진한 풍미의 치즈케이크는 추천메뉴이다.

1, 2 소박한 동네 분식집 같은 분위기 **3, 4** 부드럽고 연한 맛의 카카올라를 빵과 함께 먹으면 뱃속이 든든해진다.

SHOP INFO.
Map P.431-C
Add. C/ Xuclà, 4, 08001, Barcelona **Tel** 93 318 3486
Access Liceu역에서 도보 4분
Open 월 17:00~20:30, 화~토 09:00~13:30, 17:00~20:30, 일요일 휴무
Price 음료 €1.9~4
URL www.granjaviader.cat

파스테레리아 에스크리바
Pasteleria Escriba

환상적인 초콜릿 세상으로의 초대

1906년에 창업하여 4대 째 이어오는 바르셀로나에서 가장 유명한 베이커리이다. 다양한 종류의 초콜릿과 빵은 물론, 상상력이 돋보이는 화려한 장식의 케이크도 눈길을 끈다. 이곳은 1842년에 지어진 아름다운 건물로도 유명한데 1902년 건물 외벽의 모자이크 장식을 리모델링하여 지금의 모습을 갖추게 되었다. 아르누보 양식의 환상적인 분위기가 매력적이다. 현재 4대 째 오너인 크리스티안 에스크리바는 패스트리의 영역을 패션과 디자인으로까지 확장시키면서 창의적인 활동을 펼치고 있다. 세계 최고의 셰프라 불리는 페란 아드리아도 이곳에서 파는 초코 크루아상의 팬이라고 알려질 만큼 초콜릿 계열의 케이크나 타르트는 특히 훌륭하다.

1 초콜릿 케이크와 타르트가 특히 인기인데, 상상력 넘치는 화려한 장식이 돋보인다. **2** 1842년에 지어진 아름다운 건물에 자리한 베이커리

SHOP INFO.
Map P.431-C
Add. C/ la Rambla 83, 08002, Barcelona **Tel** 93 301 6027
Access Liceu역에서 도보 1분
Open 월~토 12:00~17:00, 20:00~23:00(금 · 토요일은 24:00 까지), 일 12:00~17:00
Price 초코 크루아상 등의 빵 €1.5~2.2 **URL** www.escriba.es

유명 레스토랑에도 납품되는 명가의 커피를 맛볼 수 있다.

카페 엘 마니피코 Cafés El Magnífico

바르셀로나의 전통 커피 전문점

1919년에 문을 열어 90년 넘게 꾸준한 사랑을 받아오고 있는 곳으로 지금은 창업주의 손자가 운영하고 있다. 그는 15세부터 아버지를 도와 일해왔으며, 1986년부터는 특별한 커피를 위해 직접 과테말라, 파나마, 코스타리카 등 세계 각국을 돌아다니며 최고의 원두를 수입해오고 있다. 그의 노력과 열정이 가득 담긴 커피는 탁월한 맛을 인정받아 미슐랭 스타 레스토랑 같은 유명 레스토랑과 식료품점에 공급되고 있다. 커피 명가의 낭만을 느낄 수 있는 로스팅 기계와 커피 용품도 볼 수 있다. 가게 안에 앉아서 마실 수 있는 공간은 없지만 테이크 아웃해서 즐길 수 있다. 가게 입구에서는 전 세계 10여 개국에서 수입해오는 커피콩 푸대들을 발견할 수 있으며, 거의 하루 종일 커피콩 볶는 향기로운 냄새를 맡을 수 있다.

1 로스팅 기계와 커피 용품들이 눈길을 끈다. **2** 커피를 맛보려면 테이크 아웃하자.

SHOP INFO.
Map P.431-D
Add. C/ Argenteria 64, 08003, Barcelona **Tel** 93 310 3361
Access Jaume I역에서 도보 3분
Open 월~토 10:00~14:00, 16:00~20:00(토요일 오후는 16:30부터), 일요일 휴무
Price 에스프레소 €1, 카푸치노 €1.5
URL www.cafeselmagnifico.com

SHOP INFO.
Map P.431-C
Add. C/ Pi (Ciutat Vella) 16,
08002, Barcelona
Tel 93 302 0342
Access Liceu역에서 도보 5분
Open 월~토 10:00~20:00,
일요일 휴무
Price 초콜릿 100g당 €6 ~

초콜라테 파르가스 Chocolates Fargas

수제 초콜릿의 명가

유럽에서 초콜릿으로 유명한 나라라고 하면 흔히 스위스나 프랑스를 떠올리지만, 사실 유럽에 카카오를 가장 먼저 들여온 나라는 스페인이다. 따라서 스페인의 초콜릿도 전통의 향이 깊게 배인 고유의 맛을 가지고 있다. 이곳은 1827년부터 초콜릿을 만들어 팔고 있는 오랜 전통의 수제 초콜릿 전문점이다. 처음 시작할 때의 모습이 잘 간직되어 있는 19세기 풍의 가게 내부가 이곳의 역사를 말해준다. 아몬드를 듬뿍 넣은 다크 초콜릿도 인기 있고, 말린 오렌지에 초콜릿을 입힌 오랑젯Orangette, 형형색색의 캔디 등 보기만 해도 달콤함이 느껴지는 것들이 가게 안을 가득 메우고 있다. 요즘 인기를 끌고 있는 초콜릿 숍들 같은 세련됨은 없지만, 오랜 전통이 주는 깊이와 무게가 있는 곳이다.

빌라 비니테카 Vila Viniteca

보기만 해도 기분 좋아지는 와인 천국

1932년에 문을 열어 4,000가지가 넘는 와인을 취급하며 바르셀로나 최고의 와인숍으로 명성을 떨치고 있다. 주로 스페인산이 많지만 프랑스, 독일, 미국 등 다른 나라에서 생산된 와인도 취급하고 있다.

가게 안에 들어서면 2층 높이의 천장까지 이어지는 벽면에 와인, 세리주, 카바가 빼곡하게 채워져 있는 모습을 볼 수 있다. 세계적으로 이름을 떨치는 유명 와인에서, 스페인산 희귀 와인에 이르기까지 다양한 와인을 구경할 수 있다. 이곳에서는 특정 와인 생산자와 독점적으로 계약을 맺어 와인을 생산하고 판매하기도 한다. €5짜리 와인에서 수천 유로대의 와인까지 다양하게 갖추고 있으므로 원하는 가격대와 조건을 말하면 친절하게 추천해준다. 가게 맞은편은 이곳에서 운영하는 식료품점으로 와인과 곁들일 만한 각종 하몬, 치즈, 빵을 비롯한 유기농 식료품을 판매하고 있다.

SHOP INFO.
Map P.431-D
Add. C/ Agullers 7, 08003, Barcelona **Tel** 93 310 1956
Access Jaume I역 또는 Barceloneta역에서 도보 5분
Open 월~토 08:30~20:30(7~8월 토요일에는 14:00까지 영업), 일요일 휴무
URL www.vilaviniteca.es

스페인, 햄과 소시지의 천국

1 하몬 이베리코 Jamón Iberico 스페인 남부 지방의 최고급 돼지 품종인 이베리코 흑돼지의 뒷다리로 만든 햄이다. 검은 발굽 때문에 파타 네그라Pata Negra라고 부르기도 한다. 돼지 뒷다리를 잘라 소금에 2주 정도 절였다가 말린 후 다시 씻어서 서늘하고 건조한 곳에서 최소 2년 이상 자연 숙성시키는 과정을 거친다. 그 중에서도 최고급인 하몬 이베리코 데 베요타Jamón Iberico de Bellota는 천연 도토리를 먹이고 초원에서 방목하여 키운 특1급 돼지로 만든 햄이다. 고소하고 기름진 풍미가 하몬 이베리코 중에서 가장 뛰어나며 가격은 1kg에 €120를 넘는 것도 있다. 이베리코 살라망카Iberico Salamanca처럼 생산지 이름이 붙는 것도 있다. 그 중 우엘바Huelva 지방의 하부고Jabugo는 오랜 전통을 지닌 고급 햄으로 유명하다.

2 파레타 Paleta 하몬이 돼지 뒷다리로 만든 햄이라면 파레타는 돼지 앞다리로 만든 햄이다. 하몬보다 다소 짧고 뭉툭하며, 가격도 30% 이상 저렴하다. 이베리코 흑돼지의 앞다리로 만든 파레타 이베리카Paleta Iberica, 도토리를 먹고 살찐 이베리코 흑돼지로 만든 파레타 베요타Paleta Bellota 등 종류가 다양하다.

3 보티파라 Botifarra 카탈루냐 지방에서 많이 먹는 소시지로 갈은 돼지고기에 후추, 소금을 넣어 양념한 것이 기본이지만 돼지피를 넣은 보티파라 네그라Botifarra Negra, 계란을 넣은 보티파라 블랑카Botifarra Blanca, 쌀을 넣은 보티파라 데 아로스Botifarra de Arroz 등 재료에 따라 수십 종류가 있다. 심지어 초콜릿을 넣은 것도 있다. 구운 보티파라에 흰콩을 곁들여 먹는 요리는 카탈루냐에서 아주 일반적인 가정식 요리이며, 그 외에도 다양한 방법으로 즐겨 먹는다.

1   2   3

4

5

6

4 초리조 Chorizo 스페인의 소시지 중 가장 대표적인 종류다. 다른 햄을 만들고 난 부위를 썰어서 허브, 소금, 후추, 파프리카로 양념한 후 돼지 창자 등에 넣어 자연 숙성시키거나 훈제한다. 단맛이 나는 둘체Dulce와 매운맛이 강한 피칸테Picante로 나뉜다. 초리조는 지방마다 만드는 방법이 달라서 미묘한 맛의 차이가 있다. 종류에 따라 요리에 쓰이기도 하고 얇게 잘라 안주로 먹기도 한다. 초리조 역시 최고급은 도토리를 먹고 살찐 흑돼지로 만든 초리조 이베리코 데 베요타Chorizo Iberico de Bellota이다.

5 하몬 세라노 Jamón Serrano 하몬 이베리코와 만드는 방법은 비슷하지만 일반 분홍빛 돼지로 만든다는 점이 다르다. 숙성 기간은 보통 9~14개월이며, 가격은 하몬 이베리코의 절반 이하 수준이다.

6 로모 이베리코 데 베요타 Lomo Iberico de Bellota 하몬 이베리코와 같은 품종의 돼지 안심에 소금과 허브 등을 문지른 후 소금에 절여서 석 달 정도 숙성시켜 만드는 햄이다. 베요타 품종답게 기름진 풍미가 일품이다.

7 살치촌 Salchichon 초리조와 비슷하지만 돼지고기를 양념할 때 파프리카가 들어가지 않고 후추나 오레가노, 육두구 등으로 맛을 내는 점이 다르다. 돼지 지방과 살코기를 분리해서 다진 후 후추와 허브, 소금으로 양념한 다음 돼지 창자 등에 넣어 45일 정도 말리게 된다. 큼지막한 흰 지방질이 보이는 소시지이다.

7

SHOP INFO.
Map P.431-A
Add. Rambla de Catalunya 63,
08007, Barcelona
Tel 93 215 2356
Access Passeig de Gràcia
역에서 도보 3분 **Open** 월~금
09:00~14:00, 16:30~20:30, 토
09:00~14:00, 일요일 휴무
URL www.lafuente.es

콜마도 퀼레즈 Colmado Quilez

100년 전통의 식료품점

콜마도Colmado는 슈퍼마켓이 생기기 이전부터 있었던 식료품점을 일컫는다. 1906년 라퓨엔테Lafuente 가문에 의해 설립된 이 식료품점은 100년이 지난 지금도 여전히 인기를 모으는 곳으로, 타임머신을 타고 과거로 돌아간 듯 역사의 흔적을 그대로 느낄 수 있다. 가게 안으로 들어가면 높은 천장까지 이어지는 벽면에 수천 가지의 식료품과 와인, 맥주, 통조림들이 빼곡하게 들어차 있는데 예전부터 내려온 진열 방식이라 한다. 스페인의 유명 샤프론, 올리브 오일, 캐비어와 안초비 통조림을 비롯한 다양한 식료품과 100종류가 넘는 맥주와 와인을 만날 수 있다.

하얀 가운을 입은 직원들은 외모에서부터 연륜을 짐작할 수 있는데, 친절한 태도로 적절한 제품을 추천해 준다. 바르셀로나에 모두 5개의 지점이 있다.

1 겉보기에는 평범해 보이지만 100년이 넘은 식료품점이다. **2, 3** 천장까지 꽉꽉 채워진 식료품을 보면 입이 다물어지지 않는다.

라 보티파레리아 데 산타마리아
La Botifarreria de Santa Maria

보티파라와 하몬을 사려면 이곳으로

카탈루냐의 명물 소시지인 보티파라Botifarra (또는 Butifarra)와 다양한 하몬(생햄)을 파는 곳이다. 특히 이곳은 보티파라를 만드는 기술이 바르셀로나에서도 최고라고 알려져 있다. 로크포르 치즈를 넣은 소시지를 비롯해 초콜릿 소시지(1kg당 €20), 사과 소시지 같은 특이한 소시지들도 만날 수 있다. 하몬으로는 최고급에 속하는 하몬 이베리코와 하부고를 비롯해 30여 종류가 넘는 하몬과 살라미가 있다. 그 외에도 직접 만든 파테와 돼지고기 가공품, 희귀한 치즈들도 인기다. 향과 맛을 오래 보존하기 위해 진공 포장을 해주며, 가격은 보케리아 시장과 비슷한 수준으로 하몬 이베리코의 경우 1kg당 €60~140에 구입할 수 있다.

1 가게 안과 밖에 걸린 오렌지색 간판이 눈에 띈다. 2, 3 하몬과 소시지는 무게를 달아 판매한다.

SHOP INFO.
Map P.431-D
Add. Calle Santa Maria 4, 08003, Barcelona
Tel 93 319 9123
Access Jaume I역에서 도보 4분
Open 월~금 08:30~14:30, 17:00~20:30, 토 08:30~15:00, 일요일 휴무
URL www.labotifarreria.com

지스페르 Gispert

고소한 향이 가득한 전통 식료품점

1851년에 창업하여 160년의 역사를 간직한 유명 식료품점으로 특히 견과류와 로스팅 기술이 최고라는 평가를 받고 있다. 고소한 냄새가 풍기는 실내로 들어서면 스페인 최고급 품질의 잣, 헤즐넛, 피스타치오 등 수십 가지의 견과류를 구경할 수 있다. 이곳은 아직도 나무를 땐 불에 로스팅하는 전통 방식을 고수하고 있어서 가게 안쪽으로 들어가면 수북히 쌓여 있는 나무 장작과 전통 로스팅 기계를 볼 수 있다. 그 옆으로는 무게를 재는 오래된 측량 도구들이 은은한 조명 아래 종류별로 놓여 있어 마치 박물관에 온 것 같은 느낌마저 든다. 설탕이나 초콜릿을 씌운 견과류 외에도 커피, 오일, 허브, 식초, 향신료, 말린 과일, 잼, 꿀, 간식류도 구입할 수 있다. 오후의 시에스타 시간에는 문을 닫으니 주의하자.

1 식료품점이 아니라 마치 박물관에 들어가는 느낌이다. **2** 장작불에 로스팅한 견과류의 향이 무척 고소하다.

SHOP INFO.
Map P.431-D
Add. C/ Sombrerers 23, 08003, Barcelona
Tel 93 319 7535
Access Jaume I역에서 도보 4분
Open 화~금 09:30~14:00, 16:00~19:30(10~12월은 월요일도 운영), 토 10:00~14:00, 17:00~20:00, 1~9월 일요일·월요일, 10~12월 일요일 휴무
Price 초콜릿류 100g당 €4, 각종 견과류 1kg당 €11~36
URL www.casagispert.com

산타 카테리나 시장
Mercat de Santa Caterina

아름다운 지붕으로 유명한 전통 재래시장

역사가 오래된 바르셀로나의 재래시장 중 하나로, 알록달록 모자이크 모양으로 색을 입히고 물결치듯 구불거리는 독특한 모양의 지붕이 눈길을 끈다. 2005년 유명 건축가의 리모델링을 통해 재탄생된 이 건축물은 개장 첫날 4만 명이 모여들 정도로 화제를 일으켰으며, 많은 건축학도들의 참고서가 되고 있다. 수북이 쌓아 놓은 신선한 과일과 채소, 10종류 이상의 달걀을 파는 달걀 가게, 다양하게 절인 올리브를 파는 가게, 수십 가지의 올리브 오일을 파는 가게, 10가지 이상의 버섯을 파는 채소가게 등 각종 먹거리가 풍부하여 보기만 해도 배가 든든해지는 느낌이다. 보케리아 시장에 비해 관광객이 그리 많지 않아 여유롭게 구경할 수 있는 것도 좋다.

SHOP INFO.

Map P.431-D
Add. Av Francesc Cambó 16, Ciutat Vella, Parc, 08003, Barcelona **Tel** 93 319 5740
Access Jaume I역에서 도보 4분
Open 월 07:30~14:00, 화~수 07:30~15:30, 목~금 07:30~20:30, 토 07:30~15:30, 일요일 휴무, 7~8월에는 아침에만 영업 **URL** www.mercatsantacaterina.net

엘 코르테 잉글레스EI Corte Ingles
백화점의 지하 식품 매장

없는 게 없는 최대의 식품 매장

보통 백화점의 지하 식품 매장은 품질이 보장된 다양한 식료품을 사기에 아주 편리하다. 스페인 최대의 백화점 체인인 엘 코르테 잉글레스 백화점도 예외는 아니다.

각종 채소와 과일, 과자, 초콜릿, 와인, 음료는 물론 절인 피망, 이비자산 최고급 소금, 향신료, 밑반찬 등 온갖 식료품을 풍성하게 진열해 놓고 있어 구경하는 것만으로도 벅찰 지경이다. 특히 하몬의 본고장답게 정육점보다 더 큰 규모의 햄 전문점Xarcuteria에서는 수십 종류에 이르는 다양한 초리조와 하몬을 구입할 수 있다. 그리고 파에야, 토르티야, 크로켓 등 스페인의 대표 음식들도 조금씩 포장해서 팔고 있기 때문에 간단하게 한 끼 식사를 해결하기에도 좋다.

SHOP INFO.
Map P.431-A
Add. Plaça de Catalunya 14, 08002, Barcelona
Tel 93 306 3800
Access Catalunya역에서 도보 1분
Open 월~토 10:00~22:00, 일요일 휴무(일부 영업할 때도 있음)
URL www.elcorteingles.es

1 하몬을 조금 구입해 빵과 함께 먹으면 훌륭한 한 끼 식사가 된다.　2 유명 레스토랑에서 사용하는 고급 소금, 플뢰르 드 셀　3 예쁜 병에 담긴 피망 절임

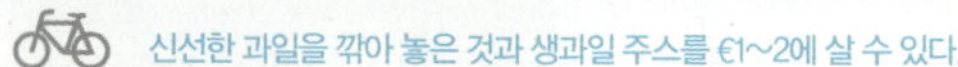

신선한 과일을 깎아 놓은 것과 생과일 주스를 €1~2에 살 수 있다.

보케리아 시장 Mercat de la Boqueria

카탈루냐 먹거리의 모든 것

오랜 역사를 자랑하는 바르셀로나의 전통 재래시장으로
람블라스 거리 중심부에 위치해 있다. 이미 1300년대부터
이 근처에 퍼져있던 시장들을, 1836년 정부에서 정비해서
정식으로 시장을 조성하였다.

제철 과일과 채소, 윤기가 자르르 흐르는 하몬, 다양한 종
류의 먹거리 등 입맛을 돋우는 것들이 모두 이곳에 모여
있다. 시장 내에는 간이 식당처럼 보이지만 결코 만만치
않은, 세계적으로 유명한 타파스 바르들도 자리하고 있다
(☞p.328~p.331). 지금은 워낙 유명해져서 관광객의 비중
이 더 높아지기도 했지만 그만큼 볼거리와 먹거리가 가득
한 인기 명소이다.

하몬 가게에서는 원하는 하몬이 있다면 얇게 썰어 맛보게
도 해주고, 100g 미만의 소량도 판매한다. 그 외에도 치
즈, 샤프란 등 각종 향신료와 절인 올리브, 말린 과일, 견
과류 등 구경하는 재미가 쏠쏠하다.

SHOP INFO.
Map P.431-C
Add. Placita Boqueria 1, 08002, Barcelona
Tel 93 318 2017
Access Liceu역에서 도보 2분
Open 월~토 08:00~20:00(17:00 이후에 문을 닫는 곳이 많음), 일요일 휴무
URL www.boqueria.info

20세기 초에 문을 열어 5대 째 이어오고 있는 바르셀로나 최고의 타파스 바르.

키메트 키메트 Quimet Quimet

작지만 알찬 인기 절정의 타파스 바르

의자도 없는 조그마한 타파스 바르이지만 현지인과 관광객에게 모두 인기가 많아서 들어갈 공간이 없을 정도로 북적인다. 유리 쇼케이스 안에는 그날의 신선한 재료들이 가지런히 놓여 있다. 주문을 하면 그 자리에서 뚝딱 만들어주는 주인 아저씨는 부드러운 인상 그대로 처음 온 사람에게도 친절하게 대해주고 메뉴도 추천해준다. 빵 위에 해산물과 소스를 올린 몬타디토스Montaditos가 인기인데, 그중에서도 가장 인기 있는 메뉴는 빵 위에 홍합, 토마토 졸임, 캐비어를 얹어낸 것Mejillones con Confit de Tomate y Caviar이다. 그 외에 연어Salmon, 안초비Anchoa, 염장대구Bacalao 몬타디토스도 맛있다. 4가지 모듬치즈Four quesos, 맛조개Navajas 같은 타파스들도 맛있다. 음식 맛으로는 고급 타파스 바르가 부럽지 않다. 다만 근처가 조금 위험한 지역이므로 저녁에 간다면 여럿이 함께 가는 편이 좋겠다.

SHOP INFO.
Map P.432-E
Add. Poeta Cabanyes 25, 08004, Barcelona
Tel 93 442 3142
Access Paral.lel역에서 도보 4분
Open 월~금 12:00~16:00, 19:00~22:30, 토 12:00~16:00, 일요일 · 8월 휴무
Price 타파스 €3~10, 1인당 평균 €15 이상

세르베세리아 카탈라나
Cerveceria Catalana

시원한 맥주와 함께 즐기는 맛있는 타파스

'카탈라나 맥줏집'이라는 뜻의 가게 이름처럼 시원한 맥주와 함께 수십 여 가지의 타파스를 즐길 수 있는 곳이다. 안쪽 테이블석에 앉아서 편히 먹을 수도 있지만 카운터석에 앉아 이것저것 손가락으로 가리키며 주문해서 먹는 것도 재미있다. 메뉴판에 없는 음식이라도 쇼케이스 안에 있는 문어, 새우, 버섯, 아스파라거스, 감자 등의 재료를 가리키면 즉석에서 튀기고, 굽고, 볶아준다. 판 콘 토마테Pan con Tomate (토마토와 올리브 오일을 바른 빵)와 파타타스 브라바스Patatas Bravas (매콤한 소스를 곁들인 감자튀김)는 기본 메뉴로 어느 타파스와도 잘 어울린다. 한창 식사시간일 때에는 30분 정도 기다리는 건 예사이므로 조금 일찍 서둘러서 가는 편이 좋다.

1 워낙 인기 있는 곳이라 하루종일 손님으로 북적거린다. **2** 쇼케이스 안에 신선한 재료들이 가득하다.

SHOP INFO.
Map P.431-A
Add. Mallorca 236, 08013, Barcelona **Tel** 93 216 0368
Access Diagonal역에서 도보 8분 **Open** 08:30~01:30, 연중무휴
Price 파타타스 브라바스 €3.5, 하몬 하부고 €6.9, 타파스 €1.5~15, 1인당 평균 €20

타파스 24 Tapaç 24

유명 셰프의 고급 타파스를 즐길 수 있는 곳

세계적으로 유명한 스페인의 최고급 레스토랑 엘 불리El Bulli의 수석 셰프 출신 카를레스 아베얀Carles Abellan이 운영하는 타파스 바르. 코메르스 24(☞p.337)라는 미슐랭 1스타 레스토랑의 세컨드 레스토랑으로, 고급 재료를 듬뿍 사용한 타파스를 합리적인 가격에 즐길 수 있다. 얇은 빵 사이에 푸아그라와 고기 간 것을 넣은 맥 푸아그라 버거Mac Foie Gras Burger, 검은 송로, 모차렐라, 하몬 이베리코 등이 들어간 비키니 코메르스 24Bikini Comerç 24 (비키니는 빵 사이에 치즈나 햄을 넣어 대각선으로 자른 샌드위치)처럼 이곳만의 유쾌한 메뉴들을 만날 수 있다. 메뉴의 종류가 많지는 않지만 대부분 꾸준한 인기를 모았던 메뉴로 구성되어 있어 실패할 확률이 거의 없다. 가격대는 타파스 바르치고는 꽤 높은 편이다.

1 와인도 다양하게 갖추고 있다. **2** 입구에서 계단을 따라 내려가는 반지하에 위치하고 있다. **3** 인기 메뉴인 비키니 코메르스 24

SHOP INFO.
Map P.431-B
Add. Diputació 269, 08007, Barcelona **Tel** 93 488 0977
Access Passeig de Gràcia 역에서 도보 2분 **Open** 월~토 08:00~24:00, 일요일 휴무
Price 비키니 코메르스 24 €8 1인당 평균 €25 이상
URL www.projectes24.com

Cal PEP
HORARI - SCHEDULES:
DILLUNS:
19:30 - 23:30
MONDAY:
19:30 - 23:30
DE DIMARTS A DIVENDRES:
13:00 - 15:45
19:30 - 23:30
FROM TUESDAY TO FRIDAY:
13:00 - 15:45
19:30 - 23:30
DISSABTES:
13:15 - 15:45
SATURDAY:
13:15 - 15:45
Tancat: Setmana Santa, dilluns al migdia, dissabtes al vespre, festius i Vacances d'agost
Cerrado: Semana Santa, lunes al mediodía, sábados por la noche, festivos y Vacaciones de agosto
Closed: Easter Week, monday lunch, saturday night, festive days and Holidays of August.

칼 페프 Cal Pep

즉석에서 튀겨내고 볶아내는 생생한 타파스의 향연

길다란 카운터석 앞에 새하얀 조리사복을 입은 요리사들이 정신 없이 썰고, 볶고, 튀겨내는 활기 넘치는 곳이다. 항상 주방을 지키고 있는 오너 셰프는 복잡한 과정으로 오랜 시간을 들여 만드는 음식보다는 단시간 내에 조리하여 재료 자체의 신선함을 살리는 방식을 추구한다. 이곳은 대부분의 좌석이 바르Bar 스타일로 막 조리된 음식이 순식간에 눈앞에 놓여진다. 주문 받는 것에도 민첩성(?)을 발휘한다. 주문에 익숙지 않은 관광객들이 들어오면 해산물을 원하는지 육류를 원하는지 물어본 다음 그날의 재료를 이용해 알아서 요리해 낸다. 해산물을 선택하면 작은 새우, 생선, 오징어가 바삭하게 튀겨져 나오는 등 센 불에서 빨리 조리하는 요리가 대부분이다. 그럼에도 불구하고 맛은 기가 막히니 인기가 많을 수밖에 없다. 특히 저녁이면 영업이 시작되기도 전에 레스토랑 앞에 길게 줄이 이어지는데 다들 행복한 기다림처럼 보인다.

SHOP INFO.
Map P.431-D
Add. Plaça des les Olles 8, 08003, Barcelona
Tel 93 310 7961
Access Jaume I역이나 Barceloneta역에서 도보 5분
Open 월 19:30~23:30, 화~금 13:00~15:45, 19:30~23:30, 토 13:15~15:45, 일요일·8월 휴무
Price 타파스 €6~14, 1인당 평균 €25 이상
URL www.calpep.com

SHOP INFO.
Map P.431-C
Add. Mercat Sant Josep, PARADA 606, 08002, Barcelona **Tel** 93 301 9810
Access Liceu역에서 도보 2분
Open 화~목 07:00~16:00, 금~토 07:00~17:00, 일요일·월요일 휴무 **Price** 타파스 €2~20, 1인당 평균 €20 이상

엘 큄 드 라 보케리아 El Quim de la Boqueria

보케리아 시장의 터줏대감 같은 타파스 바르

보케리아 시장(☞p.321)에서 20년 이상 자리를 지켜온 내공의 맛집이다. 가장 인기 있는 메뉴는 우에보스 프리토스 콘 치피로네스Huevos Fritos con Chipirones(반숙한 달걀에 꼴뚜기를 숙숙 섞어 먹는 것). 짭조롬한 꼴뚜기의 감칠맛에 계란 노른자의 고소함이 어우러지면서 그 둘은 환상적인 조화를 이루어 낸다. 거기에 카바Cava 한 잔을 곁들이면 행복지수가 마구 올라가는 것을 느끼게 될 것이다. 맛조개나 왕새우 구이처럼 그날그날의 신선한 해산물을 구운 음식들도 모두 맛있다.

아침에 가면 먹을 수 있는 보카디요Bocadillo(작은 바게트 안에 재료가 들어가 있는 스페인식 샌드위치)나 토르티야Tortilla(두툼한 계란 오믈렛)도 행복하고 든든한 아침을 보장해 준다.

라 봄베타 La Bombeta

맛있는 음식과 편안한 분위기를 원한다면

붉은색 외벽과 흰색 간판이 눈에 확 들어오는 이곳은 바르셀로네타 지구의 복잡한 뒷골목 안쪽에 위치해 있다. 입구 쪽 벽면에 커다란 창문을 내어 밖에서도 안을 훤히 들여다 볼 수 있게 한 점이 독특하다. 안에는 둥근 조명등 외에는 별다른 장식도 없는 밋밋한 분위기이지만 그런 소박함과 편안함이 오히려 더 인기를 얻고 있는 듯하다.

으깬 감자볼에 매콤한 브라바 소스를 얹은 봄바Bomba, 돼지고기 꼬치 요리Pincho Moruno, 오징어 튀김Rabas은 이 집의 인기 메뉴로 꼭 먹어 보기를 권한다 그 외에도 새우 구이나 꼴뚜기, 조개 같은 신선한 해산물 요리도 맛이 뛰어나다

아쉬운 점은 메뉴가 모두 스페인어로만 되어 있고 영어로 의사소통이 어렵다는 점이지만, 현지인들이 그렇게 많은 걸 보면 이 집의 음식 수준이 예사롭지 않음을 증명해 준다.

SHOP INFO.
Map P.432-B
Add. C/Maquinista 3, 08003, Barcelona
Tel 93 319 9445
Access Barceloneta역에서 도보 4분
Open 12:00~23:00 수요일 휴무
Price 타파스 €1.5~12, 1인당 평균 €12 이상

바르 센트랄 Bar Central

신선한 해물 철판 구이가 일품

보케리아 시장 안에 위치한 철판 구이 전문점이다. 메뉴판은 따로 없고 칠판에 각종 해산물의 이름이 빼곡하게 적혀 있는데, 그것을 보고 선택하기 보다는 쇼케이스에 진열된 싱싱한 재료들을 직접 보고 고르거나 종업원의 추천을 받는 것이 낫다. 먹물밥Arroz Negro이나 야채 철판 요리도 있지만 이 집의 인기 메뉴인 해물 철판 구이가 단연 으뜸이다. 모듬 철판 구이를 주문하면 올리브 오일을 두른 철판에 맛조개, 새우 등 그날 들어온 싱싱한 해산물을 구워준 다음, 파슬리 가루가 들어간 올리브 오일을 그 위에 뿌려준다. 그리고 뿌려 먹을 레몬과 약간의 바게트 빵을 가져다 준다. 별다른 양념이 들어가지 않는데도 재료가 워낙 좋고, 철판 요리의 노하우가 있는 집이기에 순식간에 한 접시를 쓱싹 비우게 된다. 가격은 시장 안에 있는 집치고는 약간 비싼 편이지만 그만한 값어치를 충분히 하는 곳이다.

SHOP INFO.
Map P.431-C
Add. La Rambla 85-89, 08002, Barcelona(보케리아 시장 내)
Tel 93 301 1098
Access Liceu역에서 도보 2분
Open 월~토 06:30~16:00, 일요일 휴무
Price 모듬 해물 철판 구이 €23

주인 아저씨의 한결 같은 미소와 친절은 이 집이 전 세계 사람들의 사랑을 받게 된 이유 중 하나이다.

피노초 바르 Pinotxo Bar

보케리아 시장의 오랜 명물

보케리아 시장 입구쪽에 위치해 있으며 70년의 세월을 이어온 명물 타파스 바르이다. 아침부터 카페 콘 레체Café con Leche (카페 라테)와 토르티야Tortilla (두툼한 오믈렛) 등으로 하루를 시작하려는 사람들로 붐비기 시작해서 하루 종일 활기를 잃지 않는다. 메뉴는 그날의 재료에 따라 조금씩 바뀌는데 병아리콩에 보티파라 소시지를 곁들인 요리Garbanzos con Botifarra와 꼴뚜기와 콩 요리 Judias blancas con chipirones는 언제나 인기 있다. 종업원들이 매우 친절하여 정신 없이 바쁜 와중에도 잘 설명해 주고 적절한 메뉴를 추천해 주기 때문에 주문에 어려움은 없다. 시장 안에 있는 식당이어서 싸다고 생각할 수 있지만, 보케리아 시장의 다른 맛집들처럼 가격대는 상당히 높은 편이다. 한 사람에 €25 정도는 예상해야 한다.

SHOP INFO.
Map P.431-C
Add. La Rambla 91, 08002, Barcelona
Tel 93 317 1731
Access Liceu역에서 도보 2분
Open 월~토 06:30~17:00, 일요일 휴무
Price 타파스 €2~25, 1인당 평균 €25 이상

1 꼴뚜기와 콩으로 요리한 이곳의 대표 인기 메뉴 **2** 아침식사로도 제격인 병아리콩 요리 **3** 야채가 씹히는 두툼한 토르티야

라 코바 푸마다 La Cova Fumada

바르셀로네타 최고의 실비집

바다를 끼고 있는 바르셀로네타는 관광지로 널리 알려져
있어, 레스토랑의 가격대가 높은 편이다. 그러나 그 뒷골
목 안으로 들어가면(밤에는 상당히 위험하니 주의해야 한
다) 현지인들도 즐겨 찾는 타파스 바르들을 조금씩 발견
할 수 있는데, 이곳 역시 그 중 하나이다. 간판조차 걸려
있지 않아 주소만 보고 찾아가야 하는데 점심시간이면 단
골들이 자리를 꽉 메워 자리 잡기도 쉽지 않다. 가장 인기
있는 메뉴는 감자를 넣은 크로켓에 매콤한 브라바 소스
를 얹은 봄바Bomba인데, 한 개씩 주문을 받으니 꼭 먹어
보자. 그 외에도 정어리Sardinas와 문어Pulpo 요리, 부티
파라Butifarra와 초리조Chorizo 같은 소시지를 비롯해 각
구운 아티초크Carxofes와 새우Gambes등 어떤 음식을 시
켜도 우리 입맛에 잘 맞고 가격도 저렴하여 강력 추천하는
곳이다. 바로 이런 곳을 숨은 보석 같은 맛집이라고 할 것
이다.

SHOP INFO.
Map P.432-B
Add. C/Baluard 56, 08003,
Barcelona **Tel** 93 221 4061
Access Barceloneta역에서
도보 7분 **Open** 월~수 09:00~
15:00, 목~금 09:00~13:00,
토요일·일요일·8월 휴무
Price 봄바 €1.5, 보티파라 €3.5,
구운 아티초크 €3, 구운 새우
€10.5

엘 삼파녜 El Xampanyet

앤초비가 유명한 소박한 매력의 선술집

1929년에 문을 열어 지금까지 현지인과 관광객들에게 두루 사랑을 받고 있는 선술집 분위기의 타파스 바르. 가족이 함께 운영하는 편안한 분위기로, 오래된 액자와 나무 선반, 반들반들한 대리석 테이블 등은 이곳의 세월을 말해준다. 자리를 잡으면 이 집만의 특선 하우스 카바Cava를 따라주는데, 뛰어난 품질이라고 볼 수는 없지만 이곳의 맛깔스런 타파스와 함께 즐기기에 가격 대비 만족스럽다. 맛조개, 훈제연어, 앤초비 등 해산물 타파스는 우리 입맛에도 잘 맞는 편이다. 특히 칸타브리안 바다에서 직송한 이곳의 앤초비는 꼭 먹어보자. 토르티야Tortilla(두툼한 오믈렛), 만체고 치즈Queso Manchego, 초리조 Chorizo, 하몬Jamon, 파타타 브라바Patatas Bravas(매콤한 소스와 감자튀김) 등도 수준급이다. 웬만한 타파스에는 판 콘 토마테가 서비스로 제공된다. 피카소 박물관을 갔다 들르기에 좋다.

SHOP INFO.
Map P.431-D
Add. Carrer de Montcada, 22
Tel 34 933 197 003
Access Jaume I역에서 도보 5분
Open 화~토 12:00~16:00, 19:30~23:30, 일 12:00~15:30 월요일, 8월 휴무
Price 타파스 €2~7

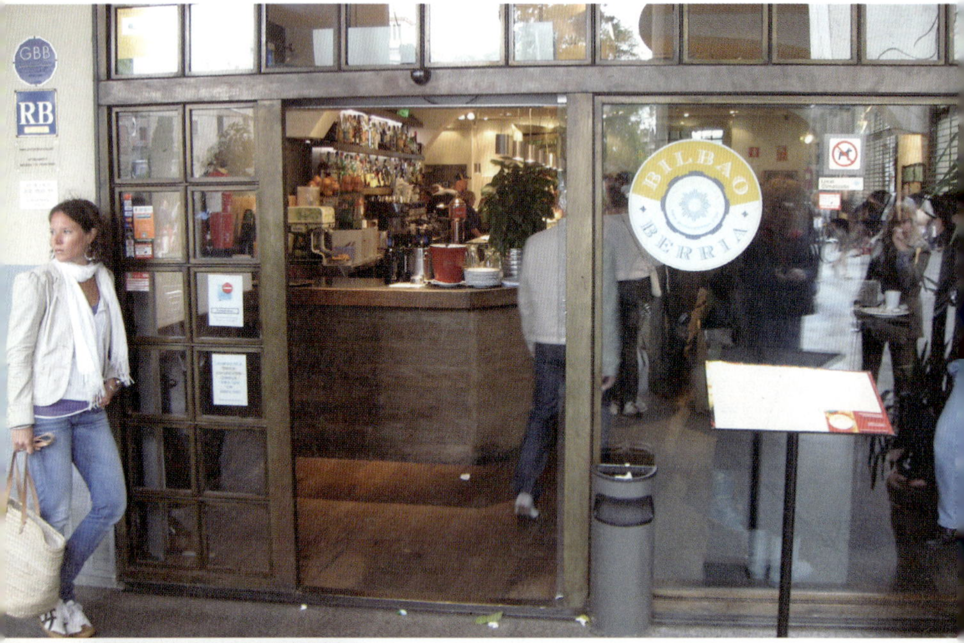

SHOP INFO.
Map P.431-D
Add. Plaça Nova, 3
Tel 93 317 01 24
Access Jaumne I역에서 도보 5분
Open 매일 9:00~24:00
Price 핀초 1개당 €1.6, 샹그릴라 한잔 €2
URL www.bilbaoberria.com

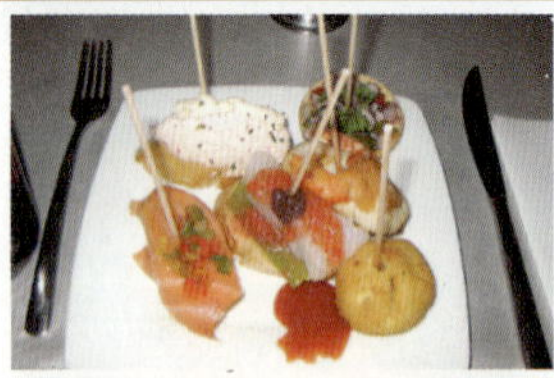

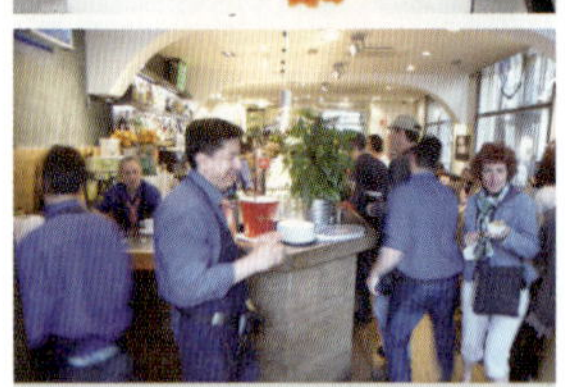

빌바오 베리아 Bilbao Berria

원하는 대로 골라 집는 바스크식 핀초

이쑤시게를 뜻하는 '핀초'는 스페인 북부 바스크 지방에서 즐겨먹는 한입거리 음식들을 일컫는다. 이곳은 바르셀로나에서 맛있는 핀초를 즐길 수 있는 곳 중 하나로 인기를 끌고 있다. 핀초의 종류는 수십 가지가 넘어서 고르기 어려울 정도이지만, 눈으로 보고 직접 집어오는 시스템이기에 처음 가도 주문에 어려움이 없다. 빵에 재료들이 올라간 몬타디토Montadito류가 주류를 이루는데, 새끼 뱀장어인 안굴라Angula가 올라간 몬타디토가 별미이고, 참치, 연어, 맛조개 등 해산물이 올라간 것을 비롯해 웬만한 핀초들은 우리 입맛에 다 잘 맞는 편이다. 아침부터 밤까지 문을 열지만 느지막한 저녁시간에 가야 좀더 다양한 종류를 맛볼 수 있다. 피크타임에는 20분 이상 기다릴 것을 각오해야 한다. 고딕 지구의 중심부, 아름다운 카테드랄과 가까이 위치해 있다. 지하에서는 좀더 편안하게 즐길 수 있지만 1인당 자리세 €1가 부가된다.

코메르스 24 Comerç 24

동서양이 조화된 창의적인 요리 세계

세계 최고의 레스토랑 엘 불리El Bulli 출신의 카를레스 아베얀Carles Abellán이 야심 차게 내놓는 수준 높은 요리를 즐길 수 있는 곳이다. 그가 운영하는 또 다른 레스토랑인 타파스 24(☞p.325)가 캐주얼한 분위기라면, 이곳은 6가지 이상의 테이스팅 메뉴로 구성된 고급 레스토랑이다. 천천히 익힌 송로버섯 계란 요리, 간장과 생강 소스 참치 타르타르, 푸아그라와 송로버섯이 들어간 버거, 안초비 피자 등 아시아와 이탈리안, 프렌치, 심지어 미국의 영향까지 받은 그만의 독특한 요리를 선보인다. 최소 6가지 이상으로 구성된 테이스팅 메뉴는 해초, 송로, 동물 내장에서 생선 등 다양한 식재료들이 총동원되므로 가리는 음식이 있다면 미리 메뉴를 확인해 보고 주문하는 것이 좋다. 셰프의 명성이 뛰어난 곳인 만큼 인기가 많아서 최소 1주일 전에는 예약을 해야 한다.

SHOP INFO.
Map P.431-D
Add. Carrer del Comerç 24, 08003, Barcelona
Tel 93 319 2102
Access Jaume I역 또는 Arc de Triomf역에서 도보 7분
Open 화~토 13:30~15:30, 20:30~23:00, 일요일 · 월요일 휴무
Price 테이스팅 메뉴 €72, €92 (7% VAT 별도)
URL www.comerc24.com

라 마르 살라다 La Mar Salada

우리 입맛에도 딱 맞는 해산물 레스토랑

바르셀로네타 해안가에서는 파에야와 쌀 요리, 해물 요리를 취급하는 해산물 레스토랑이 많은데 가끔 관광객의 주머니만 노리는 곳도 있어 주의가 필요하다. 이곳은 가격대는 약간 높지만, 좋은 분위기에서 맛있는 쌀 요리와 해산물을 즐길 수 있다. 하몬 크로켓, 봄바(으깬 감자 튀김 볼) 같은 메뉴도 있지만, 그보다는 해산물류를 추천한다. 메뉴는 계속 바뀌지만 문어Pulpo, 맛조개Navajas, 새우 Langostinos 등의 해산물이 들어간 요리들은 대부분 맛있다. 단, 홍합찜Mejillones al Vapor은 다소 평범한 편. 쌀 요리는 최소 2인분 이상만 주문 가능하며 재료에 따라 가격 차이가 있지만 그중 저렴한 편인 해산물 쌀 요리Arroz a la marinera(1인분 €16)는 우리 입맛에 잘 맞고 맛있다. 두 명이라면 전식 1~2개에 쌀 요리Arroces 2인분 정도 주문하면 무난하다. 평일 점심 런치메뉴는 3코스 가격이 €15, 특히 가격 대비 높은 만족을 준다.

SHOP INFO.
Map P.432-B
Add. Passeig Joan de Borbó, 58-59 **Tel** 932 212 127
Access Barceloneta역에서 도보 10분 **Open** 월~금 12:30~16:30, 20:00~23:30, 토·일·공휴일 12:30~23:30 화요일 휴무 **Price** 쌀 요리 1인 €16~25, 메인 요리 €15~25, 애피타이저 €7~12, 평일 점심 3코스 €15 (7% VAT 별도)
URL www.lamarsalada.cat

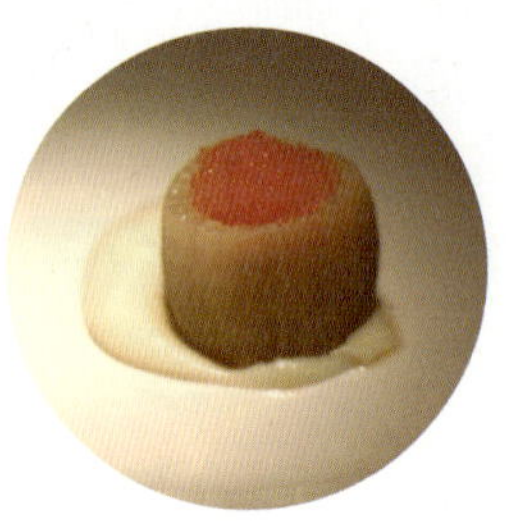

알키미아 Alkimia

맛의 연금술사가 펼쳐내는 새로운 카탈루냐 요리

오너 셰프인 조르디 빌라Jordi Vilà는 카탈루냐의 전통 요리를 재해석한 요리부터 지중해식 요리까지 두루 선보이는 실력파 셰프이다. 판 콘 토마테를 액체 스타일로 만든 것처럼 기존의 요리나 재료를 새로운 스타일로 변화시키기 때문에 그의 요리는 언제나 참신한 모습을 기대하게 된다. 특히 타파스 형식으로 조금씩 나오는 테이스팅 메뉴는 높은 완성도를 보여준다. 제철에 나는 신선한 재료를 사용해 육류, 생선, 채소 등의 요리가 번갈아 나오며 만족감을 준다. 깔끔하게 꾸며진 아늑한 공간에서 수준 높은 요리를 합리적인 가격에 즐길 수 있다는 점이 가장 큰 매력이자 인기 비결이다. 또한 최근 몇 년 동안 미슐랭 별 하나를 꾸준히 유지하고 있는 미슐랭 스타 레스토랑으로서 단골들도 꽤 많이 확보하고 있다.

레스토랑은 50석 정도의 아담한 규모로 깔끔하고 세련된 인테리어를 자랑하며, 격식을 갖추면서도 부담스럽지 않은 서비스를 받을 수 있다.

SHOP INFO.
Map P.432-A
Add. C/ Indústria 79, 08025, Barcelona **Tel** 93 207 6115
Access Sagrada Família역에서 도보 8분 **Open** 월~금 13:30~15:30, 21:00~23:00, 토요일·일요일 휴무 **Price** 테이스팅 메뉴 €65, €84(7% VAT 별도)
URL www.alkimia.cat

싱크 센티츠 Cinc Sentits

별 다섯 개를 주고픈 가격 대비 최고의 만족

어릴 때부터 먹었던 카탈루냐의 전통 요리에 뿌리를 두고 전 세계를 돌아다니며 쌓은 미식 경험을 살려 마침내 자신만의 스타일을 완성해낸 조르디 아르탈Jordi Artal이 2004년에 문을 열어 단기간에 언론의 주목을 받게 된 곳이다. '5개의 감각'이라는 뜻의 레스토랑 이름처럼 잘 짜여진 코스 메뉴를 먹고 있으면 오감이 즐거워진다. 6가지 또는 8가지로 구성된 테이스팅 메뉴를 추천하며, 코스의 단계마다 어울리는 와인을 제공하는 와인 페어링 메뉴가 훌륭하다. 친절하고 실력 있는 여성 소믈리에는 셰프의 친여동생이기도 하다. 카탈루냐 전통 음식을 창의적으로 발전시킨 현대 스페인 요리를 경험할 수 있다. 미니멀한 세팅과 스타일리시한 인테리어 또한 눈길을 끈다. 생선과 해산물은 매일 직송해 오고, 새끼 돼지 등은 세고비아의 전속 농장에서 일주일에 두 번 배송해 오는 등 재료를 위한 투자를 아끼지 않는다. 적절한 가격에 최고의 만족을 얻을 수 있는 레스토랑으로 강력 추천한다.

SHOP INFO.
Map P.431-A
Add. Aribau 58, 08011, Barcelona **Tel** 93 323 9490
Access Universitat역에서 도보 9분 **Open** 화~토 13:30~15:30, 20:30~22:30, 일요일·월요일 휴무 **Price** 테이스팅 메뉴 €49, €69(7% VAT 별도)
URL www.cincsentits.com

SHOP INFO.
Map P.431-D
Add. Passeig d'Isabel II 14, 08003, Barcelona
Tel 93 319 3033
Access Barceloneta역에서 도보 3분 **Open** 13:00~다음날 01:00 **Price** 파에야 €17~20(7% VAT 별도)
URL www.7portes.com

시에테 포르테스 7 Portes

오랜 전통의 파에야 레스토랑

파에야는 우리에게 가장 잘 알려진 스페인 음식이지만 의외로 잘 하는 곳을 찾기는 어렵다. 이곳은 '관광객이 많이 찾는', '다소 비싼' 등의 비판도 있지만 바르셀로나에서 그나마 괜찮은 파에야를 먹고 싶다면 들려볼 만한 곳이다. 1836년에 개업한 오랜 역사를 지닌 곳으로, 가장 인기 있는 메뉴는 파에야 파레야다Paella Parellada. 양이 꽤 많아서 2개를 주문하여 세 명이 나누어 먹어도 충분하다. 먹물 쌀 요리Arroz Negro, 야채 파에야Paella de Verduras도 인기다. 그 외에 생선이나 육류 요리는 별로 권하지 않는다. 바르셀로나에서 바다를 보기 위해 한번은 들르게 되는 바르셀로네타역에서 내려 사거리 모퉁이에 위치해 있기 때문에 찾아가기는 쉬운 편이다. 인기가 많은 곳이므로 가기 전에 예약은 필수다. 쉬는 시간 없이 계속 운영하므로, 예약을 하지 않았다면 식사시간을 피해서 방문하는 방법을 권한다.

이솝 **Hisop**

기대 이상의 만족을 느낄 수 있는 곳

바르셀로나의 유명 레스토랑 네이첼Neichel 출신의 셰프 오리올 이베른Oriol Ivern과 구이엔 플라Guillen Pla가 좀 더 다양하고 창의적인 요리를 시도하기 위해 의기투합하여 2001년에 문을 연 곳이다. 질 좋은 새우, 오징어, 콩, 계란, 쇠고기 등 다양한 식재료를 이용하여 재료 자체가 가진 맛을 최대한 살리는 요리도 선보이고, 이질적인 재료와 조합하여 색다른 맛을 즐길 수 있는 창의적인 요리도 선보인다. 콩, 하몬 이베리코, 새조개에 민트 오일을 조화시키는 등 새로움을 추구하는 그들의 시도는 멈추지 않는다. 단품으로 주문하는 것보다 테이스팅 메뉴로 주문하는 편이 좋은데, 주문한 요리보다 더 많은 요리가 나올 때가 종종 있기 때문에 풍족하게 즐길 수 있다. 2011년 처음으로 미슐랭 별 하나를 획득하기도 했다.

1 미슐랭 별을 획득한 것이 최근이어서, 아직까지는 가격이 합리적인 편이다.
2 '맛있는 실험'을 멈추지 않는다.

SHOP INFO.
Map P.430-C
Add. PJ Marimon 9, 08021, Barcelona **Tel** 93 241 3233
Access Hospital Clínic역에서 도보 12분 **Open** 월~금 13:30~15:30, 20:30~23:00, 토 20:30~23:00, 토요일 점심 · 일요일 휴무
Price 테이스팅 메뉴 €49, €59 (7% VAT 별도)
URL www.hisop.com

SHOP INFO.
Map P.430-D
Add. C/ Mallorca 259, 08008,
Barcelona **Tel** 93 445 3242
Access Diagonal역에서 도보
2분 **Open** 화~토 13:30~15:30,
20:30~23:00, 일요일 · 월요일
휴무 **Price** 점심(5코스) €70,
저녁(10코스) €115
URL www.restaurantlasarte.com

라사르테 Lasarte

스페인 요리 거장의 자존심

스페인의 미식계를 주도하는 가장 영향력 있는 셰프 중 한 명인 마틴 베라사테구이Martin Berasategui. 스페인 북서부 산세바스티안 근처 라사르테라는 작은 도시에 그의 레스토랑이 있다. 이곳은 그가 바르셀로나에서 그의 이름을 걸고 시작하는 최초의 레스토랑으로, 마틴 베라사테구이의 클래식한 요리들의 위트 있는 변형을 볼 수 있다.

입안에 넣고 씹으면 오징어 콘소메가 터지는 오징어 라비올리, 한 폭의 그림 같은 샐러드, 마틴 베라사테구이의 대표 메뉴들과 상당히 유사한 모습을 보여준다. 마틴 베라사테구이가 상주하는 것이 아니라 이곳을 담당하는 셰프가 따로 있는데, 안정적인 성장세를 유지하며 미슐랭 별 두 개를 받은 레스토랑이다. 단아하게 꾸민 내부 공간도 요리와 일체가 된 듯 잘 어울린다. 저녁의 10코스 테이스팅 메뉴가 €115 수준으로, 세계 어느 곳과 비교해도 가격 대비 높은 만족을 주는 곳으로 추천할 만하다.

엘 세예르 데 칸 로카
El Celler de Can Roca

삼형제가 선보이는 새로운 미각 세계

식당을 경영하던 부모 아래서 자란 삼형제가 이끌어나가
는 곳으로, 맏형인 조안 로카Joan Roca가 수석 셰프이고,
둘째인 조셉 로카Josep Roca가 서비스와 와인을 책임지
며, 셋째인 조르디 로카Jordi Roca가 디저트를 맡고 있다.
익숙한 식재료에 독특한 방식으로 접근하고, 기존의 요리
를 새로운 방식으로 선보이는 등 그들의 창의적인 시도는
멈추지 않는다. 와인의 가격대도 적당하고 와인 페어링 메
뉴도 가격 대비 훌륭하다. 나무와 친환경 소재를 사용한
다이닝 룸은 고급스러우면서도 편안한 느낌을 준다. 바르
셀로나에서 1시간 정도 떨어진 지로나Girona라는 곳에 있
기 때문에 식사 시간이 서너 시간을 넘는다는 점을 고려하
면 하루를 몽땅 투자해야 하는 곳이다. 하지만 지로나는
대부분의 저가 항공사가 들르는 공항이 있으므로 이동 전
후를 활용해 방문할 수 있다. 최소 석 달 전에 예약 필수.

SHOP INFO.
Map P.432-D
Add. C/ De Can Sunyer 48,
17007, Girona **Tel** 97 222 2157
Access Girona 시내에서 택시로
10분 **Open** 화~토 13:00~15:30,
20:00~23:00, 일요일·월요일·
8월 중 1주와 크리스마스 휴무
Price 5코스 €125, 9코스 €155
URL www.cellercanroca.com

산트 파우 Sant Pau

아름다운 바닷가 마을에서의 최고의 만찬

바르셀로나에서 기차로 1시간 거리에 있는 해안가 마을에 위치한 레스토랑이다. 아름다운 이 시골 마을은 카르메 루스카예다Carme Ruscalleda라는 여성 셰프가 선보이는 환상적인 요리로 더욱 유명하다. 우유를 짜고 와인을 만들던 소박한 농가에서 나고 자란 그녀는 독학으로 요리를 배워 작은 식당을 운영했고 그 맛을 인정받으면서 점점 확장시켜 나가 미슐랭 별 3개의 레스토랑으로 발전시킨 입지전적인 인물이다. 그녀의 요리는 고향인 카탈루냐 지방의 음식을 기본으로 하면서 신선한 야채와 해산물 같은 식재료의 장점을 최대한 살려 섬세한 감각으로 재창조해 낸다. 바르셀로나 시내에서 좀 떨어져 있기는 하지만, 기차가 거의 해안을 따라 달리므로 특별한 경험이 된다. 테이블 수가 적은 아담한 규모의 레스토랑이므로 한 달 전 예약은 기본이다. 기차역에 내려 왼편으로 계속 걸으면 되는데 주민에게 'Sant Pau'를 물으면 마을 언덕 위 성당을 가르쳐 줄 수도 있으므로 주의한다.

SHOP INFO.
Map P.432-C
Add. C/ Nou 7, 08395, Sant Pol de Mar **Tel** 93 760 0662
Access 카탈루냐 광장역이나 산츠역에서 1호선을 타고 1시간쯤 가서 Sant Pol de Mar역에서 내려 도보 2분 **Open** 화~토 13:30~15:30, 21:00~23:00, 일요일 · 월요일 · 목요일 점심 휴무
Price 테이스팅 메뉴 €146
URL www.ruscalleda.cat

ASH
Chiltern St
P
39
London

● 런더너가 추천하는 £10 미만의 저렴한 맛집
Fernandez & Wells, The Hummingbird Bakery, Books for Cooks, Tayyabs, Ottolenghi, Gourmet Burger Kitchen, Princi, Milk & Honey, Beigel Bake, Ben's Cookies, Hummus Bros, Borough Market, Wahaca , The Golden Hind, Milk Bar, Monmouth Coffee House

● 에일 맥주의 매력을 맛보자
Jerusalem Tavern, Ye Olde Mitre, The Anchor & Hope, The Wenlock Arms

● 영국 정통 애프터눈 티 즐기기
The Ritz London, Orangery, The Wolseley, Brown's Hotel, Claridge's Hotel, Lanesborough Hotel, The Chesterfield Mayfair

● 영국 홍차, 어디서 살까?
The Tea House, Harrods, Whittard, Fortnum & Mason

● 미식가들이 추천하는 런던 중고급 레스토랑
Yauatcha, Gordon Ramsay, Barrafina, Maze, Fifteen, The Providores and Tapa Room, St. John, Arbutus, The Glasshouse, Dinner by Heston Blumenthal

맛 없는(?) 런던, 맛있게 즐기기

누구든 런던 음식은 맛이 없다고 단정지어 버린다. 어찌 보면 맞는 말이고, 또 어찌 보면 틀린 말이지 싶다.

큰 기대 없이 적당히 맛있는 음식을 먹겠다고 생각하면 런던은 꽤 괜찮은 도시이다. 세계적인 도시로서 미식에 대한 욕구와 자본이 풍부하고, 셰프가 되겠다는 열정을 가진 사람들도 많다. 전통 음식이라 할 만한 것이 별로 없기 때문에 오히려 다른 나라의 요리를 과감히 받아들여 어느 입에나 두루 맞는 요리로 재탄생시킨다. 그래서 런던에서 괜찮다고 소문난 레스토랑에 가면 입에 안 맞아 고생할 일은 없다. 크게 후회할 일은 없다는 것이다. 더군다나 수많은 레스토랑의 경쟁에서 살아남은 곳이기에 만족도도 생각보다 높은 편이다. 세계 곳곳의 음식을 맛있게 즐길 만한 곳들이 잘 찾아보면 분명히 있다.

물론 런던은 세계 최고의 물가를 자랑하는 도시답게 가격대가 높은 것은 사실이다. 하지만 잘 알아보면 방법은 있다. 레스토랑들은 평일 점심시간에 저녁보다 훨씬 저렴한 코스 메뉴를 선보인다. 따라서 몇 끼 정도는 마트에서 간단하게 해결하더라도 한 번쯤은 고급 레스토랑에서 런치 코스를 즐겨보라고 권하고 싶다. £30 정도면 훌륭한 3코스 식사를 할 수 있는 곳도 꽤 있다. 또한 프리 시어터Pre Theatre라고 해서 이른 저녁시간에 런치 메뉴와 비슷한 메뉴를 제공하는 곳도 있다. 그런 기회들을 잘 활용한다면 합리적인 가격대에 만족스러운 파인 다이닝을 경험할 수 있다.

이왕 런던까지 왔으니 한 가지 더 누려보라고 권하고 싶은 것이 바로 애프터눈 티Afternoon Tea이다. 영국은 세계에서 가장 차를 많이 마시는 나라답게 티 문화도 상당히 발달되어 있다. 스콘과 함께 하는 홍차 한 잔도 애프터눈 티이지만, 런던의 전통

티룸에서 즐기는 애프터눈 티는 특별한 추억이 될 것이다. 런던을 벗어나 교외로 나가면 공원이나 정원이 바라보이는 고즈넉한 티룸들이 있다. 가격대도 높지 않고 애프터눈 티의 소소한 낭만을 누리기에 좋은 곳들이다. 하지만 오로지 티 타임을 즐기기 위해 멀리까지 간다는 것은 쉬운 일이 아니다. 그 대신 택할 수 있는 방법이 런던 시내의 호텔에서 즐기는 애프터눈 티이다. 브라운스, 클라리지스, 리츠, 레인즈버로우 같은 대부분의 최고급 호텔에서는 오후 시간에 애프터눈 티 메뉴를 선보이고 있다. 관광객의 호주머니를 노리는 얄팍한 상술로 오해할 수도 있지만, 이런 최고급 호텔에서의 애프터눈 티는 오랜 전통과 역사가 있다. 아가사 크리스티가 브라운스 호텔에 머물면서 이곳의 애프터눈 티를 즐기며 〈버트람 호텔에서〉라는 작품을 썼다는 일화도 널리 알려져 있다. 현지인들도 중요한 날을 기억하고 싶을 때에는 호텔 애프터눈 티를 즐기는 사치를 부려보기도 한다. 가격대는 1인당 £40 정도를 예상해야 하는데, 3단 트레이에 5가지의 샌드위치, 갓 구운 2가지 이상의 스콘과 수제 잼, 클로티드 크림, 그리고 7가지 이상의 패스트리와 케이크가 제공된다. 이 정도면 '애프터눈 티'가 아니라 '애프터눈 밀'이라 해도 부족함이 없다. 게다가 상당수의 호텔에서는 인원 수대로 애프터눈 티를 시켰을 경우 패스트리를 리필 해주기도 한다.

가격 부담 없이 런던에서 가장 무난하게 즐길 수 있는 음식으로는 멕시코, 파키스탄, 인도, 중국, 태국 음식을 들 수 있다. 괜찮은 곳을 골라 간다면 적절한 서비스와 무난한 가격대, 적당히 맛있는 음식을 즐길 수 있다.

참고로, 영국에는 외식 관련 웹사이트들이 잘 발달되어 있다. 대표적인 것이 탑테이블(www.toptable.com)로 일부 레스토랑은 온라인으로 간편하게 예약할 수 있고, 종종 할인도 받을 수 있다. 예를 들어 어떤 곳에서는 50% 할인을 해주거나, 3코스 메뉴를 합리적인 가격대에 제공하는 등의 프로모션을 종종 하므로 잊지 말고 이용해보자. 이렇게 조금만 노력해서 정보를 수집하고 계획을 세운다면 런던은 충분히 맛있는 도시가 될 수 있다.

FERNANDEZ & WELLS
Toasted
Free Range Surrey Ham
With Montgomery Cheddar
And Picalilli
£5.00

FERNANDEZ & WELLS
Toasted Cheese
Montgomery Cheddar with
Red onion and leek
£4.50

FENNEL SALAMI
WITH TAPENADE
+ ROCKET
5.00

FERNANDEZ &

NOIR DE BIGORRE 14.50
JAMON IBERICO DE BELLOTA 18
SALAMI AND CHORIZO 8
MANCHEGO + COM

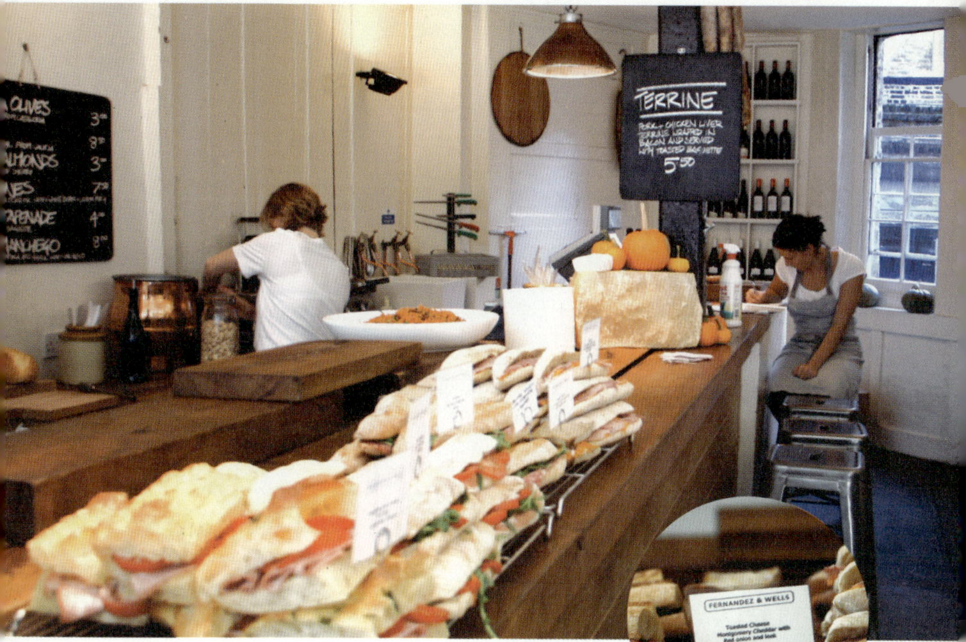

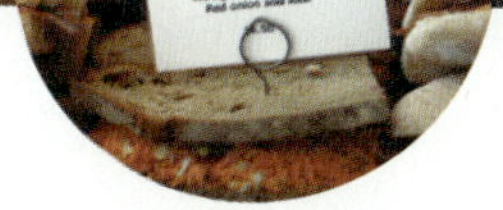

페르난데즈 앤 웰스 Fernandez & Wells

하몬의 풍미가 가득한 맛있는 샌드위치

가게 안에 걸린 검은 발굽의 하몬 이베리코(스페인식 돼지 생햄)가 눈길을 끄는 곳으로, 샌드위치와 커피, 와인, 음료 등을 즐길 수 있다. 특히 이곳의 샌드위치는 쫄깃쫄깃한 치아바타 빵에 하몬(스페인의 생햄)이나 초리조(스페인의 소시지), 로켓(루콜라) 등 2~3가지 재료가 심플하게 들어가 있는데, 담백하면서도 고소한 맛이 난다. 그 중에서도 그릴에 구운 매콤한 초리조와 루콜라, 피망이 들어간 샌드위치는 자꾸만 당기는 감칠맛이 일품이다. 샌드위치와 곁들일 간단한 수프나 스튜류도 있으며, 하몬과 소시지만 따로 주문할 수도 있다.

그리고 이곳은 커피도 괜찮은데 버러 마켓의 명물인 몬마우스 커피 하우스(☞p.373)에서 공수한다고 한다. 소호 거리에 모두 세 개의 매장이 있는데 다른 지점은 커피와 음료가 유명하고, 렉싱턴 거리에 위치한 이곳이 가장 다양한 샌드위치를 갖추고 있다.

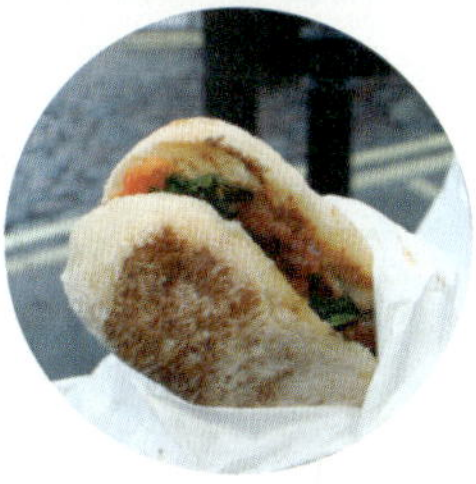

더 허밍버드 베이커리
The Hummingbird Bakery

깜찍한 컵케이크의 유혹

주말에 노팅 힐의 포르토벨로 거리에 가면 이 베이커리에 들어가기 위해 사람들이 길게 줄지어 있는 모습을 볼 수 있다. 쇼윈도에 앙증맞은 컵케이크가 옹기종기 진열되어 있어 보기만 해도 입안에 달콤함이 사르르 퍼지는 듯하다. 핑크색으로 통일감을 준 실내에는 각종 파이와 케이크도 팔지만 가장 인기 있는 메뉴는 뭐니 뭐니 해도 알록달록 귀여운 컵케이크. 티라미수, 초코 퐁당 등 수십 가지의 컵케이크가 있는데 그 중에서도 크림 치즈가 아이싱된 바닐라 맛의 레드 벨벳Red Velvet이라는 컵케이크가 가장 인기있다. 실내에는 좌석도 마련되어 있지만 주말에는 워낙 사람이 많아서 자리잡기가 힘들다. 홈페이지에서 소호 지점을 비롯한 다른 지점에 관한 정보를 얻을 수 있다.

SHOP INFO.
Map P.433-A, 434-A
Add. 133 Portobello Road, Notting Hill, London
Tel 020 7229 6446
Access Ladbroke Grove역에서 도보 7분 **Open** 월~금 10:00~18:00, 토 09:00~18:30, 일 11:00~17:00
Price 컵 케이크 £1.5~
URL www.hummingbirdbakery.com

1 주말에는 15분 이상 줄 설 각오를 해야 한다. **2** 진열대에 가득한 컵케이크
3 가장 인기 있는 레드 벨벳

북스 포 쿡스 Books for Cooks

세상에서 가장 맛있는 서점

노팅 힐에 있는 작은 서점으로 요리와 관련된 책만 취급하고 있으며, 서점 안쪽으로는 자그마한 카페가 마련되어 있어 차와 케이크 등을 즐길 수 있다.

또한 이곳 2층의 아담한 시연용 주방에서는 거의 매일 워크샵이 열리고 있는데, 요리책의 저자나 전문 요리사가 요리에 대해서 설명하는 프로그램이다. 프로그램 내용과 시간, 강사, 참관료는 매일 달라지는데 홈페이지에서 최신 스케줄을 확인할 수 있다. 예약한 사람들만 참가할 수 있고, 어떤 강좌는 조기에 예약이 마감되기도 하니, 원하는 클래스가 있다면 미리 예약을 해야 한다. 서점의 규모는 막상 그리 크지는 않지만, 음식 관련 서점이란 독특한 컨셉과 성공적인 운영으로 세계적인 유명세를 타고 있다. 요리에 관심이 있는 사람이라면 하루 종일이라도 있고 싶은 곳이다. 맞은편에 더 스파이스 숍The Spice Shop이라는 향신료 전문점이 있으므로 함께 들러봐도 좋다.

SHOP INFO.
Map P.433-A
Add. 4 Blenheim Crescent, Notting Hill, London
Tel 020 7221 1992
Access Ladbroke Grove역에서 도보 6분
Open 화~토 10:00~18:00 (테스트 키친 12:00~13:30), 일요일·월요일·8월의 3주 휴무
Price 워크샵 참관비 £40
URL www.booksforcooks.com

테이얍스 **Tayyabs**

런던에서 인기몰이 중인 파키스탄 요리점

파키스탄의 펀자브 지방에서 온 테이얍Tayyab 가족이 1974년에 문을 열어 계속적인 확장을 거듭하다가 지금은 런던의 인기 레스토랑으로 자리매김하였다.

지글지글 불판에서 익어가는 양고기와 닭고기 요리를 비롯한 다양한 요리는 가격 대비 훌륭한 맛이며 우리 입맛에도 잘 맞는다. 특히 양고기 스튜Karahi Gosht, 치킨 티카Chicken Tikka, 시키 케밥Seekh Kebab, 램 찹Lamb Chops 등이 인기 메뉴이며, 갓 구워 나오는 따끈따끈한 난도 놓치지 말고 맛보자. 1인당 £8 정도면 푸짐한 식사를 할 수 있다.

이곳은 런던의 주요 관광지에서 멀리 떨어져 있고, 지하철역에서도 상당히 거리가 있기 때문에, 런던 체류시간이 넉넉한 분들에게 권한다. 식사 시간이 아닐 때에도 줄이 길게 늘어설 만큼 인기가 많으나, 외진 곳에 있으므로 늦은 밤에 가는 것은 권하지 않는다.

SHOP INFO.
Map P.438-A
Add. 83-89 Fieldgate Street, London　**Tel** 020 7247 6400
Access Whitechapel역에서 도보 6분
Open 매일 12:00~23:30
Price 램 찹(4조각) £5.5, 양고기 스튜 £6~, 치킨 티카(5조각) £2.5
URL www.tayyabs.co.uk

SHOP INFO.
Map P.433-A
Add. 63 Ledbury Road,
London
Tel 020 7727 1121
Access Notting Hill Gate역
또는 Ladbroke Grove역에서
도보 7분 Open 월~금
08:00~20:00, 토 08:00~19:00,
일 08:30~18:00
Price 타르트 £4, 테이크아웃
샐러드 £2.4(100g)
URL www.ottolenghi.co.uk

오토렝기 | Ottolenghi

신선하고 건강한 지중해식 요리

이스라엘 출신의 셰프 요탐 오토렝기Yotam Ottolenghi가 자신의 이름을 내걸고 문을 연 테이크아웃 전문 레스토랑으로, 여기서 소개하는 노팅 힐 외에도 켄징턴, 벨그라비아, 이즐링턴의 세 곳에 지점이 더 있다.

'신선한 자연 재료를 사용해 세심한 손맛으로 음식을 창조한다'는 신념을 가지고 있는 그가 선보이는 음식은 지중해식이다. 패스트리 셰프 출신이라 각종 머랭, 케이크, 타르트 등 디저트류도 풍성하고, 지중해식 식재료를 이용한 샐러드와 콩 요리 등이 푸짐하다. 고기나 생선 요리는 샐러드 스타일의 차가운 요리가 대부분이고 가격도 꽤 비싼 편이지만, 구경하는 재미도 쏠쏠하다.

셰프 요탐 오토렝기는 두 권의 책을 썼는데, 그 중 〈플랜티Plenty〉란 책은 베스트셀러가 되기도 했다. 안쪽에 아담한 식사 공간이 마련되어 있지만 대부분 테이크 아웃을 선호한다.

고멧 버거 키친
Gourmet Burger Kitchen

영국 수제 버거의 시초

햄버거라고 하면 값싸게 한 끼 해결하는 패스트 푸드라는 인식이 강하지만, 이곳은 질 좋은 식재료를 사용하여 제대로 만든 명품 버거를 맛볼 수 있는 곳이다. 최근 우리나라에서도 수제 버거가 인기를 끌고 있는데, 이곳은 런던에서 수제 버거의 유행을 몰고 온 원조에 해당하는 집이다.

채소와 특제 소스, 그리고 100% 아이리시 유기농 쇠고기를 사용한 버거는 건강한 맛을 지향하면서도 일정 수준 이상의 맛을 보장한다. 맛집의 흥망성쇠가 끊임없이 반복되는 런던에서 이렇게 꾸준히 유지되고 있다는 점만 봐도 알 수 있다.

특히 이곳의 셰이크는 두 명이 나눠 먹어도 될만큼 충분한 양을 자랑하고 맛도 좋다. 전체적으로 만족스러운 식사가 되기에 충분하다. 런던에만 총 25개의 지점이 있으며 위치는 홈페이지에서 확인할 수 있다.

SHOP INFO.
Map P.434-B
Add. 13-14 Maiden Lane, London **Tel** 020 7240 9617
Access Covent Garden역에서 도보 6분 **Open** 월~토 12:00~23:00, 일 12:00~22:00
Price 클래식 버거 £6.5, 치즈 버거 £7.75
URL www.gbk.co.uk

프린치| Princi

런던에서 즐기는 이탈리아식 피자와 빵

밀라노에 본점을 두고 있는 프린치의 런던 분점으로, 오픈하자마자 소호 거리의 가장 핫한 장소로 떠오를 정도로 많은 화제를 모았다. 모던하면서도 세련된 분위기의 실내는 꽤 넓은 편인데도 언제나 사람들이 많아서 북적거리는 느낌이 든다. 입구를 들어서면 안쪽으로 커다란 화덕이 보이는데, 프로슈토 피자, 마르게리타 피자 같은 4~5종류의 피자와 포카치아를 구워내는 향이 난다. 갓 구워낸 피자는 바삭함과 쫄깃함을 동시에 느낄 수 있는 정통 이탈리아 피자의 맛 그대로이다.

피자 외에도 다양한 종류의 빵과 패스트리가 진열대를 가득 채우고 있으며, 신선한 샐러드와 파스타 등도 갖추고 있어서 함께 곁들이면 든든한 한 끼 식사로 부족함이 없다. 관광객들 사이에서 런던에서는 만나 보기 힘든 꽤 괜찮은 베이커리 & 카페라는 호평을 받고 있다.

밀크 앤 허니| Milk & Honey

칵테일과 함께 하는 비밀스런 클럽으로의 초대

원래는 연회비를 내는 회원만 들어갈 수 있는 멤버십 클럽이지만, 주중에는 미리 예약을 하면 저녁 6시부터 11시까지 이곳의 분위기를 느껴 볼 수 있다.

'칵테일계의 엘불리'라고 불릴 정도로 칵테일이 유명해서 칵테일에 관심이 많다면 꼭 한 번 가볼 만한 곳이다. 술과 함께 즐길 만한 간단한 안주류도 있지만, 가격대가 상당히 높은 편이다. 모든 식재료는 당일 오후에 들여오는 신선한 것만 사용하며 레몬도 손으로 직접 짜는 등 정성스럽게 준비한다. 칵테일 한 잔이 £9 정도이다.

건물 외벽에 아무런 표시도 되어 있지 않기 때문에 정확한 주소를 알고 찾아가야 한다. 도착해서 초인종을 누르고 예약자의 이름을 말하면 들어갈 수 있다. 내부는 의외로 소박하고 편안한 분위기이다. 칵테일 외에 와인이나 맥주, 샴페인 등의 주류도 갖추고 있다. 뉴욕 맨해튼에도 분점이 있다고 한다.

베이글 베이크 **Beigel Bake**

24시간 열려있는 베이글 전문점

겉보기에는 허름해 보이지만 런던 사람들의 사랑을 꾸준히 받고 있는 베이글 가게로 유명하다. 값도 싸고 맛도 좋아서 대부분 한꺼번에 대량으로 사가는 사람들이 많다. 런던에서는 보기 드물게 일년 내내 24시간 영업을 하고 있어 언제 가도 맛있는 베이글을 살 수 있다. 그중에서도 가장 인기 있는 것은 훈제 연어와 크림치즈가 들어간 베이글 Smoked salmon and cream cheese beigel과 두툼한 고기와 머스터드 소스가 어우러진 베이글Hot salt beef bagel로 하나만 먹어도 배가 든든해진다. 그 외에 조각으로 파는 치즈 케이크도 가격 대비 맛이 훌륭하다.

소량으로 구매하는 관광객들에게는 다소 불친절하다는 평도 있다. 큰 기대를 하고 찾아가면 실망할 수도 있고 꽤 찾아가기 힘든 곳에 있기 때문에, 시간이 넉넉한 여행자들에게 추천한다.

SHOP INFO.
Map P.438-C
Add. 159 Brick Ln, London
Tel 020 7729 0616
Access Shoreditch High Street역에서 도보 6분
Open 매일 24시간 운영
Price 훈제 연어&크림치즈 베이글 £1.5, 핫 솔트 비프 베이글 £3.5

벤스 쿠키 **Ben's Cookies**

말랑말랑하고 달콤한 대왕 쿠키

1984년에 문을 열어 옥스포드의 본점을 비롯해 영국 내 총 10개의 매장을 두고 있고 사우디아라비아에도 분점을 낸 인기 절정의 쿠키 전문점이다.

쿠키 하나의 가격이 £1.3로 다소 비싼 편이지만 두 개 정도만 먹어도 배가 든든해질 만큼 크고 알차다. 매일매일 구워 나오는 이곳의 쿠키는 빵처럼 말랑말랑하고 안에는 초콜릿과 견과류가 듬뿍 들어 있다. 한 개씩 팔기도 하고, 여러 개 살 경우 무게 단위로 팔기도 한다. Ben's Box를 주문하면 쿠키 5개 가격에 7개의 쿠키를 주기에 실속이 있다. 쿠키가 꽤 크므로 한 개만 사서 맛을 보아도 좋다. 지점에 따라 아이스크림을 함께 파는 곳도 있는데, 아이스크림과 쿠키를 함께 먹으면 서로의 맛이 잘 어우러진다. 여기서는 코벤트 가든 지점만 소개하며 나머지는 홈페이지에서 확인할 수 있다.

SHOP INFO.
Map P.434-B
Add. 13 The Piazza, London
Tel 020 7240 6123
Access Covent Garden역에서 도보 3분
Open 월~토 10:00~20:00, 일 11:00~19:00
Price 쿠키 1개 £1.3
URL www.benscookies.com

후무스 브로스 Hummus Bros

이국적인 중동 요리의 매력

후무스Hummus는 병아리콩을 으깨어 올리브 오일과 레몬즙, 소금 등으로 간을 한 중동의 대표적인 음식이다. 보통 피타라는 납작한 빵에 싸 먹게 되는데, 이곳은 후무스의 컨셉을 차용해서, 누구나 부담 없이 건강식을 즐길 수 있도록 개발된 곳이다. 피타 빵이 기본으로 제공되고 병아리콩, 잠두콩, 버섯, 치킨 등의 토핑 중 한 가지를 선택해서 곁들여 먹게 된다. 중동 음식 치고는 향도 그리 강하지 않고 몸에도 좋은 것들이어서 많은 사랑을 받고 있다. 음료는 민트&진저 레몬에이드나 알로에 베라 주스, 생과일 주스 등의 건강 음료들을 추천한다. 같은 메뉴라도 저녁에는 점심보다 £1~2 정도 더 비싸므로 이왕이면 점심에 가는 것이 낫다. 런던에 3개의 지점이 있으며 그중 소호에 있는 곳을 소개한다. 나머지는 홈페이지에서 확인할 수 있다.

1 오랜 시간 저온 조리한 병아리콩과 피타 빵 **2** 빨간 글씨의 간판으로 되어있어 한눈에 들어온다. **3** 좋은 재료로 만든 건강한 한끼 식사

SHOP INFO.
Map P.434-A
Add. 88 Wardour Street, London **Tel** 020 7734 1311
Access Piccadilly Circus역 또는 Tottenham Court Road 역에서 도보 6분 **Open** 일~수 12:00~22:00, 목~토 12:00~23:00
Price 평균 £6
URL www.hbros.co.uk

각종 채소와 식료품들은 물론 달콤한 디저트와 빵, 인기 맛집까지 모두 모여 있다.

버러 마켓 Borough Market의 맛집

영국 먹거리의 모든 것

매주 목요일부터 토요일까지 열리는 버러 마켓은 오랜 전통을 지닌 런던 최고의 재래시장으로 다양한 먹거리를 만날 수 있다. 영국에서는 좀처럼 보기 힘든 신선한 생선을 비롯해 제철 채소, 야생 고기, 유명 치즈와 소시지, 베이커리가 총출동한다. 진저피그Ginger Pig(정육점) 같은 영국의 유명 식료품점과 브린디사Brindisa 같은 유명 레스토랑들의 분점도 볼 수 있다. 특히 바로 먹을 수 있는 음식을 파는 곳들이 인기인데, 간단히 서서 먹기에는 샌드위치가 제격이다. 뜨거운 치즈 냄새가 풍겨 나오는 곳을 찾아가 보면 카파카세인Kappacasein이라는 가게가 있다. 이곳에서는 푸알란 빵(☞P.67)에 3가지 치즈를 넣어 즉석에서 샌드위치를 만들어 주는데 고소한 맛이 좋다. 그리고 브린디사의 가판대에서 즉석으로 만들어 주는 초리조와 피망, 로켓 샌드위치 Grilled Chorizo, Rocket, Roasted Piquillo Peppers도 줄 서서 먹을 정도로 인기이다.

Map P.435-D
Add. 8 Southwark Street, London
Tel 020 7407 1002
Access London Bridge역에서 도보 3분
Open 목 11:00~17:00, 금 12:00~18:00, 토 08:00~17:00
URL www.boroughmarket.org.uk

1

● 소호 지점

Add. 82 Wardour Street, London
Tel 020 7734 0195

● 화이트시티 지점

Add. 1074 Westfield Shopping Centre, London
Tel 020 8749 4517

● 카나리 와프 지점

Add. Canary Wharf Photography, 1 Canada
Square, London
Tel 020 7516 9145

와하카 **Wahaca**

누구나 추천하는 최고 인기의 멕시칸 레스토랑

값도 싸고 맛도 있고 건강하기까지 한 음식 천국, 그 무엇을 더 바랄 수 있을까? 멕시코 장터 음식을 표방하는 이곳은 예약을 받지 않아 한창 시간에는 30분 이상 기다려야 하는 인기 절정의 레스토랑이다. 메뉴로는 퀘사디아, 타코, 토스타다Tostada (굽거나 튀긴 토르티야 위에 샐러드 등을 올린 것), 타퀴토Taquito (작은 튀김롤), 부리토 Burito (토르티야에 재료를 넣어 만 것) 등의 멕시칸 음식이며 버섯, 채소, 씨앗류, 견과류, 치즈, 고기, 생선 등이 어우러진 수십 가지의 메뉴가 있다. 여럿이 가서 다양한 종류의 음식을 시켜 조금씩 나눠 먹어도 좋다. 디저트로는 진한 초콜릿에 찍어 먹는 갓 튀겨낸 추로스를 놓칠 수 없다. 이것저것 주문하기 귀찮다면 이곳의 음식들을 고루 모아놓은 2인 세트 메뉴도 좋은 선택이 될 수 있다.

1 토르티야 위에 고기와 샐러드가 올려진 토스타다 **2** 신선한 재료로 가득 채워진 부리토 **3** 아구아 프레스카Agua Fresca(멕시코에서 즐겨 마시는 과일맛 음료)

SHOP INFO.
Map P.434-B
Add. 66 Chandos Place, London **Tel** 020 7240 1883
Access Charing Cross역에서 도보 5분 **Open** 월~토 12:00~ 23:00, 일 12:00~22:30
Price 토스타다 £3.95, 타코스 £3.95, 2인 세트 메뉴 £19.95
URL www.wahaca.co.uk

Map P.437-A
Add. 73 Marylebone Lane, London **Tel** 020 7486 3644
Access Bond Street역에서 도보 6분
Open 월~금 12:00~15:00, 18:00~22:00, 토 18:00~22:00, 일요일 휴무
Price 피시 앤 칩스 £7~

더 골든 하인드 The Golden Hind

팔뚝만한 피시 앤 칩스의 바삭바삭한 매력

영국의 대표 음식인 피시 앤 칩스 전문점으로 런던 사람들이 최고로 꼽는 곳이다. 1914년에 문을 연 이후 100년 가까이 꾸준한 사랑을 받고 있는 이곳의 인기 비결은 저렴한 가격에 양도 푸짐하고 맛도 뛰어나기 때문이다.

가게 안은 이곳의 역사를 말해주는 듯 칠이 벗겨진 나무 테이블들이 다닥다닥 붙어있지만 그런 소박한 분위기가 더욱 매력이다. 메뉴는 10가지에 이르는 생선 튀김과 여기에 곁들여 먹을 칩스, 콩 요리 등이 있다. 가장 많이 먹는 것은 대구Cod(또는 Haddock) 튀김인데 웬만한 여성의 팔뚝만한 크기에다가 굵직굵직한 감자 튀김이 푸짐하게 나와 살짝 겁이 날 정도로 많은 양이지만 천천히 수다를 떨며 먹다 보면 어느새 접시를 비우게 된다. 워낙 유명한 곳이어서 한창 시간에는 대기시간이 긴 편이다.

1 소박하고 친근한 분위기 **2** 대구 튀김과 어울리는 샐러드 **3** 대구 튀김과 감자 튀김이 함께 나와 양이 푸짐하다.

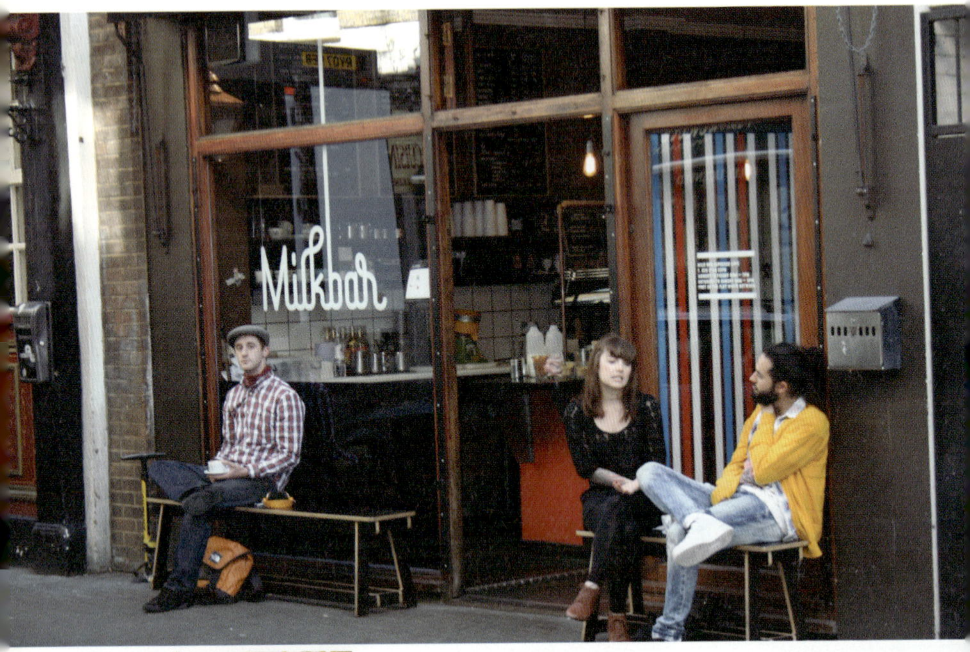

SHOP INFO.

Map P.434-A
Add. 3 Bateman Street, Soho, London **Tel** 020 7287 4796
Access Tottenham Court Road역에서 도보 5분
Open 월~금 08:00~19:00, 토~일 09:00~18:00
Price 에스프레소 £1.80, 플랫 화이트£2.50

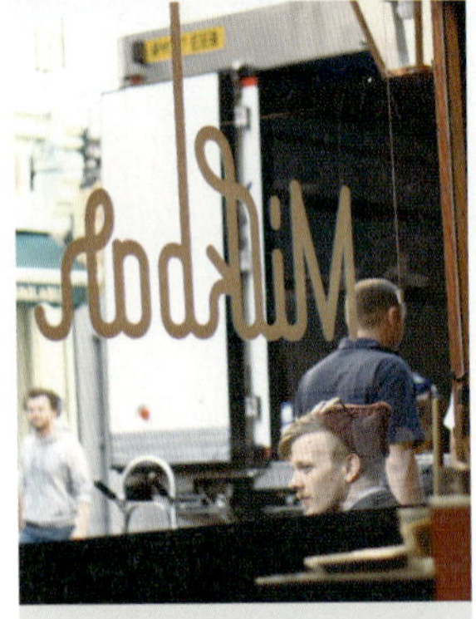

밀크 바 Milk Bar

우유 거품 가득한 이국적인 맛의 커피

소호 중심의 베이트먼 거리Bateman St.에 위치한 이 카페는 플랫 화이트Flat White라는 이국적인 커피로 인기를 모으는 곳이다. 플랫 화이트는 호주나 뉴질랜드에서 즐겨 마시는 커피로 에스프레소에 풍부한 양의 스팀 밀크를 부어 만들며 잔 안쪽에서부터 스팀 밀크가 채워지는 부드럽고 미세한 맛의 커피이다. 바리스타들도 뉴질랜드 출신으로 본고장의 맛을 잘 살려낸다. 플랫 화이트라는 유명 카페의 자매점이기도 하다.
관광객들에게는 별로 알려져 있지 않은 평범한 분위기의 아담한 로컬 커피숍이지만 특별한 맛을 원하는 커피 마니아라면 한번쯤 들러볼 만한 곳이다. 색다른 커피의 매력을 느끼게 될 것이다.

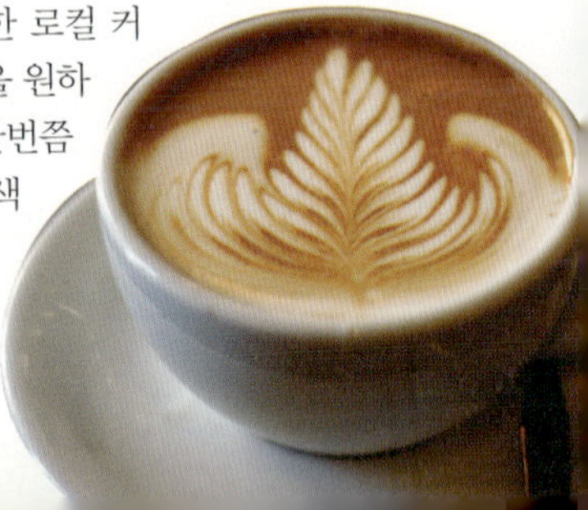

몬마우스 커피 하우스
Monmouth Coffee House

런던 사람들이 가장 좋아하는 커피

양질의 신선한 원두로 만든 필터 커피가 유명한 곳이다. 자체적으로 계약을 맺은 농장으로부터 원두를 공급받는데 최근의 에스프레소는 브라질의 파젠다 레이나Fazenda Rainha를 베이스로 컬럼비아의 아소시아티보 퀘브라돈 Colombian Asociativo Quebradon과 과테말라의 핀카라 펠라Finca La Perla를 가미한 것이라고 한다. 런던의 유명한 카페나 레스토랑에서는 대부분 몬마우스 커피 하우스에서 파는 원두를 쓴다고 한다.

초코 크로아상이나 타르트 등 빵과 커피를 함께 주문해 간단히 식사를 할 수도 있다. 버러 마켓에 있는 지점을 비롯해 런던에 2개의 지점이 더 있는데, 모두 줄을 서야 할 정도로 인기이다.

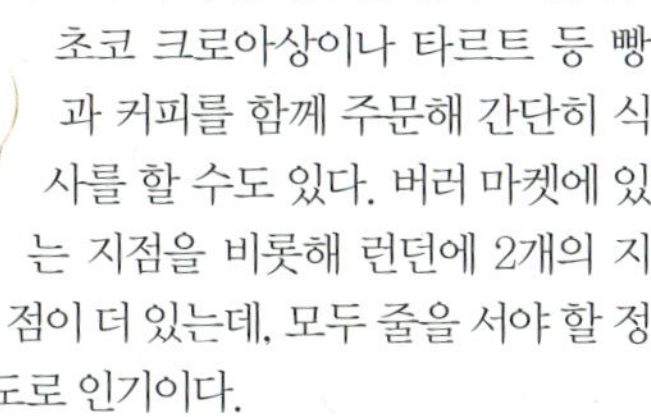

SHOP INFO.
Map P.434-B
Add. 27 Monmouth Street, London **Tel** 020 7379 3516
Access Covent Garden역에서 도보 4분 **Open** 월~토 08:00~ 18:30, 일요일 휴무
Price 에스프레소 £1.30, 필터 커피 £2.30
URL www.monmouthcoffee.co.uk

Cinnamon & Apple
f Free (Gluten Free Ale)
IPA
FRUIT BEER
GOLDEN ALE
WINTER ALE

BUY THE JT SHIRT
POLOS £15
TSHIRTS £10

St Peter's
Our full range
of Traditional and
Speciality Beers & Ales
Available on tap
and in bottles,
according to Season.
*Please check the back
bar for Today's
availability on tap *

St Peter's
Best Bitter
Organic Best Bitter   3.7%
Mild   4.1%
Golden Ale   3.7%
Organic Ale   4.7%
Suffolk Gold   4.5%
Grapefruit   4.9%
Ruby Red Ale   4.7%
Old Style Porter   4.3%
Honey Porter   5.1%
Cream Stout   4.5%
Wheat Beer (organic)   6.5%
Summer Ale   4.7%
Strong Ale   6.5%
Winter Ale   6.5%
Cinnamon & Apple (winter)
f Free (Gluten Free Ale)
IPA

ASPALL
SUFFOLK CYDER
YOUR LOCAL
JERUSALEM TAVERN
FRUIT BEER
GOLDEN ALE

예루살렘 태번 Jerusalem Tavern

올드 펍의 낭만을 느끼다

1720년부터 오늘날까지 변함 없는 사랑을 받으며 영국인들의 오랜 친구 같은 역할을 해온 곳이다. 어두컴컴한 실내는 시간이 멈춰버린 듯 옛 모습이 잘 간직되어 있으며 군데군데 칠이 벗겨진 낡은 가구들은 푸근함과 다정함이 느껴지는 묘한 매력이 있다. 영국 남동부의 서퍽Suffolk이라는 곳에 위치한 성 피터St. Peter's 양조장에서 가져오는 에일 맥주는 런던에서도 최고라고 정평이 나있다.

지하에 있는 캐스크(발효가 진행되는 맥주 보관통)에서 골든 에일Golden Ale, 윈터 에일 등의 에일 맥주를 바로 뽑아 올려 주는데, 그 종류는 계절에 맞게 조금씩 달라진다.

깊고 풍부한 맛의 에일 맥주에 소시지, 샌드위치를 곁들여 옛 추억에 잠겨보거나 낭만 가득한 분위기를 즐겨보는 것도 좋겠다. 한창 시간에는 자리를 잡을 수 없을 정도로 사람이 많다.

SHOP INFO.
Map P.435-A
Add. 55 Britton Street, London
Tel 020 7490 4281
Access Farringdon역에서 도보 5분 **Open** 월~금 11:00~23:00, 토요일 · 일요일 휴무
Price 에일 맥주 £1.6~(가장 작은 사이즈 하프 파인트)
URL www.stpetersbrewery.co.uk

이 올드 마이터 Ye Olde Mitre

런던에서 가장 오랜 역사를 지닌 펍

1547년부터 일리 주교 궁Ely Bishop's Palace 하인들의 주거지였던 곳을 1772년에 펍으로 다시 지어졌다는 이야기가 전해지는 곳으로, 240년의 역사를 가진 전통 있는 펍이다. 엘리자베스 1세가 젊었을 때 펍 앞의 체리나무 가지를 잡고 춤을 추었다는 이야기도 전해 내려온다. 도심의 빌딩숲 뒷골목 안쪽 깊숙한 곳에 위치해 있어 그냥 지나치기 쉬운데, 런던의 전통적인 펍이 어떤 모습인지 느끼기에는 더 없이 좋은 곳이다. 안으로 들어가면 진한 갈색 계열의 나무 벽이 둘러져 있고 벽면에는 이곳의 역사를 말해주는 사진들이 걸려 있다. 그리고 세월의 흔적이 느껴지는 원목 테이블과 의자들이 사이 좋게 놓여 있는 고풍스러운 분위기이다. 브로드 사이드Broadside, 듀처스IPA Deuchars IPA, 런던 프라이드London Pride 등 다양한 종류의 에일 맥주를 부담 없는 가격에 즐길 수 있고, 간단한 안주류도 있다. 기네스 등 우리에게 익숙한 맥주류도 있다.

SHOP INFO.
Map P.435-A
Add. 1 Ely Court, Between Hatton Gardens & Ely Place, London **Tel** 020 7405 4751
Access Chancery Lane역에서 도보 6분 **Open** 월-금 11:00~23:00, 토요일 · 일요일 휴무
Price 에일 맥주 £1.55~(가장 작은 사이즈 하프 파인트)
URL www.yeoldemitre.co.uk

더 앵커 & 호프 The Anchor & Hope

육즙이 흐르는 두툼한 스테이크와 다양한 맥주의 매력

시끌벅적하고 활기 넘치는 전형적인 펍의 분위기가 느껴지는 곳이지만 음식만큼은 예사롭지 않은 일명 가스트로 펍Gastro Pub이다. 가스트로 펍은 미식을 뜻하는 가스트로노미Gastronomy와 펍Pub의 합성어로 안주의 수준을 넘어선 훌륭한 요리를 맛볼 수 있는 펍을 일컫는다. 낮 시간에는 어린 자녀를 동반한 가족 모임이 있을 정도로 음식 맛이 괜찮은 편이다. 그중에서도 로스트 비프나 양고기 스테이크처럼 큰 고깃덩이를 통째로 요리한 음식들에 강점을 보인다. 낮 시간도 좋지만 저녁 시간에 삼삼오오 모여 앉아 질 좋은 맥주와 두툼한 고기 안주를 놓고 회포를 푸는 영국인들 틈에 끼어 새로운 즐거움을 찾아보자.

SHOP INFO.
Map P.435-C
Add. 36 The Cut, London
Tel 020 7928 9898
Access Southwark역에서 도보 2분
Open 월 18:00~22:30, 화~토 12:00~14:30, 18:00~22:30, 일 12:30~17:00
Price 메인 메뉴 £12~20

더 웬록 암스 The Wenlock Arms

투박함이 더욱 매력적인 올드 펍

1836년에 문을 열어 같은 자리에서 오랜 세월 맥주 맛을 지켜온 펍의 산 역사라 할 수 있는 곳이다. 중간에 몇 번의 전쟁으로 폭격이 있을 때에도 꿋꿋하게 살아 남았으며, 맥주 맛에는 유난히 까다롭다는 런던 사람들에게 최고라는 평가와 함께 두터운 신뢰를 얻고 있다. 그 명성에 걸맞게 다양한 종류의 신선한 맥주를 맛볼 수 있는데 크라우치 베일 아마릴로Crouch Vale Amarillo, 배트맨스 트리플 엑스비Batemans XXXB 등 다양하다. 재즈 애호가인 주인 아저씨 덕에 정기적으로 재즈 공연도 열리는데 그 때마다 분위기가 한층 무르익는다. 피프틴(☞ p.398) 레스토랑이 근처에 있어서 식사 후 들르기에 괜찮지만 근처가 조금 위험한 동네이므로 밤늦게 가는 것은 피하는 것이 좋다.

SHOP INFO.
Map P.438-E
Add. 26 Wenlock Road, London
Tel 020 7608 3406
Access Angel역에서 도보 8분
Open 11:00~23:00
Price 에일 맥주 £1.6~(가장 작은 사이즈 하프 파인트)
URL www.wenlock-arms.co.uk

런던에서 애프터눈 티 즐기기
Afternoon Tea

어디로 가야 할까?

스콘 한 조각과 홍차 한 잔을 마셔도 애프터눈 티이지만 한번쯤은 3단 스탠드에 층층이 나오는 애프터눈 티 세트를 즐기는 것도 특별한 경험이 될 것이다. 샌드위치와 5가지가 넘는 패스트리, 케이크까지 푸짐하게 제공되니 한 끼 식사로도 모자람이 없다. 애프터눈 티를 즐기는 방법에는 여러 가지가 있는데 그 중 하나가 호텔 레스토랑에서 즐기는 것이다. 가장 유명한 곳은 역시 리츠(☞p.380). 흔히 레스토랑의 인기는 예약하기가 얼마나 어려운지를 보면 알 수 있다고 말하는데, 리츠는 그런 면에서 단연 으뜸이다. 홈페이지에서 신용카드 번호까지 입력하고 예약하는데도, 주말에는 두 달 후까지 예약이 꽉 차는 경우가 많다. 샴페인이 포함되지 않는 애프터눈 티가 무려 £40. 게다가 남성의 경우는 까다로운 드레스 코드도 있음에도 불구하고 전통이라는 명성에 힘입어 변함 없는 인기를 누리고 있다. 하지만 사진도 찍지 못하게 하고 서비스도 다소 딱딱하여 볼멘소리도 나온다. 리츠만큼 유명하지는 않지만 그에 준하는 명성을 얻고 있는 곳이 브라운스 호텔(☞p.384), 클라리지스 호텔(☞p.384), 레인즈버로우 호텔(☞p.385)이다. 가격대는 비슷하지만 리츠에서보다 좀더 여유롭게 애프터눈 티를 즐길 수 있다. 위의 호텔들보다 더 저렴하게 즐길 수 있는 곳으로는 체스터필드 호텔(☞p.385)과 울슬리 호텔(☞p.383)을 들 수 있다. 시간적으로 여유가 된다면 켄징턴 궁 안에 있는 오린저리(☞p.381)도 추천할 만하다.

예약은 어떻게 해야 할까?

호텔 애프터눈 티의 경우 예약은 필수다. 대부분의 호텔 홈페이지에서 온라인으로 예약이 가능하며, 날짜와 이름, 시간 등을 입력하면 된다. 리츠를 포함한 몇몇 인기 애프터눈 티 레스토랑에서는 신용카드 번호도 요구한다. 만일 예약을 해놓고 나타나지 않으면 일정 금액을 부과하므로 신용카드 번호를 입력해서 예약하는 경우는 주의가 필요하다.

언제 가야 할까?

애프터눈 티는 말 그대로 오후의 티. 보통 오후 3시부터 5시 정도까지만 운영하는 경우가 많으니 시간 체크는 필수다. 단, 리츠 호텔의 경우는 저녁에도 하며 이 시간에는 예약이 비교적 쉬운 편이다.

드레스 코드는?

남성이라면 자켓을 입는 것이 좋다. 여성의 경우는 특별히 복장 제한은 없지만 슬리퍼나 트레이닝복 등은 입지 않는 편이 좋다. 특히 리츠 호텔은 드레스 코드가 엄격해서 남성의 경우 자켓에 타이 착용까지 요구하며, 스포츠 신발과 청바지도 허용되지 않는다.

어떤 것을 주문해야 할까?

호텔 애프터눈 티 세트는 여러 종류가 있다. 티가 좀더 고급이고 샴페인까지 포함된 메뉴이면 가격이 더 비싸진다. 보통 가장 저렴한 기본 메뉴는 메뉴판의 제일 마지막에 있거나 눈에 잘 띄지 않게 적어 놓은 경우가 많다. 그러나 이런 기본 세트만으로도 충분히 만족감을 느낄 수 있다.

어떻게 즐겨야 할까?

애프터눈 티에 나오는 케이크 스탠드는 보통 3단이다. 일반적으로 맨 아래에 샌드위치, 그 위에 스콘, 그리고 맨 위에는 패스트리와 케이크가 놓인다. 맨 아래부터 달지 않은 순서로 먹는 것이 좋다. 스콘은 부드러운 클로티드 크림과 먹으면 된다. 1인당 £35가 넘는 호텔 애프터눈 티를 이용할 경우 인원 수대로 모두 시킨다면 패스트리를 계속해서 더 채워주는 경우도 자주 있으니 걱정 말고 마음껏 즐기자.

더 리츠 런던 The Ritz London

최고의 인기를 얻고 있기에 더욱 까다로운 곳

영국 왕실에서도 이용하는 것으로 유명한 런던 최고의 호텔답게 화려함의 진수를 볼 수 있다. 특히나 이곳은 격식을 매우 중요시 여긴다. 애프터눈 티를 즐길 수 있는 런던의 여러 호텔 중에서도 가장 선호도가 높아 주말 오후에 이용하려면 적어도 두 달 전에는 예약을 해야 한다. 항상 넘치는 사람들로 조금 혼잡한 것이 단점이며, 드레스 코드도 엄격해서 남성의 경우 자켓과 타이를 착용해야 하고 여성이라도 캐주얼한 복장은 피하는 것이 좋다.

티와 함께 훈제 연어, 햄, 치킨, 오이, 체다 치즈 샌드위치, 클로티드 크림과 나오는 건포도와 애플 스콘, 그 외 5가지 이상의 패스트리가 푸짐하게 나온다.

예약을 할 때 신용카드 번호를 알려줘야 하기 때문에, 예약만 하고 실제 가지 않더라도 비용을 지불하게 된다.

SHOP INFO.
Map P.437-D
Add. 150 Piccadilly, London
Tel 020 7493 8181
Access Green Park역에서 도보 2분 **Open** 매일 11:30, 13:30, 15:30, 17:30, 19:30
Price 트래디셔널 애프터눈 티 세트 £40, 봉사료 12.5% 별도
URL www.theritzlondon.com/tea

1 트래디셔널 애프터눈 티와 샴페인 애프터눈 티가 인기 **2, 3** 왕실에서도 이용하는 고급 호텔답게 위풍당당하다.

오린저리 Orangery

멋진 전망과 함께 즐기는 애프터눈 티

켄싱턴 궁 안에 있는 티룸으로 1704년 앤 여왕의 식물 재배 온실 옆에 만들어진 곳이다. 들어가는 입구에 아름답게 가꿔진 정원이 있어 피크닉 분위기까지 느낄 수 있다. 런던 시내의 유명 호텔에서처럼 화려한 장식은 볼 수 없지만 새하얗게 꾸민 실내 곳곳에는 멋스러운 조각들이 놓여 있어 왕실의 기품이 느껴진다. 넓게 낸 창으로는 정원이 바라다보여 창가 쪽에 앉으면 더욱 낭만을 느낄 수 있다.

단, 이곳은 예약을 받지 않기 때문에 무조건 가서 기다려야 하는데 날씨가 덥거나 추울 때에는 그 기다림도 만만치 않음을 각오해야 한다. 그럼에도 많은 사람들이 이곳을 찾는 데에는 다 그만한 이유가 있을 것이다. 가격도 합리적이고 호텔 레스토랑에서의 답답함에서 벗어나 넓은 공간에서 여유로운 티타임을 즐길 수 있기 때문일 것이다.

SHOP INFO.
Map P.433-B
Add. Kensington Palace, Kensington Gardens
Tel 087 1332 7927
Access High Street Kensington역에서 도보 9분
Open 매일 15:00~17:00
Price 애프터눈 티 세트 £21~, 봉사료 12.5% 별도

아치형의 높은 천장에 달린 멋스러운 조명과 대리석 장식으로 고전적인 분위기가 흐른다.

더 울슬리 The Wolseley

우아한 영국식 아침 식사와 애프터눈 티로의 초대

고전적인 분위기가 흐르는 이 레스토랑은 아침 식사와 애프터눈 티가 특히 유명하다. 아침 식사에는 에그 베네딕트 Eggs Benedict, 토스트, 소시지, 에그 스크램블, 오믈렛, 훈제 연어 등의 메뉴를 갖추고 있는데, 〈브렉퍼스트 앳 더 울슬리Breakfast at the Wolseley〉라는 책이 출간되었을 정도로 많은 인기를 얻고 있다. 이곳은 리츠 호텔 옆에 있는데, 리츠보다 저렴한 가격에 비슷한 수준의 음식을 즐길 수 있는 곳으로 인정받고 있다. 애프터눈 티도 추천할 만한데, £21(봉사료 12.5% 별도) 하는 애프터눈 티는 영국 티 협회UK tea councle에서도 인정을 받았다. 최고급 애프터눈 티에 비해서 분위기도, 맛도 손색이 없다는 평가를 받는다. 그보다 간단하게 스콘과 클로티드 크림, 맛있는 홈메이드 잼이 나오는 £9.5짜리 크림 티Cream tea 세트도 추천할 만하다. 그 외 스테이크나 샐러드, 꼬꼬뱅 같은 점심이나 저녁 메뉴도 있다.

SHOP INFO.
Map P.437-D
Add. 160 Piccadilly, London
Tel 020 7499 6996
Access Green Park역에서 도보 3분 **Open** 아침 식사 월~금 07:00~11:30, 토~일 08:00~11:30, 애프터눈 티 월~금 15:00~18:30, 토 15:30~17:30, 일 15:30~18:30
Price 에그 베네딕트 £6.75~, 애프터눈 티 세트 £21
URL www.thewolseley.com

그 외에 가볼 만한 애프터눈 티의 명소

브라운스 호텔 Brown's Hotel

전통 스타일에 충실한 애프터눈 티의 정석

1837년에 문을 연 오랜 전통을 간직한 호텔로, 아가사 크리스티가 〈버트람 호텔에서〉라는 추리 소설을 쓸 때 이 호텔의 티룸에 자주 왔었다고 전해진다. 소설에 모티브를 제공했다고 알려진 '잉글리시 티룸'은 영국 애프터눈 티의 역사에서 중요한 위치를 차지하고 있다. 가장 정석에 가까운 영국 전통의 스타일이라는 평가를 받는 곳답게 우아한 분위기에서 엄선된 질의 애프터눈 티를 즐길 수 있다. 샌드위치, 패스트리, 스콘이 다채롭게 나오고, 트롤리에 빅토리아 스폰지 케이크를 비롯한 각종 케이크를 싣고 와서 또 서빙해 준다. 그리고 인원 수대로 시켰을 경우 3단 스탠드의 샌드위치와 패스트리를 리필해 준다. 영국 차 연합United Kingdom Tea Council의 티 길드로부터 2009년 최고의 애프터눈 티로 선정되었다.

SHOP INFO.　**Map** P.437-D　**Add.** 33 Albemarle Street, Westminster, London　**Tel** 020 7518 4155
Access Green Park역에서 도보 6분　**Open** 월~금 15:00~18:00, 토~일 13:00~18:00
Price 트래디셔널 애프터눈 티 세트 £38, 봉사료 12.5% 별도　**URL** www.brownshotel.com

클라리지스 호텔 Claridge's Hotel

유명 인사들이 즐겨 찾는 고급스러움이 매력

1812년에 문을 연 유서 깊은 호텔로, 데이비드 베컴과 빅토리아 등 할리우드의 유명 스타들이 즐겨 찾는 곳으로 알려져 있다. 5성급 호텔답게 럭셔리하고 우아한 분위기가 가득한 이 호텔에서도 최고 수준의 애프터눈 티를 즐길 수 있다. 그린 계열의 색으로 통일감을 주어 산뜻한 느낌이 나는 티룸에서는 세계 각지에서 들여온 30여 가지의 차 중 원하는 것을 선택할 수 있는데 가장 많은 종류의 차를 보유하고 있는 것으로도 유명하다. 차가 먼저 나오고 이어서 샌드위치와 앙증맞은 패스트리, 부드러운 식감의 스콘이 차례대로 나온다. 영국 차 연합United Kingdom Tea Council의 티 길드로부터 2007년부터 2010년까지 우수 애프터눈 티로 선정되었고, 2006년과 2011년에는 최고의 애프터눈 티로 선정되었다.

SHOP INFO.　**Map** P.437-B　**Add.** 49 Brook Street, London　**Tel** 020 7107 8872
Access Bond Street역에서 도보 3분　**Open** 매일 15:00, 15:30, 17:00, 17:30　**Price** 애프터눈 티 세트 £38~,
봉사료 12.5% 별도　**URL** www.claridges.co.uk

레인즈버로우 호텔 Lanesborough Hotel

꾸준한 인기를 얻고 있는 애프터눈 티의 명소

100여 개의 객실 중 절반 이상이 스위트 룸인 런던의 최고급 호텔 중 하나로, 평범해 보이는 외관과 달리 내부 장식은 영국 전통의 우아함과 화려함이 돋보인다. 오후 4시부터 6시까지 하루에 딱 2시간만 애프터눈 티를 선보이며, 관광객에게 많이 알려져 있지 않아 비교적 한가롭게 티타임을 즐길 수 있다. 단, 6시면 어김 없이 종료되므로 가능하면 4시에 맞춰 가서 여유롭게 즐기기를 권한다. 차의 종류도 다양하게 갖추었으며, 글루텐이나 유제품을 사용하지 않은 메뉴도 마련하여 세심함이 돋보인다. 영국 차 연합United Kingdom Tea Council의 티 길드로부터 2005년과 2008년 최고의 애프터눈 티로 선정되었으며, 2010년까지 계속해서 우수 애프터눈 티로 꾸준히 선정되고 있다.

SHOP INFO. **Map** P.437-C **Add.** Hyde Park Corner, London **Tel** 020 7333 7254 **Access** Hyde Park Corner역에서 도보 2분 **Open** 매일 16:00, 16:30, 17:00 **Price** 애프터눈 티 세트 £35~, 봉사료 12.5% 별도 **URL** www.lanesborough.com

더 체스터필드 메이페어 The Chesterfield Mayfair

비교적 합리적인 가격대의 호텔 애프터눈 티

4성급 호텔이지만 5성급 못지 않은 수준의 애프터눈 티를 즐길 수 있는 곳이다. 실내 곳곳에 초록이 아름다운 식물들이 놓여 있어 마치 어느 식물원에 온 것처럼 상쾌한 느낌을 준다. 모두 세 종류의 티 메뉴가 있는데, 그 중 가장 저렴한 트래디셔널 애프터눈 티 세트는 샌드위치, 클로티드 크림과 스콘, 다양한 패스트리와 케이크, 홍차로 구성되어 있다. 그리고 이곳의 자랑인 초콜릿 애호가 티 세트는 스콘, 패스트리, 케이크 모두 초콜릿을 넣었고 홍차 대신 핫초코나 초콜릿 밀크 셰이크가 곁들여진다. 그리고 샴페인이 곁들여지는 샴페인 티 세트도 £31.50에 즐길 수 있어 다른 곳에 비하면 꽤 저렴한 편이다. 2008년에 영국 차 연합United Kingdom Tea Council의 티 길드로부터 우수 애프터눈 티로 선정되기도 했다.

SHOP INFO. **Map** P.437-D **Add.** 35 Charles Street, London **Tel** 020 7491 2622 **Access** Green Park역에서 도보 4분 **Open** 매일 14:30~18:00 **Price** 애프터눈 티 세트 £25.5~ **URL** www.chesterfieldmayfair.com

더 티 하우스 The Tea House

전 세계의 차를 만날 수 있는 곳

입구 벽면을 격자 모양으로 꾸민 쇼윈도에 각종 차와 앙증맞은 찻잔, 알록달록 예쁜 다기들이 옹기종기 진열되어 있어 지나가다가 구경만 해도 기분이 좋아지는 곳이다. 안으로 들어가면 전 세계에서 수입한 유명한 차들을 만날 수 있는데 인도의 아쌈과 다즐링, 일본의 녹차, 중국의 녹차와 자스민차, 스리랑카의 실론, 영국의 홍차, 과일차, 허브차 등 100가지가 넘는 차들이 가게 안을 가득 메우고 있다. 조그만 계단을 따라 2층으로 올라가면 화려한 빛깔의 티 포트와 찻잔, 티스푼, 스트레이너 등의 다구들이 빼곡하게 들어차 있다. 가게 안이 그리 넓지 않고 분위기보다는 실용성을 중시한 곳이지만, 다양한 종류와 크기 등 구색을 잘 갖추고 있다. 전반적인 가격대는 다소 높은 편이다.

SHOP INFO.
Map P.434-B
Add. 15a Neal St, London
Tel 020 7240 7539
Access Covent Garden역에서 도보 1분 **Open** 월~목, 토 10:00~19:00, 금 10:30~19:00, 일 12:00~18:00
Price 각종 차 £2~
URL covent-garden.co.uk

1 코벤트 가든 근처에 위치해 있다. **2** 전 세계 다양한 종류의 차를 만날 수 있다.
3 예쁜 다구와 찻잔 등 차 관련 도구도 많이 있다.

해러즈 **Harrods**

역사와 전통이 담긴 고급 홍차

해러즈 백화점은 1849년 홍차 상인이었던 해러즈가 작은 식료품점으로 문을 열어 지금은 영국의 최고급 백화점으로 성장했다. 창립 때부터 차를 중요시여겼기 때문에 해러즈의 차는 그 오랜 역사와 명성을 그대로 느낄 수 있는 높은 수준을 자랑한다. 백화점 식품층에 마련된 매장에는 다양한 종류의 스트레이트 티와 애플, 시나몬 등의 향을 가미한 티가 고루 갖춰져 있는데, 그 중에서도 실론, 아쌈, 다르질링, 케냐 홍차를 블렌딩한 '해러즈 No.14'가 가장 인기 있다. 그 다음으로 창립 150주년을 기념해 만든 '해러즈 No.49'도 호평을 받고 있다. 차 외에 커피, 비스킷, 잼 등을 구입할 수 있으며 선물용으로 나온 상품들도 있다. 여름과 겨울의 백화점 세일 기간에는 50% 이상 할인된 £1~2의 홍차를 팔기도 한다.

SHOP INFO.
Map P.436-B
Add. 87-135 Brompton Road, London **Tel** 020 7730 1234
Access Knightsbridge역에서 도보 2분
Open 월~토 10:00~20:00, 일 11:30~18:00
Price 각종 홍차 £3~
URL www.harrods.com

£27

£32

고품질의 다양한 차가 60여 종이 넘는다.

£8

£6

£4

위타드 **Whittard**

아름다운 패키지와 합리적인 가격대의 고품질 홍차

1886년에 창립한 125년 전통의 차 제조사이자 판매회사로 영국 전역에 130여 개의 매장을 두고 있다. 영국 왕실에도 공급했던 고품질의 홍차를 비롯해 과일차, 허브차, 녹차, 커피 등 다양한 차가 구비되어 있으며 가격대도 합리적인 편이다. 아쌈이나 실론처럼 전통적인 홍차류도 좋지만 과일, 꽃잎, 천연 향 등이 배합된 차 종류도 인기이다. 또한 카페인을 제거한 차, 말린 과일 차까지 총 60여 종이 넘는 다양한 차가 있다. 그 중 다양한 베리Berry를 말려 만든 '베리 베리 베리Very Very Berry'는 여름에 차갑게 마시는 티로 인기이다.

낱개로 구입하는 것보다 3개씩 구입하는 것이 더 저렴하며 선물용으로 예쁘게 포장된 것들도 많다. 차 외에도 귀여운 디자인의 티 포트와 찻잔 등의 다구류도 인기가 많다. 각 매장에 관한 정보는 홈페이지에서 확인할 수 있다.

SHOP INFO.
Map P.434-A
Add. 38 Oxford Street, London
Tel 020 7580 1545
Access Tottenham Court Road역에서 도보 1분
Open 월~토 10:00~20:00, 일 11:00~19:00
Price 각종 홍차 £2~
URL www.whittard.co.uk

Decorative Tea Caddy
Selection

포트넘 앤 메이슨 Fortnum & Mason

영국 왕실의 사랑을 받은 명품 홍차

1707년 포트넘과 메이슨이 식료품점으로 문을 열었다가 1921년부터 홍차를 판매하기 시작해 영국 왕실과 귀족들에게 많은 사랑을 받으면서 명성을 얻게 되었다. 이후 오늘날까지 영국의 대표적인 홍차 브랜드가 되어 세계인의 입맛을 사로잡고 있다. 피커딜리가에 있는 본점은 6층 규모의 대형 매장으로 층마다 다양한 제품들이 고급스럽게 진열되어 있다. 1층과 2층에서는 홍차뿐만 아니라 잼, 초콜릿, 제과, 과일, 와인, 캐비어, 푸아그라에 이르기까지 각종 식료품들을 구입할 수 있다. 만일 시내 매장에서 구입하지 못했다면 런던 출국 시 히드로 공항 면세점에서 구입할 수도 있다. 그리고 맨 위층에 있는 세인트 제임스St. James 레스토랑에서는 넓고 안락한 공간에서 다양한 런치 메뉴와 애프터눈 티를 즐길 수 있다. 가격대는 호텔 애프터눈 티의 수준으로 높은 편인데, 가격 대비 만족도는 다소 떨어진다는 평이다.

SHOP INFO.
Map P.434-C
Add. 181 Piccadilly, London
Tel 020 7734 8040
Access Green Park역 또는 Piccadilly Circus역에서 도보 5분
Open 월~토 10:00~20:00, 일 12:00~18:00
Price 각종 홍차 £2.5~
URL www.fortnumandmason.com

야와차 Yauatcha

중국의 딤섬과 서양식 디저트의 만남

영국 레스토랑계의 거물인 알란 야우Alan Yau가 2004년에 문을 연 곳으로 중국의 딤섬과 각종 서양식 디저트를 선보이는 카페 겸 레스토랑이다.

이곳은 독특하고 멋진 실내 인테리어로도 유명한데, 특히 지하로 내려가면 천장에는 조명이 별빛처럼 반짝이고 벽면에서는 코발트 블루 빛이 새어 나와 신비로운 느낌이 든다. 1층에서는 정성스럽게 만든 각종 디저트와 차를 캐주얼한 분위기에서 즐길 수 있고, 지하에서는 딤섬, 누들 등의 중국 요리를 품격 있게 즐길 수 있는 다이닝 룸으로 꾸며져 있다. 디저트류는 기본적으로 서양식이지만 중국풍의 동양적 터치가 가미되어 색다른 즐거움이 있다. 평일 오후 3시부터 6시 사이에는 저녁보다 저렴한 가격에(2인분에 £28.8) 모듬 딤섬을 즐길 수 있는 메뉴도 있는데, 이러한 프로모션 메뉴는 자주 바뀌니 홈페이지를 참조하자. 모든 메뉴의 정보가 가격과 함께 자세히 나와있다.

SHOP INFO.
Map P.434-A
Add. 15-17 Broadwick Street. Soho, London
Tel 020 7494 8888
Access Piccadilly Circus역에서 도보 8분 **Open** 월~토 12:00~23:45, 일 12:00~22:30
Price 딤섬 £3.50~7, 디저트 £7 이상, 티 세트 £24.50~31.50, 봉사료 12.5% 별도
URL www.yauatcha.com

고든 램지 Gordon Ramsay

10년 째 미슐랭 별 3개의 명성을 이어가고 있는 곳

고든 램지는 2001년에 이미 미슐랭 3스타 셰프로 실력을 검증 받은 후, '지옥의 주방Hell's Kitchen'이라는 방송 프로그램을 통해 그의 카리스마가 부각되면서 일약 스타덤에 올랐다. 현재 그가 운영하는 레스토랑은 영국에만 11개이고 미국과 중동에까지 진출하였다. 그의 이름을 그대로 딴 이 레스토랑은 개업 후 10년 째 미슐랭 별 3개의 명성을 이어가고 있는 명실상부한 런던 최고의 레스토랑이다. 수석 셰프인 클레어 스미스Clare Smyth는 고든 램지의 클래식한 프렌치 요리에 그녀만의 섬세한 감각을 더해 성공적으로 이끌고 있다. 홈페이지에서 간편하게 예약할 수 있는데 테이블이 10개 남짓한 아담한 규모이므로 최소한 한 달 전에는 예약을 해야 한다. 청바지나 트레이닝복 차림은 입장이 거부될 수도 있다.

1 세련된 분위기의 레스토랑으로 테이블이 10개 정도인 의외로 아담한 규모이다.
2 인기 셰프 고든 램지가 이끄는 런던 11개 레스토랑 중 최고급 프렌치 레스토랑

SHOP INFO.
Map P.436-D
Add. 68 Royal Hospital Road, London **Tel** 020 7352 4441
Access Sloane Square역에서 도보 10분
Open 월~금 12:00~14:30, 18:30~23:00, 토요일·일요일 휴무
Price 점심 £45 (3코스), 저녁 £90(3코스), £120(7코스), 봉사료 12.5% 별도
URL www.gordonramsay.com

바라피나 Barrafina

활기 넘치는 스페인 타파스 바의 매력

소호Soho에 있는 스페인식 타파스 바. 모든 좌석이 주방을 둘러싼 카운터석으로 되어 있어 활기 넘치는 주방의 모습을 보며 즐겁게 식사할 수 있다. 메추리 구이나 치킨 윙 같은 고기 메뉴도 있지만, 특히 해산물 요리가 뛰어나다. 꼴뚜기, 새우, 문어, 가리비 등 그날 들여오는 싱싱한 해산물을 즉석에서 조리해 준다. 안초비와 판체타가 들어간 샐러드 Baby Gem Salad with Anchovies and Smoked Pancetta 와 매콤한 소스의 감자튀김Chips with Brava Sauce은 어느 요리에나 잘 어울린다. 해산물을 싫어한다면 립아이 스테이크Ribeye Steak도 괜찮다. 타파스 형식으로 조금씩 접시에 담겨 나오므로 한 사람이 최소한 2접시 이상은 주문하게 된다. 와인은 스페인산이 많으며 잔으로 주문할 수도 있다. 하몬 하부고Jamon Jabugo, 로모Lomo, 초리조 Chorizo 같은 스페인 생햄 또는 소시지와 곁들이면 좋다. 예약을 받지 않으므로 일찍 가는 것이 좋다.

SHOP INFO.
Map P.434-A
Add. 54 Frith Street, London
Tel 020 7813 8016 Access
Tottenham Court Road역에서
도보 6분 Open 월~토 12:00~
15:00, 17:00~23:00, 일
13:00~15:30, 17:30~22:00
Price 모듬 햄 £12.80, 정어리
철판요리 £7.80 등,
봉사료 12.5% 별도
URL www.barrafina.co.uk

메이즈 Maze

시간대별 다양한 코스메뉴가 매력적인 곳

고든 램지가 운영하는 11개의 레스토랑 중 하나로, 고급
스런 인테리어와 창 밖으로 그로스베너 스퀘어의 멋진 신
록이 펼쳐지는 아름다운 레스토랑이다. 이곳은 메인 메뉴
의 개념이 없고, 작은 접시에 담겨진 소량의 요리를 다양
하게 주문하여 차례로 즐기게 되는 방식이다. 각 개별 접
시A la carte로 주문할 수 있지만, 이보다는 각 시간대별
로 제공되는 3~5가지의 세트 메뉴를 주문하는 것이 훨씬
합리적이다. 특히 점심과 이른 저녁 메뉴 등이 합리적인데,
홈페이지에서 최신 메뉴와 가격, 프로모션 내용 등을 미
리 찾아볼 수 있다. 아시안 스타일의 영향을 받은 프렌치
요리로서, 대부분의 요리가 우리의 입맛에도 잘 맞는 편이
다. 고든 램지의 레스토랑 중 가격 대비 만족도가 높은 편
이라 폭넓은 층에게 사랑을 받고 있다.

1 런던 중심가이면서도 여유를 느낄 수 있는 곳이다. **2** 메인 요리부터 디저트까지
하나하나가 적은 양이지만 완성도가 높다.

SHOP INFO.
Map P.437-A
Add. 10-13 Grosvenor Square,
London **Tel** 020 7107 0000
Access Bond Street역에서
도보 4분
Open 매일 12:00~14:30,
18:00~22:30
Price 런치 4코스 £33, 저녁 6코스
£70, 봉사료 12.5% 별도
URL www.gordonramsay.
com/maze

피프틴 Fifteen

제이미 올리버의 착한 레스토랑

영국에서 가장 유명한 스타 요리사 제이미 올리버Jamie Oliver의 이탈리안 레스토랑이다. 1층은 캐주얼한 분위기의 트라토리아이고, 지하에는 격식을 갖춘 레스토랑이 있다. 1층에서는 아침 7시 30분부터 요거트, 무슬리, 소시지 등의 아침 메뉴가 제공되고, 점심과 저녁에는 파스타와 메인 요리 등 이탈리아 메뉴를 선보인다. 지하의 레스토랑은 1층과는 메뉴도 조금 다르고 가격도 20% 정도 더 비싼 편인데, 평일 점심에 £30로 2코스를 제공하는 메뉴가 있으니 이용해볼 만하다. 한때 영국에서 가장 고(高)평가된 레스토랑으로 뽑히는 불명예를 안기도 했지만, 항상 안정되게 괜찮은 수준의 이탈리아 음식을 선보인다. 더군다나 불우한 환경의 청소년들에게 일할 기회를 제공하고 있고 또 수익금의 상당 부분을 공익사업에 쏟고 있는 '착한' 레스토랑이기도 하다. 외진 곳에 있어 가기에 다소 불편하고, 밤늦게 돌아다니기에는 좀 위험한 거리에 있으니 주의해야 한다.

SHOP INFO.
Map P.438-E
Add. 15 Westland Place, London **Tel** 020 3375 1515
Access Old Street역에서 도보 7분 **Open** 아침 07:30~10:45(토·일요일에는 08:00~), 점심 12:00~15:00, 저녁 18:00~22:00
Price 평일 점심(2코스) £30, 저녁(4코스) £33
1층 트라토리아의 파스타 £10 수준, 메인 요리 £20 수준, 봉사료 12.5% 별도
URL www.fifteen.net

● 더 프로비돌스

Open 월~금 12:00~14:45, 18:00~22:30, 토~일 12:00~14:45, 18:00~22:30(일요일은 ~22:00)
Price 점심 스타터 £8~12, 메인 요리 £17~25, 저녁 £32(2코스), £46(3코스), £56(4코스), £62(5코스), (봉사료 12.5% 별도)

● 타파 룸

Open 월~금 09:00~11:30, 타파스 메뉴 12:00~22:30, 토~일 10:00~15:00, 타파스 메뉴 16:00~22:30(일요일은 ~22:00)
Price 타파스 £5~12, (봉사료 12.5% 별도)
URL www.theprovidores.co.uk

 주말에는 브런치가 인기가 많은데, 예약을 받지 않으므로 서둘러서 가야 한다.

더 프로비돌스 & 타파 룸
The Providores and Tapa Room

전 세계 음식의 맛있는 조화

피터 고든Peter Gordon과 마이클 맥그라스Michael McGrath가 2001년 공동으로 창업한 레스토랑. 뉴질랜드 출신의 셰프 피터 고든이 영국과 뉴질랜드, 지중해, 아시아의 영향을 받은 그만의 독특한 퓨전 요리를 선보이고 있다. 1층은 캐주얼한 분위기로 아침식사나 브런치, 올데이 메뉴를 간단하게 즐길 수 있는 타파 룸이 있고, 2층에는 좀더 격식을 갖춘 코스 요리 중심의 프로비돌스 룸(사진 위)이 있다. 타파 룸의 요리는 타파스 스타일로 양이 적은 편이어서 1인당 2~3개 정도 주문하는 것이 기본이다. 타이 바질을 올린 라임 와플Thai basil and lime waffles, 터키 스타일의 에그 포치Eggs from changa in Istanbul, 고구마와 구운 초리조Grilled chorizo with sweet potato처럼 세계 각국의 요리를 경쾌하고 맛있게 변형시킨 메뉴들은 우리 입맛에도 잘 맞는다.

SHOP INFO.

Map P.438-D
Add. 109 Marylebone High Street, London
Tel 020 7935 6175
Access Baker Street역에서 도보 9분

세인트 존 St. John

영국식 전통 고기요리의 재발견

영국의 전통 음식을 이야기할 때면 으레 피시 앤 칩스나 로스트 비프 정도를 떠올릴 것이다. 하지만 영국은 전통적으로 통째로 익힌 고기 요리에 일가견이 있었다. 셰프 퍼거스 헨덜슨Fergus Henderson은 변두리 지역이었던 이곳에 버려진 공장 건물을 사들여 '돼지 코에서 꼬리까지'라는 도발적인 간판을 내걸고, 소와 돼지의 고기와 내장을 이용한 요리를 선보이기 시작했다.

빵에 소 연골과 샐러드를 올려 먹는 요리Roast Bone Marrow & Parsley Salad부터 소 혀 요리까지, 이곳 요리는 독특하면서도 맛까지 좋다. 게다가 런던에서 거의 찾아보기 힘든, 영국 음식을 내세우는 미슐랭 스타 레스토랑이다.

입구 안으로 들어가면 정면에 보이는 곳은 맥주와 이곳 요리를 간단하게 맛보기 좋은 바bar이고, 오른쪽 위로 들어가야 사진의 레스토랑이 나온다.

SHOP INFO.
Map P.435-A
Add. 26 St. John Street, London Tel 020 7251 0848
Access Farringdon역에서 도보 5분 Open 월~금 12:00~15:00, 18:00~23:00, 토 18:00~23:00, 일 13:00~15:30
Price 스타터 £6~8, 메인 요리 £15~24, 디저트 £6~8, 봉사료 12.5% 별도
URL www.stjohnrestaurant.com

St. JOHN   Bar & Restaurant   020 7251 08
BAKERY
&
WINE
OFF SALES

알부투스 Arbutus

가격 대비 만족도가 높은 미슐랭 스타 레스토랑

셰프인 안소니 드메트르Anthony Demetre가 윌 스미스 Will Smith와 공동으로 창업한 프렌치 레스토랑. 2006년 5월에 문을 열어 2007년 미슐랭 별 하나를 획득했으며, 단 골들의 꾸준한 신뢰를 얻으며 그 명성을 유지하고 있다. 영국식, 이탈리안, 프렌치, 심지어 미국 요리를 넘나들며 셰프만의 감각적인 요리를 탄생시킨다.

스타터로는 쫄깃한 오징어&고등어 버거Squid & Mackerel Burger와 독특한 식감의 테린Traditional style country terrine이 인기 있고, 메인 요리로는 2인분부터 주 문이 가능한 레드 와인 소스를 곁들인 28일 된 송아지 요 리와 야채 요리Griled rib of grass fed beef(28day aged)를 추천한다. 아 라 카르트 메뉴로 주문하면 3코스에 최소한 £35 이상을 예상해야 하지만, 월요일부터 토요일까지 점 심과 이른 저녁(17:00~18:30)에는 £20 수준의 3코스 메 뉴가 있어 강력 추천한다.

SHOP INFO.
Map P.434-A
Add. 63-64 Frith Street, London **Tel** 020 7734 4545
Access Tottenham Court Road역에서 도보 5분
Open 월~토 12:00~14:30, 17:00 ~23:00(금·토요일은 ~23:30), 일 12:00~15:00, 17:30~22:30
Price 스타터 £7~10, 메인 요리 £15~20. 디저트 £7~10, 봉사료 12.5% 별도 **URL** www. arbutusrestaurant.co.uk

더 글라스하우스 The Glasshouse

우아한 파인 다이닝의 매력

셰 브루스Chez Bruce와 라 트럼펫La Trompette 같은 고급 레스토랑을 성공적으로 이끌고 있는 나이젤 플랏 마틴 Nigel Platts-Martin과 브루스 풀Bruce Poole이 1999년에 공동 창업한 레스토랑이다. 프랑스 요리를 기반으로 이탈리아나 스페인 등 다른 나라의 요리와 접목시키거나 응용을 시도한 요리를 선보인다. 메뉴 중에는 와사비 마요네즈와 농어 회Sashimi of seabass with wasabi mayonnaise 처럼 일식의 영향을 받은 요리도 있다. 런던 서쪽 끝의 조용한 동네에 위치해 있어 관광객보다는 동네 주민들이 즐겨 가는 레스토랑이기도 하다.

실내는 모던하면서도 밝고 편안한 분위기이며, 대부분의 요리가 좋은 평을 얻고 있다. 3코스 메뉴 주문이 기본이며 홈페이지에서 최신 메뉴를 확인할 수 있다.

SHOP INFO.
Map P.438-B
Add. 14 Station Parade, Richmond, Surrey TW9 3PZ
Tel 020 8940 6777
Access Kew Gardens역에서 도보 1분 **Open** 점심 12:00~14:30(일요일은 15:00까지), 저녁 월~토 18:30~22:30, 일 19:00~22:00
Price 점심(3코스) £26(평일), £27.5(토요일), £32.5(일요일), 봉사료 12.5% 별도 **URL** www.glasshouserestaurant.co.uk

1 이름처럼 유리창으로 둘러싸여 있다 **2** 오랜 기간 꾸준히 명성을 지켜온 레스토랑으로 대부분의 요리가 높은 완성도를 보여준다.

디너 바이 헤스턴 블루멘탈
Dinner by Heston Blumenthal

영국 최고의 셰프가 선보이는 최첨단 요리

헤스턴 블루멘탈은 요리에 새로운 화학적 실험을 적용한 분자 요리로 주목 받는 영국의 유명 셰프이다. 액체 질소로 식재료의 성질을 순식간에 바꿔 버리기도 하고, 소리와 미각 반응간의 연관 관계를 적용시킨 요리를 내놓으며 음식에 관한 실험을 멈추지 않는다. 런던에서 기차로 30분 거리에 있는 '팻 덕Fat Duck'이라는 그의 레스토랑이 크게 인기를 얻자 런던에 첫 분점을 냈는데, 만다린 오리엔탈 하이드 파크라는 최고급 호텔 안에 위치하고 있다.

오픈하자마자 엄청난 예약이 밀려들어 세간의 화제를 모으기도 했다. 팻 덕에서 9년 동안 헤스턴을 도왔던 애슐리 팔머 와츠가 그의 요리 세계를 좀더 접근하기 쉽게 선보이고 있다. 가격도 비교적 합리적이어서 런치 3코스가 단 £28. 인기가 너무 많아 예약하기가 쉽지 않으나 기회가 된다면 꼭 가볼 만하다. 홈페이지에서 예약할 수 있다.

SHOP INFO.
Map P.436-B
Add. 66 Knightsbridge, Westminster, London
Tel 020 7201 3833
Access Knightsbridge역에서 도보 1분 **Open** 매일 12:00~14:30, 18:30~22:30
Price 평일 점심(3코스) £28, 스타터 £13.50~, 메인 요리 £23~, 디저트 £9~, 봉사료 12.5% 별도
URL www.dinnerbyheston.com

MAP

지도 보기 전에 알아두기

본책의 지도는 식당의 위치를 찾을 때 참고할 수는 있지만, 그것만 보고 정확하게 찾아가기에는 어려움이 있을 수도
있다. 가고 싶은 식당을 정했다면 구글맵(http://maps.google.co.kr)에 맛집 이름과 도시명을 차례로 입력하거나
본책에 표기된 주소를 입력해 보자. 보다 자세한 위치 정보를 얻을 수 있다.

지도에 사용된 기호

🅷 호텔	☕ 카페	✚ 병원	⛳ 골프장	━━━ 성벽
🆁 레스토랑	우 우체국	✚ 교회	Ⓜ 메트로	········ 지하철
🆂 숍	🚩 학교	✖ 경찰서	Ⓑ 버스 정류장	━━━ 트램
🅽 야간 명소	✈ 공항	❶ 관광 안내소	Taxi 택시 타는 곳	━━━ 버스
				········ RER

지도에서 식당 찾는 법

지역명이 적힌 위치에 실측된 축척과 방위가 있다.

이 책에서 소개하는 식당은 노란 사각형 안에 표기했다. 식당의 위치를 알아볼 때에는 가까운 지하철역이나 기차역, 또는 주요 관광 명소를 중심으로 길을 찾아보자.

유명 관광지를 붉은 사각형 안에 표기했다. 내가 갈 관광지와 식당의 위치를 미리 알아보고, 이동 루트를 정하는 것이 좋다.

본문의 MAP P.411-A 는 가고자 하는 맛집의 위치를 지도 P.411의 A구역에서 찾을 수 있다는 의미이다.

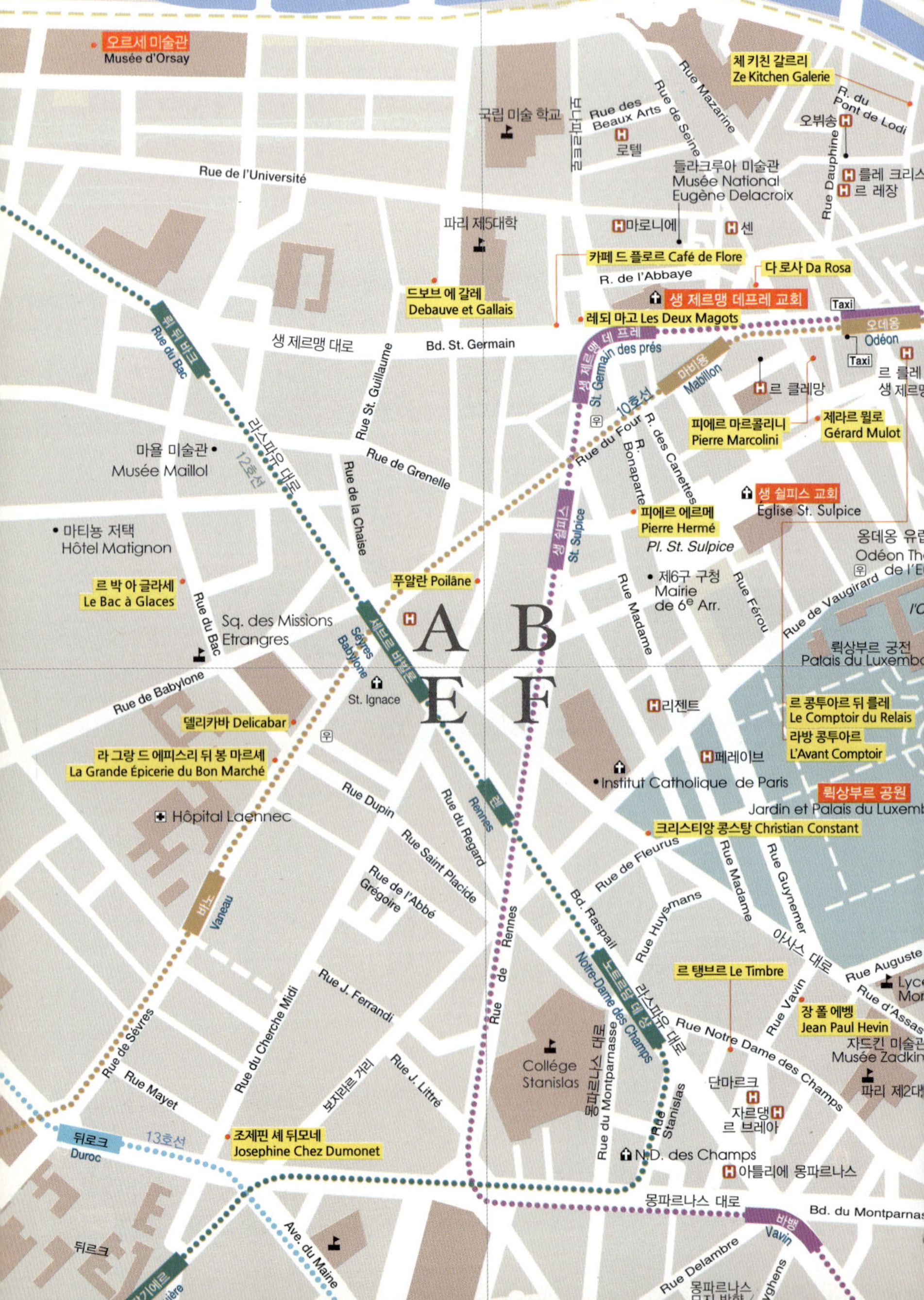
오르세 미술관 Musée d'Orsay
체 키친 갈르리 Ze Kitchen Galerie
R. du Pont de Lodi
국립 미술 학교
Rue des Beaux Arts
Rue de Seine
Rue Mazarine
오뷔송
로텔
들라크루아 미술관 Musée National Eugène Delacroix
Rue Dauphine
룰레 크리스
르 레장
Rue de l'Université
파리 제5대학
마로니에
센
카페 드 플로르 Café de Flore
다 로사 Da Rosa
R. de l'Abbaye
드보브 에 갈레 Debauve et Gallais
생 제르맹 데프레 교회
Taxi
레되 마고 Les Deux Magots
오데옹 Odéon
생 제르맹 대로 Bd. St. Germain
St. Germain des prés
생 제르맹 데 프레
Taxi
Rue du Bac
마비용 Mabillon
르 클레망
르 를레 생 제르맹
10호선
Rue du Four
R. des Canettes
R. Bonaparte
피에르 마르콜리니 Pierre Marcolini
제라르 뮐로 Gérard Mulot
라스파유 대로
마욜 미술관 Musée Maillol
12호선
Rue de Grenelle
생 쉴피스 St. Sulpice
생 쉴피스 교회 Eglise St. Sulpice
옹데옹 유럽 Odéon Théâtre de l'E
마티뇽 저택 Hôtel Matignon
Rue de la Chaise
피에르 에르메 Pierre Hermé
Pl. St. Sulpice
르 박 아 글라세 Le Bac à Glaces
Rue du Bac
푸알란 Poilâne
Rue Madame
제6구 구청 Mairie de 6e Arr.
Rue Férou
Rue de Vaugirard
l'O
뤽상부르 궁전 Palais du Luxembo
Sq. des Missions Etrangres
Sèvres Babylone
세브르 바빌론
A B
E F
St. Ignace
리젠트
르 콩투아르 뒤 를레 Le Comptoir du Relais
라방 콩투아르 L'Avant Comptoir
Rue de Babylone
델리카바 Delicabar
라 그랑드 에피스리 뒤 봉 마르셰 La Grande Épicerie du Bon Marché
페레이브
Institut Catholique de Paris
뤽상부르 공원 Jardin et Palais du Luxemb
Hôpital Laennec
Rue Dupin
Rue du Regard
Rennes
크리스티앙 콩스탕 Christian Constant
Rue de Fleurus
Rue Madame
Rue Guynemer
Vaneau
바노
Rue Saint Placide
Rue de l'Abbé Grégoire
Rue Huysmans
아사스 대로
르 탱브르 Le Timbre
Rue Auguste
Lyc Mon
Rue d'Assas
Rue de Sèvres
Rue J. Ferrandi
Rue du Cherche Midi
보지라르 거리
Rue J. Littré
Rue de Rennes
라스파유 대로
Notre-Dame des Champs
노트르담 거리
Bd. Raspail
Rue Vavin
장 폴 에벵 Jean Paul Hevin
쟈드킨 미술관 Musée Zadkin
Rue Mayet
Collège Stanislas
몽파르나스 거리
Rue Notre Dame des Champs
파리 제2대
뒤로크 Duroc
13호선
조제핀 셰 뒤모네 Josephine Chez Dumonet
단마르크
자르댕 르 브레아
N.D. des Champs
아틀리에 몽파르나스
뒤로크
Ave. du Maine
몽파르나스 대로
Bd. du Montparnas
팔기에르 Falguière
바뱅 Vavin
Rue Delambre
Rue Huyghens
몽파르나스 묘지 방향

생루이섬 L'Ile St. Louis
시테 섬 Île de la Cité
미셸교 Pont Michel
몽블랑
생 미셸 노트르담
레 자르고노트
에스메랄다
생 쥘리앙 르 포브르 교회
노트르담 대성당
두블 다리 Pont au Double
병원 박물관
Musée des Hôpitaux
Rue St. Séverin
멜리아 콜베르 부티크 호텔
미라마
St. Séverin
외로프 생 세브맹
Rue Lagrange
르 프티 퐁투아즈 Le Petit Pontoise
아랍 세계 연구소 IMA(Institut du Monde Arabe)
St. Michel Notre Dame
R. Hautefeuille
Bd. St. Germain
Maubert Mutualité
모베르 튀알리테
생 니콜라 뒤 샤르도네 교회
Église St. Nicolas du Chardonnet
클리뉘 라 소르본 Cluny la Sorbonne
중세 박물관 Musée National du Moyen Age
파리 제5대학
de l'Ecole Médechine
에릭 케제르 Eric Kayser
파리 제6·7대학
파트리크 로제 Patrick Roger
캘리포니아 악시옹 에콜
Rue des Écoles
미네르브
파밀리아
로얄 카디날
르 뷔송 아르당 Le Bussion Ardent
idor
도르
소르본 La Sorbonne
생자크
쉴리 생 제르맹
Rue Jussieu
Minstère de l'Enseignement Supérieur et de la Recherche
Cardinal Lemoine
카르디날 르무안
Rue Valette
Église de la Sorbonne
Bd. St. Michel
셀렉트 오텔
클뤼니 소르본
트루아 콜레주
Taxi
Jussieu
쥐시외
Rue Linné
sieur le Prince
그랑 오텔 생 미셸
상테렐
Lysée Henri IV
그랑제콜
de Is
르 클로 메디시스
Rue Souflot
판테옹 Panthéon
C D
G H
생 크리스토프
Taxi
데옹 유럽 극장
브레질
Luxembourg
국립 자연사 박물관
PI. Monge
Rue St. Jacques
Rue Pierre et Marie Curie
N.D. du Liban
Rue Tournefort
Rue Mouffetard
무프타 시장 Marché de Mouffetard
무프타르 뮈상점 거리
Rue Gay Lussac
École Nationale Supre des Mines
Rue Lhomond
고등 사범학교 École Nationale Supérieure
Maison Fraternelle
RER A선
A. Honnorat
St. Jacques du Haut Pas
Rue d'Ulm
Rue Erasme Brossolette
École Supre de Physique et de Chimie Industrielles
파리 제3대학
Rue de l'Abbé de l'Epée
Censier Daubenton
상시에 도방통
din R. elier-de-alle
Institut Nationale de Jeunes Sourds
École Normale Supérieure
Institut National Agronomique
생 메다르 교회
Taxi
Rue Henri Barbasse
Rue des Feuillantines
Lycée Lavoisier
Rue Claude Bernard
레스페랑스
제5대학
Rue P. Nicole
Rue St. Jacques
Rue du fer à Moulin
Jarding Maro-Polo
르바투아르 분수
aine de L'Observatoire
발 드 그라스 Val de Grâce
라 클로즈리 데 릴라 La Closerie des Lilas
Taxi
Port Royal
포르 루아얄 대로 Bd. de Port Royal
Taxi
Maternité Port Royal Clinique
Barde locque
칼 마를레티 Carl Marletti
파리 (생 제르맹 데 프레 / 카르티에 라탱)
St. Germain des prés / Quartier Latin
0   500m
N

파리 (오페라 / 루브르)
Opéra / Louvre
0   300m
Synagogu
N.D. de Lorette
귀스타브 모로 미술관
Musée Gustave Moreau
Rue St. Lazare
Ste. Trinité
노트르담 드 로레트
Notre Dame de Lorette
Rue de Clichy
Rue de Chateaudun
12호선
Taxi
르 팽 오 나튀렐
Le Pain au Naturel
Rue St. Georges
Rue de Londres
Direction
Générale
S.N.C.F.
Rue St. Lazare
트리니테
Trinité
Rue de la Victoire
7호선
Rue la Faye
Rue de Budapest
생 라자르 역
Gare St. Lazare
마가도르 극장
Théâtre Mogador
Rue de la Chaussée d'Antin
Rue du Rocher
St. Lazare
Taxi
Haussmann St. Lazare
오스만 생 라자르
Lycée Condorcet
Rue de Magador
라파예트
S
밀레니엄 오페라 파리
Ta
Bd. Haus
Taittbo
Police
생 라자르
릴레 메르퀴르
오페라 가르니에
St. Louis d'Antin
오스만 대로
쇼세 덩탕 라 파예트
Taxi
Chaussée d'Antin
La Fayette
Rue du Rocher
Laborde
St. Lazare
쁘렝땅 백화점
Havre Caumartin
아브르 코마르탱
파리 스트릭
PARISTRIC
오페라 극장(오페라 가르니에)
Opéra Garnier
Sq. M. Pagnol
St. Augustin
Rue de la Pépinière
13호선
Rue des Mathurins
Th. des Mathurins
Th. Michel
Sq. Louis XV
Rue des Mathurins
Rue Auber
고몽 오페라 프르미에
N
Pl. St-Augustin
St. Augustin
생토귀스탱
Rue d'Anjou
Chapelle Expiatoire
오베르
Auber
라 메종 뒤 미엘 La Maison du Miel
Th. de la Michodi
RER Ⓐ선
르 그랑 호텔 인터콘티넨털 파리 H
스크리브 파리
오페라
Opéra
카트르
Quatre S
Rue d'Astorg
St. Esprit
Bd. Malesherbes
R. Pasquier
Rue Vignon
la Paix
Ave. de l'Opéra
Archevêché de Paris
Rue Cambacérès
에디아르 S
마리아주 프레르 S
A B Olympia
Bd. des Capucines
웨스트민스터
슈아젤 오페라
에두아르 세트
Rue de
Th. de la Potin
E F
프랑스 부동산 은행
Crédit Foncier
de France
스탕달
Rue Danielle Casanova
Rue de la Ville l'Evêque
마들렌 교회
Église de la Madeleine
라비니아 S
JCB
Rue de Surène
리츠 파리 H
파크 하얏트 방돔 H
내무부
Mins. de l'Intérieur
Rue Montalivert
Madeleine
마들렌
방돔 광장
Pl. Vendôme
모노프리 S
P
마들렌 광장
Pl. de la Madeliene
Rue Cambon
법무성
Ministère
de la Justice
장 폴 에벵
Jean Paul
Hevin
생 로크 교회
Église St. Roc
포부르 생토노레 거리
Rue du Faubourg St. Honoré
카스틸리오네 H
Rue St. Florentin
회계감사원
Cour des
Comptes
Rue St. Honoré
파리생토노레로
리옹 도르 H
엘리제 궁전
Palais de l'Élysée
Ave. de Marigny
Rue de l'Élysée
부다 바 R
르브런치 뒤 크리용
Le Brunch du Crillon
크리용 H
Rue Royal
Rue St. Florentin
캉봉
Rue du Mont Thabor
르 뫼리스 Le Meurice
뫼리스 H
양젤리나 Angellina
콜레트 S
잔 다르크
Hôtel de la Marine
Rue de Rivoli
Ave. Gabriel
Taxi
콩코르드
Concorde
죄 드 폼 국립 갤러리
Galerie National du Jeu de Paume
튈르리
Tuileries
파리
광장
파리 관광안내소
클레망소 사무소
브라이턴 H
상젤리제 클레망소
Champs Élysées
Clémenceau
1호선
콩코르드 광장
Pl. de la Concorde
튈르리 정원
Jardin des Tuilerie
Ave. W. Churchill
프티 팔레
Petit Palais
Ave. des Champs Elysées
Rue Boissy d'Anglas
오랑주리 미술관
Musée de l'Orangerie
Ave. Edward Tuck
Quai des Tuileries
Université Paris IV
콩코르드 다리
Pont de la Concorde
솔페리노 다리
Passerelle
Solférino
센 강
루아
Pont

Rue Cadet
Musée du Grand Orient de France
Rue Richer
페리스
Rue de
Rue de Provence
Synagogue
Fg. Montmartre
de Provence
국립 연극학교
Conservatoire Nat.Sup. d'Art Dramatique
Rue Bergère
demption
Rue du Fg. Poissonnière
Rue d'Hauteville
Rue d'Enghin
Rue de l'Echiquier
생 드니 문
Porte St. Denis
생 마르탱 문
Porte St. martin
Rue du Fg. St. Martin
Marché
olice
베르제르 오페라 베스트 웨스턴
Taxi
Bd. de Bonne Nouvelle
제9구 구청
le 9e Arr.
샤르티에 Chartier
9호선
본 누벨
Bonne Nouvelle
스트라스부르 생 드니
Strasbourg St. Denis
Taxi
Château d'Eau
그레뱅 미술관
Musée Grévin
8호선
N.D. de Bonne Nouvelle
리외 드루오
Bd. Montmartre
그랑 볼르바르
Grands Boulevards
국립 공예 학교
Conservatoire des Arts et Métiers
Rue d'Uzes
Sq. Emile Chautemps
Richelieu Drouot
바리에테 극장
Théâtre des Variétés
Rue St. Fiacre
Rue des Jeûneurs
Rue de Cléry
Rue d'Aboukir
Rue Denis
국립 기술 박물관
Musée National des Techniques
코미크
a Comique
Rue Feydeau
R. du Croissant
Rue Réaumur
레오뮈르 세바스토폴
Réaumur Sébastopol
증권 거래소
Bourse des Valeurs
상티에
Sentier
3호선
St. Nicolas des Champs
e Quatre Septembre
부르스
Bourse
Rue St. Sauveur
Rue de Palestro
Bd. Sébastopol
Rue de Turbigo
St. Augustin
R. Léopold Bellan
Rue Greneta
Rue St. Martin
리슐리외 국립 도서관
Bibliothèque Nationale-site Richelieu
제2구 구청
Mairie du 2e Arr.
C D
G H
스토레 Stohrer
Basillique N.D. des Victoires
빅투아르 광장
Pl. des Victoires
Rue Tiquetonne
에티엔 마르셀
Etienne Marcel
리스 와인 바 Willi's Wine Bar
s PetitsChamps
중앙 우체국
Hôtel de Postes
St. Leu St. Gilles
시간의 수호자
Defeseur de Temps
루브르 리슐리외
아 프리오리 테 A Priori The
아네스 베
Rue Rambuteau
루 리브르
이에르의 분수
ontaine
olière
Rue de Richelieu
프랑스 은행
Banque de France
Taxi
생퇴스타슈 교회
Église St. Eustache
Châtelet Les Halles
샤틀레 레 알
팔레 루아얄
Palais Royal
루앙
Rue Molière
14호선
Rue du C. Driant
Rue du Louvre
상품 거래소
Bourse de Commerce
포롬 데 알
Forum des Halles
HIS
Rue de
앙드레 말로 광장
Pl. A. Malraux
Rue Berger
코메디 프랑세즈
이노상 분수
Fontaine des Innocents
BVJ Louvre
Rue St. Honoré
뒤크탕주
생 메리 교회
Église St. Merri
팔레 루아얄 뮈제 뒤 루브르
Taxi
오라토리오 교회
Oratoire du Louvre
Louvre Rivoli
루브르 리볼리
Palais Royal Musée du Louvre
Rue de Rivoli
Rue du Pont Neuf
샤틀레
모드 직물 미술관
de la Mode et du Textile
카페 마를리
제1구 구청
Mairie du 1er Arr.
생 자크 탑
Tour St. Jacques
Châtelet
Taxi
정원
du Carrousel
Pl. du Carrousel
(지하)
파리 관광안내소
카루젤 드 루브르 사무소
루브르 궁전
Palais du Louvre
생 제르맹 록세루아 교회
Église St. Germain l'Auxerrois
사마리텐
샤틀레 극장
Théâtre du Châtelet
젤 개선문
c de Triomphe
Carrousel
르 퓌무아르
퐁 뇌프
Pont Neuf
Châtelet
루브르 박물관
Musée du Louvre
Quai du Louvre
릴레 뒤 루브르
파리 시립 극장
Théâtre de la Ville
Pont au Change
예술 다리(퐁 데 자르)
Pont des Arts
카루젤 다리
Pont du Carrousel
퐁뇌프
Pont Neuf
베르 갈라앙 광장
Square du Vert Galaant
콩시에르주리
La Conciergerie
브데트 뒤 퐁뇌프
Pl.Dauphine
Cité

Rue de Belloy
Pl. des Etats-Unis
Pl. Amiral de Grasse
St. Étienne
R. Goethe
Ave. George V
상젤리제 극장
Théâtre des Champs Élysées
레 거리
Cours la Reine
Alma Marceau
알마 마르소
바토 무슈 선착장
Taxi
Rue Hamelin
Ave. Kléber
Rue de Lübeck
Ave. d'Iéna
Rue Pierre 1er de Serbie
Rue Freycinet
Taxi
갈리에르 궁전
Palais Galliera
Pl. de l'Alma
Port du Gros
Quai d
Rue
Boissière
Boissière
Taxi
기메 미술관
Taxi
Musée Nationale des Arts Asiatiques Guimet
Ave. du Président Wilson
Rue Fresnel
파리 시립 근대미술관
Musée d'Art Moderne de la Ville de Paris
팔레 드 도쿄
Palais de Tokyo
알마 다리
Pont de l'Alma
풍 드 알마
Pont de l'Alm
Pl. de la Resistance
Rue Cogna
Rue de l'Uni
트로카데로 도캉스
트로카데로
Ave. d'Iéna
Iéna
Conceil Economique et Social
Union de l'Europe Occidentale
Ave. Albert de Mun
프레지
드빌리 다리
Passerelle Debilly
레 되 자베이유 Les Deux Abeilles
Taxi
케 브랑리 미술관
Musée du Quai Branly
Taxi
Rue de Longchamp
트로카데로 광장
Pl. du Trocadro et du 11 Novembre
건축·문화유산박물관
Cité de l'Architeture et du Patrimoine
사요 궁전
Palais de Chaillot
국립 사요 극장
Théâtre National de Chaillot
Port de la Bourdonnais
Quai Branly
Rue de l'Université
Ave. Franco Russe
라프 대로 Ave. Rapp
Rue E. Valentin
Rue Sedillot
파리의 아르누보 건축
Taxi
Trocadéro
레 코코트 드 콩스탕 Les Cocottes de Constant
르 비올롱 당그르 Le Violon d'Ingres
카페 콩스탕 Café Constant
Cimetière de Passy
인류 박물관
Musée de l'Homme
이에나 다리
Pont d'Iéna
A B
E F
부르도네 대로 Ave. Elisée Reclus
Taxi
도이나
Ave. de la Bou
트로카데로 정원
Jardins du Trocadro
Ave. des Nations Unies
에펠탑
Tour Eiffel
Taxi
Eiffel
Allée Adrienne Leconvreul
그레고리 르나르
Grégory Renard
Ave. de la Bou Desche
Rue Vineuse
Rue Benjamin Franklin
해양박물관
Musée de la Marine
École St. Louis de Gonzague
Ave. Gustave
Ave. Anatole France
Ave. Pierre Loti
자크 뤼에프 광장
Pl. Jacques Rueff
Ave. Deschi
롱샹 경마장
오퇴유 경마장
Musée Clemenceau
Bd. Delessert
Allée Thomy Thierry
Ave. J. Bouvard
샹드마르 공원
Champ de Mars
Taxi
Sq. Alboni
센 강
Seine River
Stade Émile Anthoine
Taxi
파시 에펠
Passy
파시
와인 박물관
Musée du Vin
Rue des Eaux
Pont de Bir Hakeim
Champ de Mars Tour Eiffel
상드 마르스 투르 에펠
Rue Jean Rey
메르퀴르 파리 투르 에펠 쉬프랑
Mercure Paris Tour Eiffel Suffren
쉬프랑 대로
Ave.
Rue de la Fédération
레이 누아르로
Rue Reynouard
Ave. Marcel Proust
프레지당 케네디 대로
Ave. du Président Kennedy
Port de Passy
파리 일본 문화회관
Maison de la Culture du Japon à Paris
바르 아켐
Bir Hakeim
Taxi
Rue Saint Saëns
Desaix
Direction Journaux Officiels
Rue de Presles
Rue Rue D
Rue Duple
발자크 기념관
Maison de Balzac
Quai de Grenelle
R. Nélaton
그르넬 대로
Pl. Dupleix
St. Léon
Ave. de Lamballe
백조의 작은 길
Allée des Cygnes
Rue du Docteur Finlay
Bd. de Grenelle
뒤플렉스
Dupleix
Taxi
Rue Daniel Sterm
Rue de Pondiché
Kennedy Radio-France

Rue de Lille
Muséed'Orsay
오르세 미술관
앙발리드 다리
Pont des Invalides
Invalides
Taxi
외무성
Min. des Affaires
Étrangères
Assemblée Nationale
아상블레 나시오날
Rue de Solférino
생 제르맹 대로
Rue de Bellechasse
공항 터미널
Aérogare des
Invalides
Pl. de Finlande
Rue de l'Uninersité
Rue de Constantine
Rue
Min. de la
Défense
Solférino
솔페리노
St.
Dominique
Sq. S. Rousseau
Rue las Cases
S.E.I.T.A.
미셀 쇼당 Michel Chaudun
Rue Surcou f
Ave. du Mal. Galliéni
Rue
Rue de Bourgogne
Rue de Martignac
청소년 스포츠 교육관
Min. de l'Education
Nationale et de la
des Sports
제7구 구청
Mairie du 7e Arr.
장 프랑수아 피에주 Jean-François Piège
투미외 Thoumieux
Bd. de la Tour Maubourg
Rue Fabert
앙발리드 광장
Pl. des Invalides
국토지리원
Institut
Geographique National
그르넬로
Rue de Grenelle
산업·국토정비성
Min. de l'Industrie et
Aménagement du Territoire
생 도미니크 H
Rue St. Dominique
투미외 H
Rue de la Tour Comète
Pl. Santiago
du Chilli
Latour Maubourg
Varenne
바렌
팔레 부르봉 H
농업성
Min. de l'Agriculture
et de la Forét
Rue Malar
셰 라미 장 Chez L'Ami Jean
Rue de Grenelle
Taxi
군사 박물관
Musée de l'Armée
Rue de Varenne
라르페주 L'Arpège
바렌로
마티뇽 저택
Hôtel Matignon
Rue Cler
Rue E. Psichari
St. Jean
앙발리드
Hôtel des Invalides
생 루이 교회
Église St-Louis des Invalides
로댕 미술관
Musée Rodin
Rue Barbet de Jouy
Rue Vaneau
라 세르 H
Rue Duvivier
르 플로리몽 Le Florimond
돔 교회 Église du Dôme
Bosquet
Ave. de la Motte Picquet
Rue Chevert
Rue L. Codet
C D
G H
Préfecture d'Île
de France
École Militaire
에콜 밀리테르
Taxi
장 폴 에벵 Jean Paul Hevin
Pl. de l'École
Militaire
Ave. de Tourville
앙발리드 대로
Lycée Victor Duray
Rue
de
Babylone
Rue Vaneau
뒤켄 대로
뒤켄 에펠 H
St. François Xavier
생 프랑수아 그자비에
Bd. des Invalides
Rue Monsieur
Rue Oudinot
Rue Pierre Leroux
Clinique
St. Jean
de Dieu
Pl. Joffre
사관학교
École Militaire
Ave. de Lowendal
후생성
Min. de la Soridarté
Santé et Protectoins
Sociale
Ave. de Ségur
Ave. Duquesne
생 프랑수아
그자비에 교회
St. François
Xavier
Min. des Départments
et Territories
d'Outre Mer
8호선
우정성
Min. des Postes
Telecommunications
et Espace
Ave. de Breteuil
Rue Masseran
Rue Duroc
Rue M. de la Sizeranne
봉 마르셰
방향
뒤로크
Taxi
Taxi
유네스코 본부
Maison de l'UNESCO
Ave.
Ave. de Saxe
érignon
Pl. Breteuil
Rue du Général Bertrand
Duroc
N
10호선
R. José Maria de Heredia
세귀르 대로
세귀르 Ségur
Taxi
파리 (에텔탑 / 앙발리드)
Tour Eiffel / Hôtel des Invalides
0   500m
Pl. Cambronne
피케 그르넬 e Picquet Grenelle
캄브론 Cambronne
6호선
가리발디 대로 Bd. Gariba

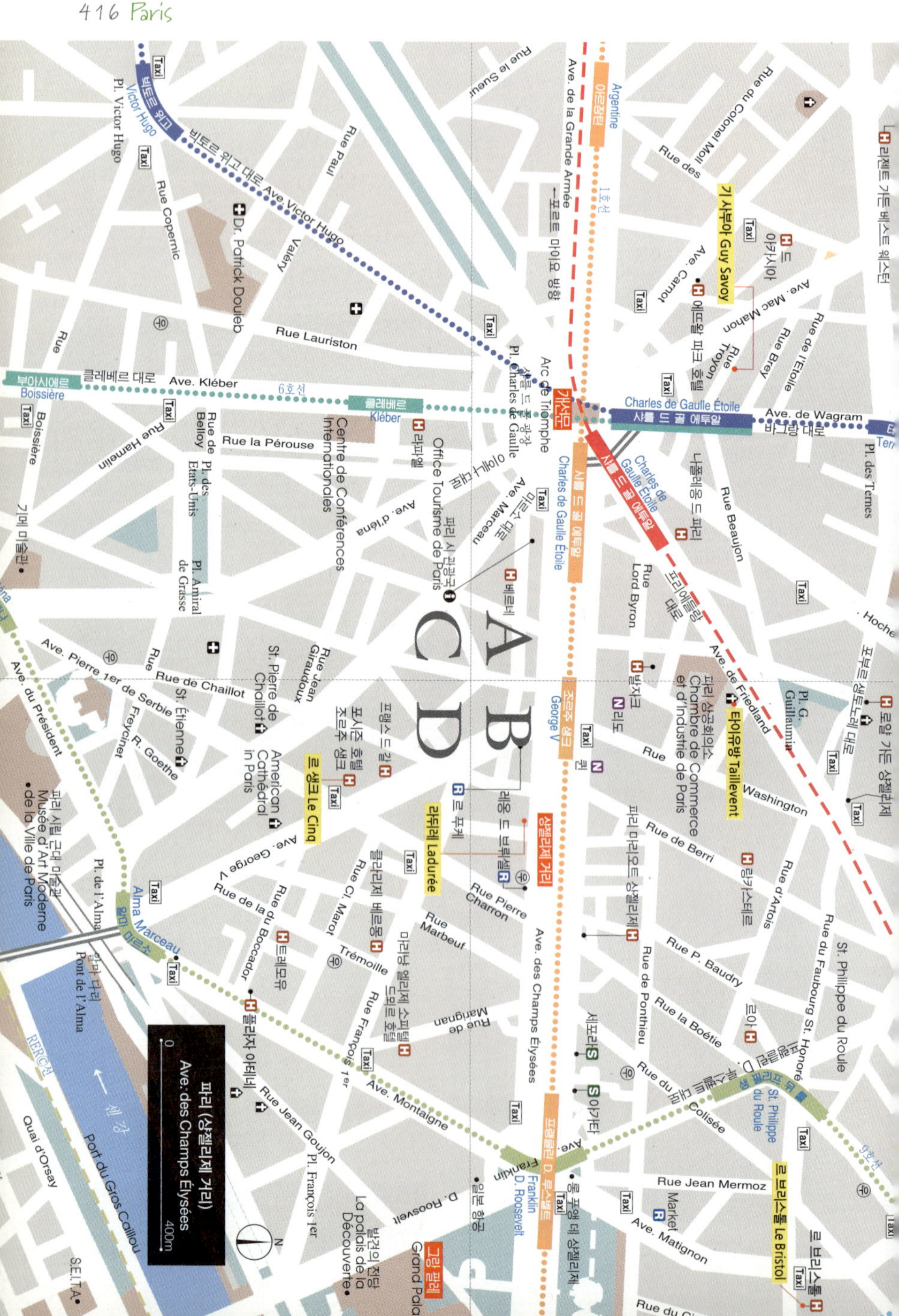
416 Paris
Pl. Victor Hugo
Taxi
빅토르 위고
Victor Hugo
Taxi
Rue Copernic
빅토르 위고 대로 Ave. Victor Hugo
Rue Paul Valéry
Dr. Patrick Doujeb
Rue Lauriston
Rue
부아시에르 클레베르 대로
Boissière Ave. Kléber
6호선
Taxi
Boissière
Rue Hamelin
Rue de Belloy
Pl. des Etats-Unis
Rue la Pérouse
Rue de Grasse
Pl. Amiral de Grasse
Centre de Conférences Internationales
콜레베르 Kléber
기메 미술관
Pl. Charles de Gaulle
샤를 드 골 광장
Arc de Triomphe
Ave. d'Iéna
Office Tourisme de Paris
파리 시 관광국
라파엘
Ave. Marceau
마르소
Rue de Sueur
Rue de la Grande Armée
Argentine
아르장탱
1호선
Ave. de la Grande Armée
Rue des
Rue du Colonel Moll
기 사부아 Guy Savoy
Taxi
드 아카시아
에투알 파리 호텔
Ave. Carnot
Ave. Mac Mahon
Rue Troyon
Rue Brey
Rue de l'Étoile
Taxi
개선문
Charles de Gaulle Étoile
샤를 드 골 에투알
Ave. de Wagram
바그랑 대로
Pl. des Ternes
Charles de Gaulle Étoile
샤를 드 골 에투알
Rue Beaujon
니콜라스 드 파리
Rue Lord Byron
Rue
파리에뚜알 대로
Ave. de Friedland
Pl. G. Guillaumin
Taxi
H 벨르네
A B C D
George V
조르주 생
N 네도
밧지네
파리 상공회의소
Chambre de Commerce et d'Industrie de Paris
타이유방 Taillevent
포부르 생토노레 대로
Hoche
Rue P. Baudry
Rue d'Artois
Rue du Faubourg St. Honoré
St. Philippe du Roule
르 생크 Le Cinq
Taxi
Ave. George V
American Cathedral in Paris
St. Pierre de Chaillot
Rue Jean Giraudoux
포시즌 호텔 조르주 생크
Rue de Chaillot
Rue St. Étienne
R. Goethe
Rue de Freycinet
Ave. Pierre 1er de Serbie
Ave. du Président
파리 시립 근대 미술관
Musée d'Art Moderne de la Ville de Paris
Pl. de l'Alma
Alma Marceau
알마 마르소
Taxi
Pont de l'Alma
라뒤레 Ladurée
Rue Pierre Charron
Ave. des Champs Élysées
레옹 드 브뤼셀
샹젤리제 거리
Rue de Berri
Rue de Ponthieu
랑카스트르
Rue la Boétie
르 브리스톨 Le Bristol
Taxi
Rue du Roule
세크리S
St. Philippe du Roule
성 필리프 뒤 룰
콜리제
Rue Jean Mermoz
Market R
Ave. Matignon
Rue Cl. Marot
Rue de la Boccador
Rue Bayard
Rue Clément Marot
Trémoille
마리뇽 엘리제 스파크 드뮤르 호텔
Rue Marbeuf
Rue de Marignan
Rue François 1er
플라자 아테네
Taxi
트레모유
Ave. Montaigne
Rue Jean Goujon
Pl. François 1er
La palais de la Découverte
발견의 전당
Franklin D. Roosevelt
프랭클린 D. 루스벨트
Grand Palais
그랑 팔레
Rue du Cirque
RER C선
세 강
Quai d'Orsay
Port du Gros Caillou
S.E.I.T.A.
파리 (샹젤리제 거리)
Ave. des Champs Élysées
0
400m
N

파리 (시테 섬 / 레 알 / 마레)
Ile de la Cité / Les Halles / Le Marais
0   500m
N
국립 공예 학교
Lycée Techn. des Duperé
Carreau du Temple
Conservatoire des Arts et Métiers
국립 기술 박물관
Musée National des Techniques
Rue Perrée
Sq. du Temple
웹바
11호선
8호선
아르 에 메티에
Arts et Métiers
Taxi
Rue au Maire
Rue de Turbigo
St. Nicolas des Champs
R. des
Gravilliers
Rue Beaubourg
Rue
Chapon
Montmorency
Rue du Temple
Rue des Archives
Rue
Pastourelle
Rue de
Poitou
Rue Vieille du Temple
Rue St. Claude
Réaumur Sébastopol
세바스토폴
Rue de Palestro
Bd. Sébastopol
Rue St. Martin
Rue de
Rue Michel Le Comte
레 뱅
N
R
오베르주 니콜라 플라멜
브레이스 카페 Breizh Café
St. Leu St. Gilles
프랑스 역사 박물관 (수비즈 저택)
Musée de l'Histoire de France (Hôtel de Soubise)
게네고 저택(수렵 박물관)
Hôtel Guénégaud
Rue des 4 Fils
Cathédrale Ste. Croix
피카소 미술관(살레 저택)
Musée National Picasso (Hôtel Salé)
리베랄 브뤼앙 저택(열쇠)
Hôtel Liberal Bruant
Taxi
Rue du Park Royal
시간의 수호자
Rue Rambuteau
Rambuteau
Taxi
로앙 저택
Hôtel de Rohan
프랑 부르주아
도농 저택(코냐크 제 박물관)
Hôtel Donnon
Rue Barbette
Rue de Turenne
루 리브르
Rue
Rambuteau
폼피두 센터
Centre Georges Pompidou
국립 근대 미술관
Musée national d'art moderne
Rue des Blancs
Musée Kwok On
마리아주 프레르 Mariage Frère
Hôtel Carnavalet
Rue des Francs
Bourgeois
카르나발레 저택(역사 박물관)
슈발리에
H
이르캄
IRCAM
N
라 브르토느리
Rue Sainte Croix Bretonnerie
H
Rue des Rosier
셰 마리안느 Chez Marianne
Les Halles
카페 보부르
뮈크 데 롱바르
A   B
C   D
Rue de la Verrerie
레 필로조프 Les Philosophes
라스 뒤 팔라펠 L'As du Fallafel
르 루아 당 라 테이에르 Le Loir Dans la Théiere
불랑제리 말리노 Boulangerie Malineau
RER(A) 선
생 메리 교회
Église St. Merri
분수
N
산셋
N
Rue du Roi de Sicile
생 폴
St. Paul
Taxi
제4구 구청
Mairie du 4e Arr.
리볼리 거리
오텔 드 빌
Hôtel de Ville
크 탑
이올레
H
Châtelet
파리 시청사
Hôtel de Ville
Pl. de l'Hôtel de Ville
St. Gervais
St. Prtais
Mémorial du Martyr Juif Inconnu
생 폴 생 루이 교회
Église St. Paul St. Louis
Lycée Sophie Germain
행정 법원
Tribural Adm.
Rue Charlemagne
세티엠 아르
H
N
에 극장
파리 시립 극장
Théâtre de la Ville
Assistance
Publique
오텔 드 빌 광장
Lycée Charlemagne
Rue St. Paul
상주 다리
t au Change
Bd. du Palais
Cité
노트르담 다리
Pont Notre Dame
Quai de l'Hôtel de Ville
아르콜 다리
Pont d'Arcole
상소 저택(포르네 도서관)
Hôtel de Sens
퐁 마리
Point Marie
Rue St. Rue des Lions St. Paul
시에르주리
ciergerie
de Justice
법원
루이 필리프 다리
Pont Louis Phillippe
마리 다리
Pont Marie
Port de Célestins
베르티용 Berthillon
Sully Morland
꽃 시장
시립 병원
Hôpital Dieu de Cité
Quai de Bourbon
생 루이 다리
Pont St. Louis
생루이섬
L'Île St. Louis
죄 드 폼
R
오 구르메
드릴
샤펠
e Ste. pelle
경찰서
Préfecture de Police
RER(A) 선
시테 섬
Île de la Cité
Rue d'Arcole
Rue du Clôtre Notre Dame
뤼테스
H
람베르 저택
Hôtel Lamb
생 미셸 다리
Pont St. Michel
푸티 퐁
Petit Pont
르 플로르 앙 릴
아모리노 Amorino
Quai de Béthune
투르넬 다리
Pont la Tournelle
로쟁 저택
Hôtel de Lauzur
노트르담 대성당
Cathédrale Notre Dame de Paris
생 미셸 노트르담
St. Michel
Notre
Dame
St. Michel
레자르고노트
H
H
에스메랄다
생 쥘리앵 르 포브르 교회
두블 다리
Pont au Double
아르슈베슈 다리
Ponte de l'Archeveche
Quai de la Tournelle
아담 미츠키에비치 기념관
Musée Adam Mickiewicz
쉴리 다리
Pont de Sully
생 루이 앙 릴 교회
Église St. Louis en l'Ile
N
투르 다르장
Rue St. Séverin
St. Séverin
Rue Lagrange
멜리아 콜베르 부티크호텔
치앙마이
Montebello
병원 박물관
Musée des Hôpitaux de Paris
Rue des Bernardins
아랍 세계 연구소
IMA(Institut du Monde Arabe)
R Hautefeuille
St. Michel
라오 세 L'Aoc
Bd. St. Germain
Rue des Fossés St. Bernard
파리 제6·7대학
Université
Paris VI
Paris VII
클리뉘 라 소르본
Cluny La Sorbonne
모베르 뮈튀알리테
Maubert Mutualité
생 니콜라 뒤 샤르도네 교회

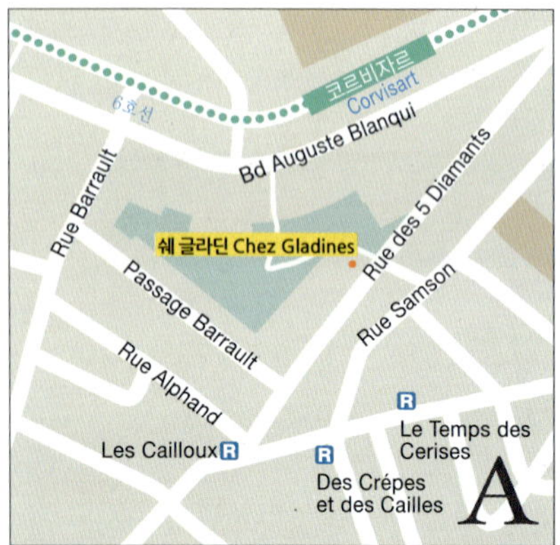
코르비자르
Corvisart
6호선
Bd Auguste Blanqui
Rue Barrault
Rue des 5 Diamants
쉐 글라딘 Chez Gladines
Passage Barrault
Rue Samson
Rue Alphand
Les Cailloux
Le Temps des Cerises
Des Crêpes et des Cailles
A

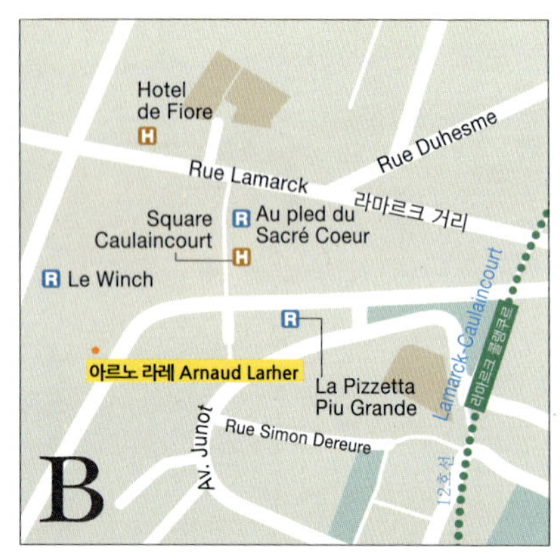
Hotel de Fiore
Rue Lamarck
Rue Duhesme
라마르크 거리
Square Caulaincourt
Au pled du Sacré Coeur
Le Winch
Lamarck-Caulaincourt
라마르크 콜랭쿠르
아르노 라레 Arnaud Larher
La Pizzetta Piu Grande
Av. Junot
Rue Simon Dereure
12호선
B

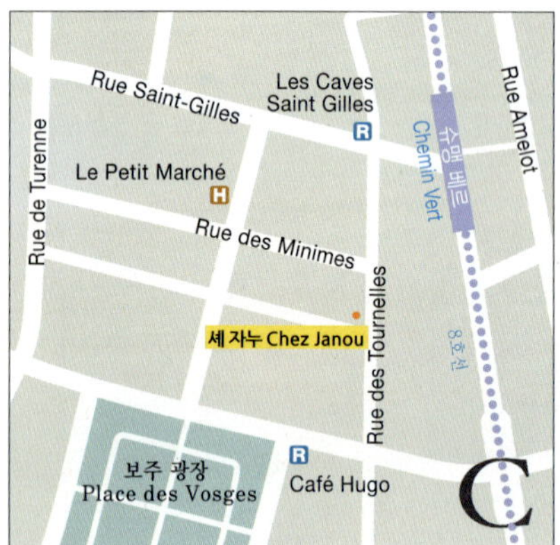
Rue Saint-Gilles
Les Caves Saint Gilles
Rue Amelot
Rue de Turenne
슈맹 베르
Chemin Vert
Le Petit Marché
Rue des Minimes
Rue des Tournelles
셰 자누 Chez Janou
8호선
보주 광장
Place des Vosges
Café Hugo
C

Av. Stéphane Mallarmé
Brasserie Royal Villiers
Porte de Champerret
Av. de Villiers
Boulevards des Maréchaux
3호선
Rue Descombes
Hotel Cheverny
Champerret Elysées
랑트레쥐 L'Entredgeu
Le Petit Champerret
Rue Laugier
Rue Galvani
L'Accolade
D

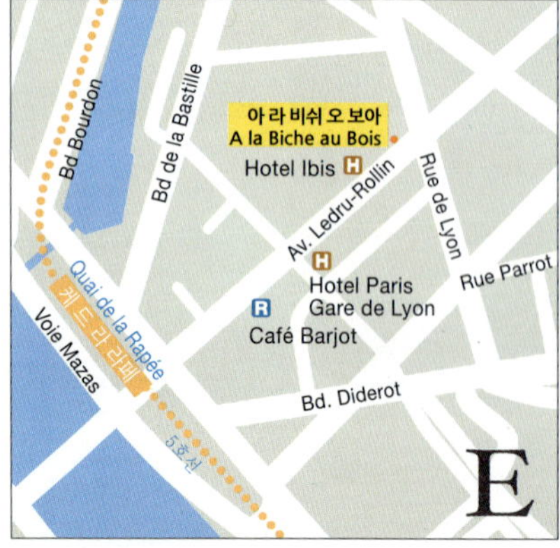
Bd Bourdon
Bd de la Bastille
아라 비쉬 오 보아
A la Biche au Bois
Hotel Ibis
Rue de Lyon
Av. Ledru-Rollin
Quai de la Rapée
케 드 라 라페
Hotel Paris Gare de Lyon
Rue Parrot
Voie Mazas
Café Barjot
5호선
Bd. Diderot
E

Lycée Technique des Métiers du Vêtement
보 플라스티크
Rue de Charonne
Taxi
르 발라조
세 폴
이자벨 마랑
디디에 라마르트
상즈 상스
제다 에 퓌르
Ledru Rollin
르드뤼 롤랭
Rue du Faubourg Saint Antoine
오페라 극장(오페라 바스티유)
블레 쉬크레 Blé Sucré
Opéra Bastille
F

로마 (트라스테베레 지구)
Trastevere
0   400m

N

시스토 다리
Ponte Sisto

트릴루사 광장
Piazza Trilussa

V. d. Pettinari

Via
d. Conservatorio

Zoccolette

발라티 강변 도로 L. dei Vallati

법무부
Min. di Grazia e
Giustizia

첸치 궁전
Pal Cenci

Via
Catalana

포르티코 거리

첸치 강변 도로 Lungotevere dei Cenci

마르첼로 극장
Teatro di Marcello

마르첼로 극장 거리
Via d. Teatro
di Marcello

가리발디 다리
Ponte Garibaldi

티베리나 섬
Isola Tiberina

파브리초 다리
Ponte Fabricio

파테베네파텔리 병원
Ospedale Fatebenefatelli

d. Cinque

일 두카
Piazza
De' Renzi

라파엘로 산치오 강변 도로

Via del Moro

Via

피오르 디 루나 Fior Di Luna

Lungotevere Raff.

Sanzio

소라 렐라

카세타 디 트라스테베레

d. Renella

벨리 광장
P. za G. Belli

V. d. Olmetto

산 바르톨로메오 교회
S. Bartolomeo all'Isola

체스티오 다리
Ponte Cestio

Via d. Pierleoni

산타 마리아
인 트라스테베레 교회
Santa Maria in Trastevere

사바티니

룬가레타 거리

부텔로

Via d. Lungaretta

피시눌라 광장
Piazza in Piscinula

팔라티노 거리
Ponte Palatino

Via Petroselli

Piazza S.
Maria in Trast

P. za S. Sonnino

영화관

산 크리소고노 교회
S.Crisogono

이노첸티 Innocenti

Via d.

코르누코피아

파리스 인 트라스테베레

마리아 에 갈리카노 병원

Anicia dei

플루냐
Salumi 크사나두

리파로

맥도날드

트라스테베레 지구
Trastevere

Via d.
Genovesi

구티

Via Vascellari

루차노 마나라 거리
Via Luciano Manara

Via S. Francesco a Ripa

A B

C
D

알베르토 차를라

포피 포피

메차르나

산타 체칠리아 인
트라스테베레 교회
Santa Cecilia in Trastevere

산 코시마토 광장
Piazza S. Cosimato

랄케토

영화관

마스타이 광장
Piazza Mastai

메르칸티 광장
Piazza Mercanti

신 레지나 마르게리타 병원
Ospedale Nuovo

전매 공사
Monopoli di Stato

V. Mad. d. Orto

다 메오 파타카

타베르나 다 치첼루아키오

모로시니 거리
Via E. Morosini

에사미 궁전
Palazzo Esami

산 프란체스코 다시시 광장
Piazza S. Francesco d'Assisi

Via di S. Michele

Fiume Tevere

교육부
Ministero D.
Puubblica i
Struzione

Via G. Induno

문화재청
Ministero dei
Beni Culturati

산타 사비나 교회
S. Sabina

Viale di Trastevere

산 프란체스코 아 리파 교회
Chresa San Francesco a Ripa

산 미켈레 거리

리파 강변 도로 Lungotevere Ripa

산탈레시오 교회
S. Alessio

Viale delle Mura Portuensi

포르테세 문
Porta Portese

테베레 강 Fiume Tevere

아벤티노 강변 도로 Lungotevere Aventino

Via M. Carcani

포르타 포르테세 벼룩 시장

수블리초 다리
Ponte Sublicio

말타 기사단 광장
Piazza dei
Cavalieri
di Malta

베르나르디노 다 펠트레 광장
Pza. Bernardino da Feltre

Via Portuense

엠포리오 광장
Piazza d. Emporio

산셀모 광장
Piazza S. Anselmo

Via S. Domenico

Via S. Alessio

Via Serra

포르투엔세 강변 도로 Lungotevere Portuense

피체리아 다 레모 Pizzeria da Remo

산셀모 교회
S. Anselmo

Lung Testaccio

Via Amerigo Vespucci

Via G. Branca

Via Marmorata

마르모라타 거리

Via P. ta Lavernale

Via S. Melania

Via S. Anselmo

카보우르 광장
Piazza Cavour
콜론나 거리 Via V. Colonna
카보우르 다리
Ponte Cavour
Via Triboniano
Via Ulpiano
산탄젤로 성
Castél San Angelo
Lungotevere Prati
법원
Palazzo di Giustizia
Casa Madre dei Mutilati
Mausoleo di Adriano
트리부날리 광장
Piazza dei Tribunali
라 캄파나 La Campana
움베르토 1세 다리
PonteUmberto I
Lungotevere Marzio
Lung. Castello
카스텔로 강변 도로
Lung. Castello
움베르토 1세 광장
Piazza Ponte Umberto I
Via di Monte Brianzo
스크로파 거리
Via della Scrofa
산탄젤로 다리
Ponte S. Angelo
Via dell'Orso
포르토게시
비토리오 에마누엘레 2세 다리
Ponte Vittorio Emanuele II
토르 디 노나 강변 도로 Lungotevere Tor di Nona
Via Zanardelli
젤라테리아 델 티아트로
Gelateria del Teatro
일 콘비비오 트로이아니
Il Convivio Troiani
로마 국립 박물관
(알템프스 궁전)
Pal. Altemps
S. Apollinare
산타고스티노 교회
Chiesa di San't Agostino
파올리 광장
Piazza P.Paoli
Via Paola
Via di Panico
코로나리 거리 Via del Coronari
트레스칼리니 Tre Scalini
Via delle Coppelle
타베르나 궁전
Pal. Taverna
산타 마리아 델라 파체 교회
Chiesa di Santa Maria della Pace
라파엘
아이 모나스테리
타소니 광장
Largo Tassoni
A B
넵투누스의 분수
산 루이지 데이 프란체시 교회
Chiesa di San Luigi dei Franc
Via dei Governo Vecchio
E F
산타 마리아 델라니마 교회
Chiesa di Santa Maria dell' Anima
나보나 광장
Piazza Navona
투치
4개의 강이 흐르는 분수
상원
Pal. Madama
Senato
Corso del Rinascimento
카르디날
스포르차 체사리니 궁전
Pal. Sforza Cesarini
로 조조네 Lo Zozzone
팜필리 궁전
Pal. Pamphili
무어인의 분수
산티보 교회
Chiesa di Sant'ivo
키에사 누오바 광장
Piazza della Chiesa Nuova
피자리아 다 바펫토
사피엔차 궁
Pal. D. Sapienza
라 몬테카를로
La Montecarlo
쿨 드삭 Cul de Sac
산 에우스타키오 일 카페
Sant'Eustachio il Caffé
일 팔리아초 Il Pagliaccio
브라스키 궁
Pal. Braschi
로마 박물관
Museo di Roma
발레 극장
Teatro Valle
Via del Pellegrino
비토리오 에마누엘레 2세 거리
마시모 궁전
Palazzo Massimo
Via Giulia
Via Monserrato
칸첼레리아 궁전
Palazzo della Cancelleria
바라코 미술관
Museo Barracco
Via dei Cappellari
알베르고 델솔레
산탄드레아 델라 발레 교회
San Andrea della Valle
Corso Vito
G. 마치니 다리
Ponte G. Mazzini
디티람보 Ditirambo
일 포르노 캄포 데 피오리
Il Forno Campo de' Fiori
캄포 데이 피오리
캄포 데 피오리 광장
Campo dei Fiori
아르젠티나 극
Teat
Argentir
레지나 코엘리 감옥
Carcere Regina Coeli
Lungotevere dei Tebaldi
리게티 궁전
Pal. Righetti
Via dei Giubbonari
파르네세 광장
Piazza Farnese
다르 필레타로 아 산타 바바라
Dar Filettaro a Santa Barbara
N
Via dei Farnesi
파르네세 궁전
Palazzo Farnese
V. d. Mascherone
로스치올리 Roscioli
아레눌라 광
Largo Aren
로마 (베네치아 광장~나보나 광장)
Piazza Venezia Piazza Navana
스파다 궁전(회화관)
Palazzo Spada
e Galleria Spada Museo
Via d. Specchi
0   400m
Fiume Tevere
티베레 강
V. d. Pettinari

우구스투스 황제 무덤
ausoleo di Augusto
펜시오네 판다
카페 그레코 Caffe Greco
하슬러 빌라 메디치
데 라 빌레
인테르나치오날레
Via Liguria
Ministero Industria
Commercio e Artigianato
우구스투스 황제 광장
P. za Augusto Imperatore
플라자
세르모네타 글로브
미냐넬리 광장
P. za Mignanelli
Via dei Condotti
스페인 계단
Via d. Artisti
Crispi
해골 사원
Chiesa di Santa Mariadella Concezione
토마첼리 거리
Via Tomacelli dell' Arancio
골도니 광장
Large Goldoni
콘도티 거리
딘길테라
Via Borgognona
스페인 궁전
Pal. di Spagna
Via Gregoriana
벌의 분수
Fontana d elle Api
르게세 궁전
l. Borghese
보르고뇨나 거리
Via Frattina
Via F.
Via Sistina
킹
za rghese
루스폴리 궁전
Pal. Ruspoli
프라티나 거리 Via della Vite
Via Capo le Case
바르베리니 광장
Piazza Barberini
폰타네타 보르게세
비테 거리 Via della Mercede
Via Due Macelli
토울라
치암피니 Ciampini
중앙 우체국
Posta Centrale
트라토리아 다 지노 Trattoria da Gino
dei Prefetti
산 실베스트로 광장
Piazza S. Silvestro
V. d. Bufalo
Via del Toritone
Via Rasella
Via dei Giardini
파리아멘토 광장
P. za d. Pariamento
마리뇰리 궁전
Pal. Marignoli
a Marzio
몬테치토리오 궁전
Pal. di Montecitorio
토리토네 거리
Via Panetteria
디 산 크리스피노
Di San Crispino
퀴리날레 언덕
Giardino del Quirinale
지올리티 Giolitti
라 리나센테
Via Pori
Via d. Stamperia
키지 궁전
pal. Chigi
국립 파스타 박물관
Museo Nazionale degli Spagheti e delle Paste Alimentati
몬테치토리오 광장
P. za di Montecitorio
콜론나 광장
Piazza Colonna
델라 팔마 Della Palma
마르쿠스 아우렐리우스의 원주
Colonna di Marco Aurelio
트레비 분수
Fontana di Trevi
퀴리날레 궁전
Palazzo del Quirinale
디 산 크리스피노
Di San Crispino
Pal. Ferraioli
Via delle Muratte
Via dei Quirinale
타차 도로 Tazza d'Oro
체사리
체사리
다타리아 거리
Via d. Dataria
알베르고 델 세나토
증권 거래소
Borsa
Teatro Quirino
알베르고 델 세나토
시아라 궁전
Pal. Sciarra
퀴리날레 광장
P. za del Quirinale
Via della Consulta
로톤다 광장
Piazza Rotonda
크레메리아 몬테포르테
Cremeria Monteforte
Via Seminario
판테온
Pantheon
구로마 대학
Collegio Romano
P. za d. Pilotta
Piazza d. Minerva
산타 키아라
산타 마리아 소프라 미네르바 교회
Chiesa di Santa Maria Sopra Minerva
SS. 아포스톨리 교회
SS. Apostoli
Villa Colonna
5월 24일 거리 Via XXIV Maggio
나치오날레 거리 Via Nazionale
그랜드 호텔 데 라 미네르바
오데스칼키 궁전
Pal. Odescalchi
콜론나 궁전 (콜론나 회화관)
Pal. Colonna
V. d. Cestari
카페 도리아 Cafe Doria
도리아 팜필리 궁전 (미술관)
Palazzo Doria Pamphilj e Galleria Doria Pamphilj
파체 헬베티카
이탈리아 은행
Banca d' Italia
Mazzarino
플레비시토 거리
Via del Plebiscito
Via IV Novembre
마냐나폴리 광장
Largo Magnanapoli
아르젠티나 광장
Largo di Torre Argentina
베네치아 궁전
Pal. Venezia
제수 교회
Chiesa di Gesú
베네치아 광장
Piazza Venezia
포로 트라이아노
Foro Traiano
가르젠티나 신전 유적
V. d. Botteghe Oscure
산 마르코 거리
Via S. Marco
포로 디 아우구스토
Fora di Augusto (트라야누스 시장)
카에타니 궁전
Pal. Caetani
비토리오 에마누엘레 2세 기념관
Mon. a Vitt. Emanuele II
Via Alessandrina
Via Baccina
포로 체사레
Foro di Cesare
포리 임페리알리 거리
V. d. Funari
카피톨리노 미술관
Museo Capitolino
캄피돌리오 광장
Piazza del Campidoglio

Via Icilio
알바니아 광장
Piazza Albania
테스타치오 시장 Mercato di Testaccio
다 펠리체 Da Felice
Viale Manlio Gelsomini
마르모라타 거리
Via Marmorata
9월 8일 레지스탕스 기념 공원
Parco della Resistenza dell' 8 Sett.
볼페티 Volpetti
Viale d. Piramide Cestia
포르타 산 파올로 광장
Piazza di Porta S. Paolo
산 파올로 문 Porta San Paolo
Piramide역 방향
A

Via Candia
오타비아노
Ottaviano
S. Pietro
칸디아 거리
레오 4세 거리
시피오니 거리
오타비아노 거리 Via Ottaviano
Via Seb. Veniero
제르마니코 거리
올드 브리지 Old Bridge
Via Leone IV
리소르지멘토 광장
Piazza del Risorgimento
바티칸 박물관
Musei Vaticani
B

바르베리니
Barberini
베르니니 브리스톨
바르베리니 광장
Piazza Barberini
국립 회화관 (바르베리니 궁전)
Galleria Nazionale d'Arte Antica (Palazzo Barberini)
콜리네 에밀리아네 Colline Emiliane
Via Rasella
4개의 분수
Quattro Fono
Via dei
코트로 폰타네
산 카를로 알레 콰트로 폰타네 교회
Chiesa di San Carlo alle Quattro Fontane
퀴리날레 언덕
Giardino del Quirinale
퀴리날레 거리
Via del Quirinale
퀴리날레 궁전
Palazzo del Quirinale
C

Via Filippo Turati
산타 마리아 마조레 성당
Basilica di Santa Maria Maggiore
알렉산드로 다운타운
Via C. Cattaneo
Via Napoleone III
지하철 A선
Linea Metro A
산타 프라세데 교회
Basilica di Santa Prassede
Via S. Vito
Via Carlo Alberto
트라토리아 몬티
Trattoria Monti
Via d. Statuto
비토리오 에마누엘레 2세 광장
Piazza Vittorio Emanuele II
비토리오 에마누엘레 거리
Vittorio Emanuele
탬피오 디 메세나트
D

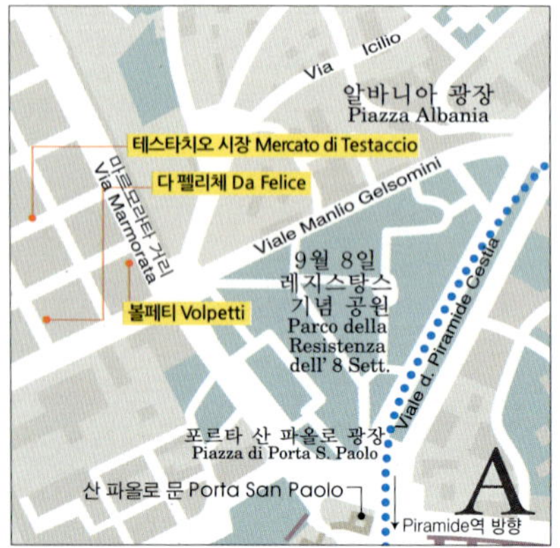

MEMO

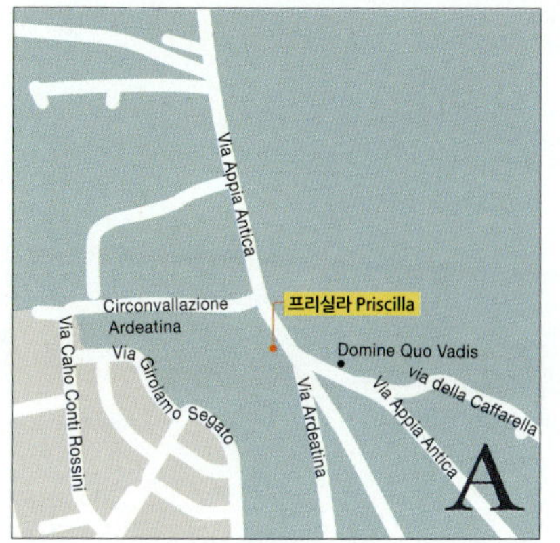
Via Appia Antica
Circonvallazione
Ardeatina
Via Caho Conti Rossini
Via Girolamo Segato
Via Ardeatina
프리실라 Priscilla
Domine Quo Vadis
via della Caffarella
Via Appia Antica
A

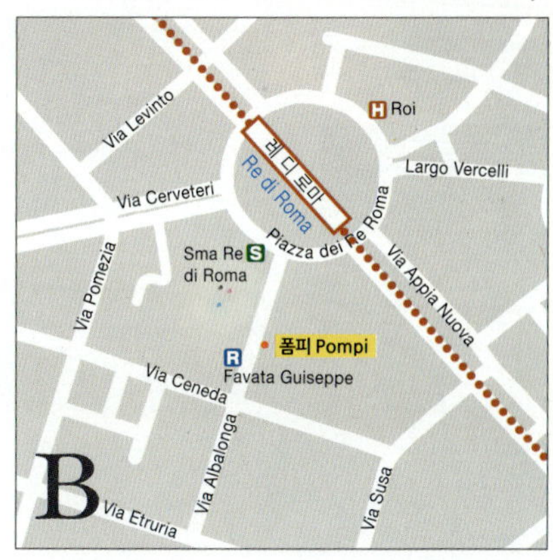
Via Levinto
H Roi
Via Cerveteri
Via Pomezia
레 디 로마
Re di Roma
Largo Vercelli
Piazza dei Re di Roma
Via Appia Nuova
Sma Re S
di Roma
폼피 Pompi
Via Ceneda
Favata Guiseppe
Via Albalonga
Via Etruria
Via Susa
B

Via Festo Avieno
Via Della Balduina
Vale Seneca
Viale delle Medaglie D'Oro
Vale Tito Livio
Via Franco Micheli Tocci
로마 발두이나
Roma Balduina
Via Attillo Frggeri
Via Della Balduina
H
로마 카발리에리 힐튼
라 페르골라 La Pergola
C

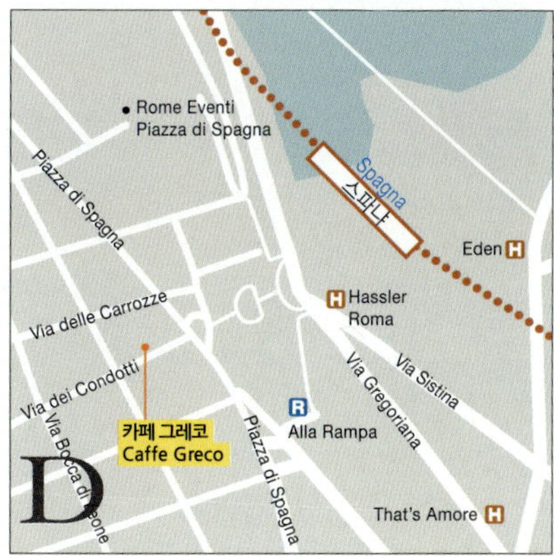
Rome Eventi
Piazza di Spagna
Piazza di Spagna
Spagna
스파냐
Eden H
Via delle Carrozze
H Hassler
Roma
Via dei Condotti
Via Bocca di Leone
카페 그레코
Caffe Greco
R Alla Rampa
Piazza di Spagna
Via Gregoriana
Via Sistina
That's Amore H
D

Via Giroft
R
Via Alessandro Vitta
Trivelloni
Felce
Via Marmorata
Via Galvanti
Via Nicola Zabegtia
Piramide di
Caio Cestle H
피라미데
Piramide
케키노 달 1887
Checchino dal 1887
R Susthisen
Via dei Conciatori
Via Ostiense
Via Bartolomeo Boesi
Via del Porto fluviale
E

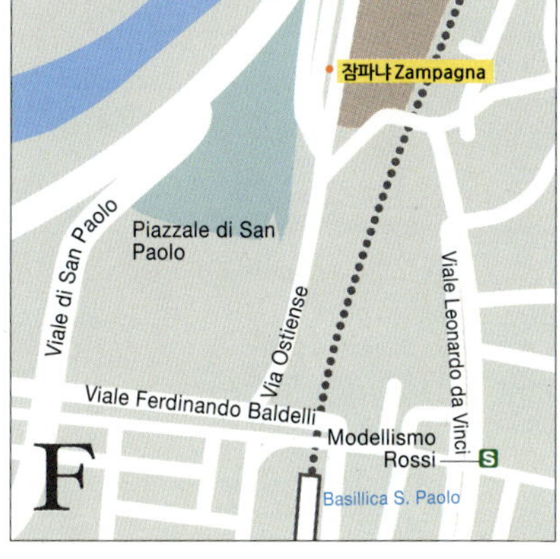
잠파냐 Zampagna
Viale di San Paolo
Piazzale di San
Paolo
Via Ostiense
Viale Leonardo da Vinci
Viale Ferdinando Baldelli
Modellismo
Rossi S
Basillica S. Paolo
F

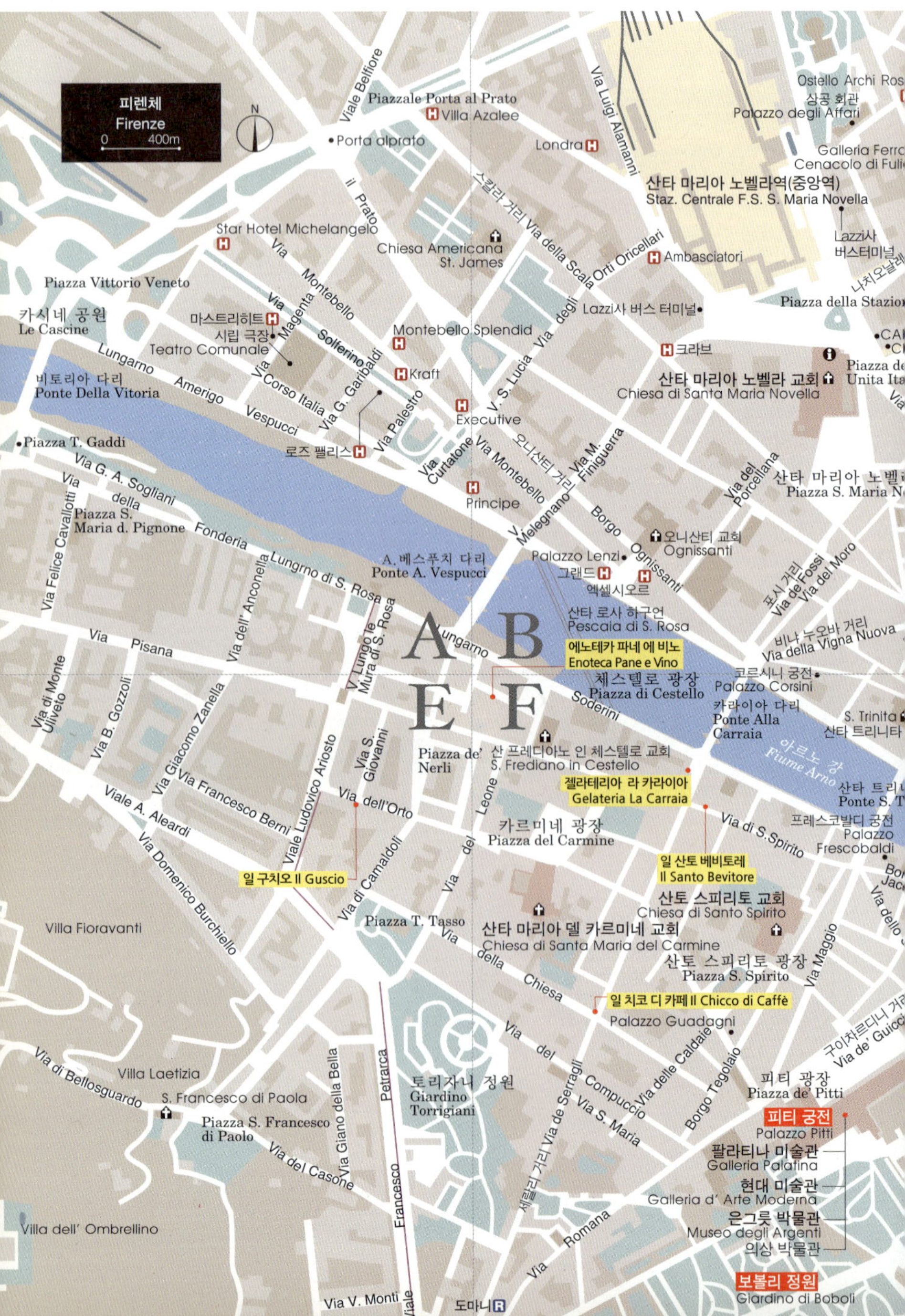
피렌체
Firenze
0   400m
N
Piazzale Porta al Prato
Villa Azalee
Porta alprato
Londra
Viale Belfiore
Via Luigi Alamanni
Ostello Archi Ros
상공 회관
Palazzo degli Affari
Galleria Ferro
Cenacolo di Fuli
산타 마리아 노벨라역(중앙역)
Staz. Centrale F.S. S. Maria Novella
Star Hotel Michelangelo
Chiesa Americana St. James
Via Montebello
Via Magenta
Via Solferino
Via G. Garibaldi
Via della Scala
Orti Oricellari
Ambasciatori
Lazzi버스터미널
나치오날레
Piazza della Stazio
Piazza Vittorio Veneto
카시네 공원
Le Cascine
마스트리히트
시립 극장
Teatro Comunale
Montebello Splendid
Kraft
Lazzi사 버스 터미널
크라브
산타 마리아 노벨라 교회
Chiesa di Santa Maria Novella
CAM
C
Piazza
Unita Ita
Lungarno Amerigo Vespucci
Via Corso Italia
Via degli
V. S. Lucia
Via V. S. Lucia
Executive
로즈 팰리스
비토리아 다리
Ponte Della Vitoria
Via Curtatone
Via Montebello
오니산티 거리
Via M. Finiguerra
산타 마리아 노벨라
Piazza S. Maria N
Piazza T. Gaddi
Principe
Via del Porcellana
Via G. A. Sogliani
Via della
Fonderia
Piazza S. Maria d. Pignone
V. Melegnano
Borgo Ognissanti
오니산티 교회
Ognissanti
포시 거리
Via de' Fossi
Via del Moro
Via Felice Cavallotti
Lungrno di S. Rosa
A. 베스푸치 다리
Ponte A. Vespucci
Palazzo Lenzi
그랜드
엑셀시오르
비나 누오바 거리
Via della Vigna Nuova
Via dell' Anconella
산타 로사 하구언
Pescaia di S. Rosa
에노테카 파네 에 비노
Enoteca Pane e Vino
코르시니 궁전
Palazzo Corsini
S. Trinita
산타 트리니타
Via di Monte Uliveto
Via Pisana
Via B. Gozzoli
V. Lungo le Mura di S. Rosa
A
Lungarno
B
E
F
체스텔로 광장
Piazza di Cestello
Soderini
카라이아 다리
Ponte Alla Carraia
아르노 강
Fiume Arno
산타 트리
Ponte S. T
Via Giacomo Zanella
Viale Ludovico Ariosto
Via S. Giovanni
Piazza de' Nerli
산 프레디아노 인 체스텔로 교회
S. Frediano in Cestello
Via Leone
젤라테리아 라 카라이아
Gelateria La Carraia
프레스코발디 궁전
Palazzo Frescobaldi
Via di S. Spirito
Via Francesco Berni
Viale A. Aleardi
Via dell'Orto
Via del
카르미네 광장
Piazza del Carmine
일 산토 베비토레
Il Santo Bevitore
Via dello
Bor
Jac
Via Domenico Burchiello
일 구치오 Il Guscio
Via di Camaldoli
Piazza T. Tasso
산타 마리아 델 카르미네 교회
Chiesa di Santa Maria del Carmine
Via della
산토 스피리토 교회
Chiesa di Santo Spirito
산토 스피리토 광장
Piazza S. Spirito
Via Maggio
Villa Fioravanti
Via Chiesa
일치코 디 카페 Il Chicco di Caffè
Palazzo Guadagni
Via delle Caldaie
구이치르디니 거리
Via de' Guicc
Villa Laetizia
Via di Bellosguardo
S. Francesco di Paola
Piazza S. Francesco di Paolo
Via Giano della Bella
Petrarca
Via del Casone
토리자니 정원
Giardino Torrigiani
Via del
Via de Serragli
Via S. Maria
Via delle Caldaie
Borgo Tegolaio
피티 광장
Piazza de' Pitti
피티 궁전
Palazzo Pitti
Compuccio
Villa dell' Ombrellino
Francesco
Via Romana
팔라티나 미술관
Galleria Palatina
현대 미술관
Galleria d' Arte Moderna
은그릇 박물관
Museo degli Argenti
의상 박물관
Via V. Monti
Viale
도마니
보볼리 정원
Giardino di Boboli

Via XXVN Aprile
산 마르코 미술관
Museo di San Marco
식물원
Museo Botanico
Giardino del Semplici
카스타뇨 미술관
enacolo di S. Apollonia E Museo
di A. del Castagno
S. Marco
Palazzo Capponi
도나텔로 광장
Piazzale Donatello
산 마르코 광장
Piazza S.Marco
피렌체 대학
Universita
게라르데스카 정원
Giardino della
Gherardesca
Cimitero Degli
Inglesi
푸지 Pugi
아카데미아 미술관
Galleria dell'Accademia
S.S.Annunziata
주세페 주스티 거리
Via Giuseppe Giusti
트라토리아 마리오 Trattoria Mario
고고학 박물관
Museo Archeologico
중앙 시장
Mercato Centrale
레 두에 폰타네
고아원
Ospedale degli Innocenti
Spedale degli
Innocenti
네르보네 Nerbone
치가 예배당
pelle Medicee
메디치 리카르디 궁전
Palazzo Medici-Riccardi
브루넬레스키 광장
Piazza F.
Brunelleschi
알파니 거리
Via degli Alfani
산타 마리아 마달레나
데 파치 교회
Santa Maria
Maddalena de'Pazzi
M. 다첼리오 광장
Piazza Massimo
d' Azeglio
신 성구실
estia Nuova
산 로렌초 세례당
Basilica di
San Lorenzo
두오모 미술관
Museo dell'Opera
del Duomo
산타 마리아 누오바 병원
Arcispedale di S. Maria Nuova
Nuti
Osteria dell Agnolo
de'Cerretani
Piazza del Duomo
조토의 종루
panile di Giotto
a de'Pecon
두오모
Duomo (Basilica di Santa
Maria del Fiore)
옛 피렌체 박물관
Museo Firenze com'era
페르골라 극장
Teatro della Pergola
모나 리자
트라토리아 치브레오
Trattoria Cibrèo
미고네 Migone
Via Roma
옐로 바 Yellow Bar
베스트리 Vestri
Via di Mezzo
그롬 Grom
파스티체리아 코지
Pasticeria Cosi
Piazza S.
Ambrogio
산탐브로조 교회
S. Ambrogio
코르소 거리
Via del Corso
Piazza dei
Ciompi
공화국 광장
Piazza della
Repubblica
페르케 노 Perche No
치브레오 Cibrèo
우체국
Poste E Telegrafi
산탐브로조 시장
Mercato S. Ambroglo
우체국
Telegrafi
이 두에 프라텔리니 I Due Fratellin
일 티아트로 델 살레
Il Teatro del Sale
오르산미켈레 교회
Chiesa di Orsanmichele
기벨리나 거리 Via Ghibellina
카토 누오보
Loggia del
cato Nuovo
리보이레 Rivoire
비볼리 Vivoli
베르디 극장
Teatro Verdi
시뇨리아 광장
Piazza della
Signoria
곤디 궁전
Palazzo Gondi
베키오 궁전(시청사)
Palazzo Vecchio
산타 크로체 광장
Piazza di S. Croce
회랑
Via Por Sante Maria
우피치 미술관
Galleria degli Uffizi
트라토리아 아니타 Trattoria Anita
로자 델라 시뇨리아
Loggia della Signoria
베키오 다리
Ponte Vecchio
산타 크로체 교회
Chiesa di Santa Croce
젤라테리아 데이 네리 Gelateria dei Neri
파치가 예배당
Cappella dei Pazzi
산타 펠리치타 교회
국립 도서관
Biblioteca Nazionale
오스테리아 데 벤치
Osteria de Benci
파졸리 Fagioli
Plaza Hotel Lucchesi
Via di San Giuseppe
그라치에 다리
Ponte Alle Grazie
니콜로 하구언
Pescaia di S. Niccolò
Lungarno
Via de' Bardi
Torrigiani
Piazza Demidoff
세리스토리 궁전
Palazzo Serristori
주세페 포지 광장
Piazza Giuseppe Poggi
토리자니 궁전
Palazzo Torrigiani
Galleria Corsi-
Museo Bardini
Lungarno Benvenuto Cellini
Via della
Fornace
Via dei Bestioni
Porta S. niccolò
Viale Giuseppe Poggi
벨베데레 요새
Forte di Belvedere o di S. Giorgio
Viale della
Giovine Italia
Via Giosuè Carducci
Via G.B.
Niccolini
Borgo Pinti
Via della Colonna
Via Luigi Carlo Farini
Via dei Servi
Via Cavour
Via de Pucci
Via del Calzaiuoli
Via del Proconsolo
Calimala
Via de' Benci
Borgo
Via de'
Via dell' Agnolo
Allegri
Macci
미켈란젤로 광장
Piazzale Michelangelo
Via di Belvedere
Via di S. Salvatore
Via di Monte alle
Porta S. giorgio

H 페니체 팰리스
S.Michele Visdomini
N 제네시
피렌체 중심부
Firenze Centro
0   100m
N
체레타니 거리
Via de' Cerretani
산 조반니 세례당
Battistero di San Giovanni
두오모 광장
두오모
Duomo
(Basilica di Santa
Maria del Fiore)
두오모 미술관
Museo dell' Opera del Duomo
Piazza di
S. Maria Nuo·
산타 마리아 마조레 교회
S.Maria Maggiore
산 조반니 광장
Piazza di S.Giovanni
구치
브루노 말리
선사 박물관
Museo di Preistoria
마르첼라
S
페코리 거리
Via de' Pecori
막스 마라
세르지오 로시 S
Via Roma
조토의 종루
Campanile di Giotto
그롬 Grom
Via della Canonica
옛 피렌체 박물관
Museo Firenze Com'era
오리우올로 거리 Via dell' Oriuolo
MAX & Co. S S
Bata(가죽 · 구두)
Via delle Oche
미우미우
미고네 Migone
V. de' Tosinghi
질리
P
S.Maria
in Campo
H 사보이
옐로 바
Yellow Bar
공화국 광장
Piazza della
Repubblica
H 브루넬레스키
Palazzo
Salviati
논피니토 궁전
Palazzo Nonfinito
알토비티 궁전
Palazzo Altov·
Via dei Calzaiuoli
S 라 리나센테
S 폴리니
코르소 거리 Via del Corso
Borgo degli Albizi
파치 궁전
Palazzo
Del Pazzi
R 칸티네타
디 베라차노
안셀미 거리
Via d. Anselmi
칼차이우올리 H
베르수스 S
S 코인
Via dei Tavolini
단테의 집
Casa di Dante
V.Dante Alighieri
카보우르 H
오르산미켈레 교회
Chiesa di Orsanmichele
페르케 노 Perche No
A B
C D
Via dei Pandolfini
Via d. Giraldi
보르게세 궁전
Palazzo Borghese
Via Ghibellina
중앙 우체국
Poste Telegrafi
람베르티 거리 Via de' Lamberti
H 피엘레
이 두에 프라텔리니
I due fratellini
Via dei Cimatori
카페 이탈리아노
N
Via della Condotta
법무관 재판소
Badia
Fiorentina
바르젤로 미술관
Museo Nazionale del Bargello
Via della Vigna Vecchia
Via Porta Rossa
메르카토 누오보
Loggia dei
Mercato Nuovo
V.Calimala
현대 미술관
Raccolta d'Arte
Contemporanea
Pza.
San Firenze
비볼리 Vivoli
라스피니 S
시뇨리아 광장
Piazza della Signoria
곤디 궁전
Palazzo Gondi
산 피렌체 교회
S.Firenze
안구일라라 거리
Via dell' Anguillara
Via Vacchereccia
리보이레 Rivoire
V. d Gondi
델라
시뇨리아 H
Borgo S. S.
Apostoli
S 에노테카
감비
V.Lambertesca
로자 델라 시뇨리아
Loggia della Signoria
베키오 궁전(시청사)
Palazzo Vecchio
V.d.Ninna
H 베르니니 팰리스
Borgo dei Greci
그레치 거리
R 이케 체 체
Piazza de'
Peruzzi
트라토리아 아니타 Trattoria Anita
H 콘티넨탈
산토 스테파노 교회
S.Stefano
Piazzale degli Uffizi
우피치 미술관
Galleria degli Uffizi
Via Vinegia
카페 델레 카로체
Lungarno. Archibusieri
바사리의 회랑
Corridoio Vasariano
V.d.Castellani
V.d.Magalotti
V.d.Rustici
V. dei Neri
젤라테리아 데이 네리
Gelateria dei Neri
베키오 다리
Ponte Vecchio
S 페로니
자연사 박물관
Museo di Storia
Della Scienza
V.d.Saponai
Piazza de' Giudici
V.d.Mosca
오스테리아 데 벤치
Osteria de Benci
Via dei Benci
파졸리 Fagioli
Piazza Mentana
Muse·
Horn·
Via del Proconsolo
Via dei Neri

Prato P Serragl
Via del Serninario
Via della Stufa
Via del Serraglio
Via Gaetaio Magnolfi
Via Luigi Murzi
Via Sant' Antonio
Via dei Tintori
Monastero di
San Clemente
Museo
pitura muraie
Moseo
dell'Opera
del Duomo
Via Banchelli
Via Tinaia
안토니오 마테이
Antonio Mattei
A

Viale del Mille
Via Alessabro Marchetti
Via dei Campo d'Arrigo
Via Nino Bixio
바디아니 Badiani
Via Bassi Ugo
Via Mannelti
Via Frusa
Viale Manfredo Fanti
Via Mannelti
Via Masaccio
Firenze C.M
B

Via del Macelli
R
Ristorante
Vescovino
Giovannoni
Cozzi Stel'ano R
안티카 마첼레리아 체키니
Antica Macelleria Cecchini
Via della Conca d'Oro
C

Via di Mezzo
트라토리아 치브레오
Trattoria Cibrèo
Piazza S.
Ambrogio
산탐브로조 교회
S. Ambrogio
Piazza dei
Ciompi
치브레오 Cibrèo
산탐브로조 시장
Mercato S. Ambrogio
아놀로 거리 Via dell' Agnolo
일 티아트로 델 살레
Il Teatro del Sale
Borgo
Allegri
Via de' Macci
D

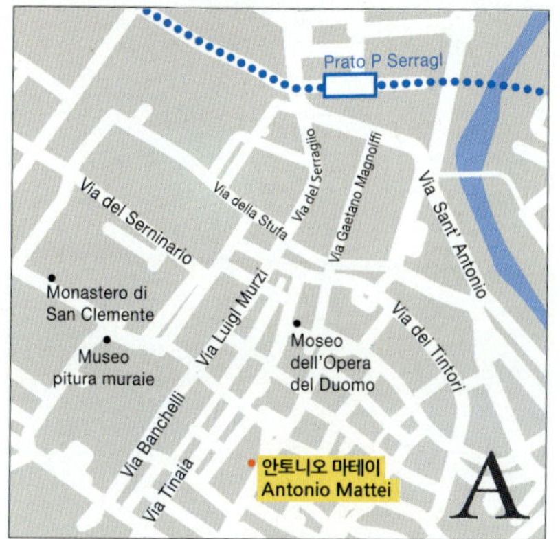

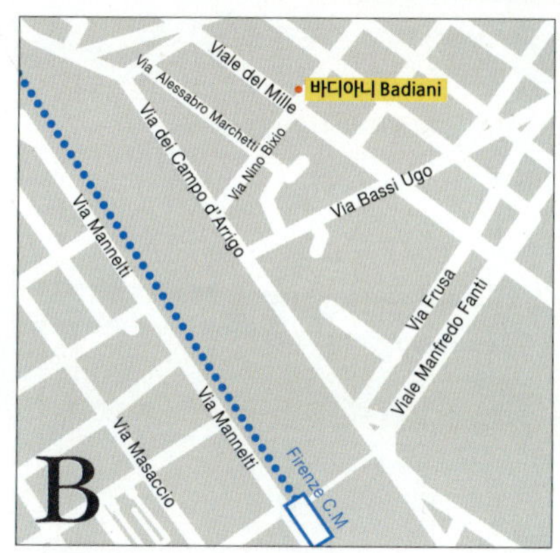

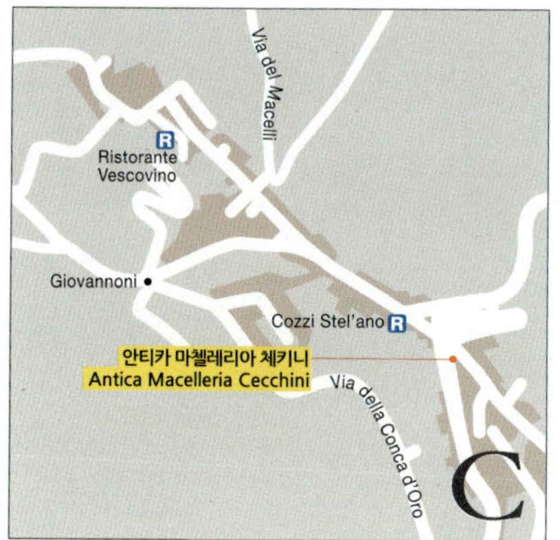

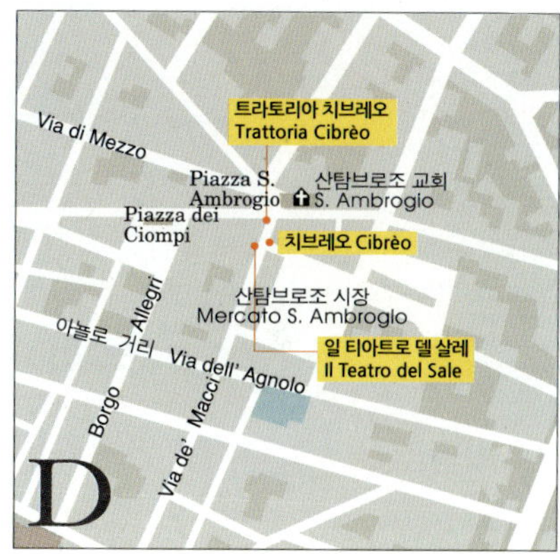

MEMO

Ristorante
Da Dora
그랑 바 리비에라 Gran Bar Riviera
Riviera di Chiara
Via Giuseppe Martucci
Via Gia Como Piscicelli
Via F. Crispi
Corso Vittorio Emanuele
Piazza Amedeo
시민공원
Villa Comunale
시립 미술관
Museo Civico
Museo Principe
biego Aragona
Pignateli Cortes
Convento S.
Teresa A Chiaia
A

핀타우로 Pintauro
Via Speranze
Vico D'Afflitto
Vico Conte di Mola
Augusteo
Via Santa Brigida
Chesa di
Santa Brigida
Via San Mattia
Via Toledo
Vio Tiratoio
Via Carto De Casare
Via San Carlo
Via Nardones
산 카를로 극장
Teatro San Carlo
Via Chiaia
B
브란디 Brandi

Piazza Cavour
Via Carbonara
Vico dei Gerolomini
두오모 거리
Via Sedll Capuano
Via Pietro Trinchera
Via Oronzio Costa
카푸아노 성
Castel Capuano
Via Maddalena
Corso Umberto I
Via Piasanelli
트리부날리 거리
두오모
(나폴리 대성당)
Duomo Di
San Gennaro
Via P. Colleta
일 피차이올로 델 프레시덴테
Il Pizzaiolo del Presidente
산 세베로 교회
산 로렌초 마조레 교회
S. Lorenzo Maggiore
Via delle Zite
오스페달레 델라
Ospedale della
Santissima
Annunziata
Via dei Tribunali
Vico San Nicola Nilo
Via San Blagio dei Librai
Via Cesare Sersale
움베르토 1세 거리
피체리아 트리아농 다 치로
Pizzeria Trianon Da Ciro
디 마테오 Di Matteo
Via Duomo
다 미켈레 Da Michele
C
Porta Nolana

MEMO

V.Azzo Gardino
Via delle Lame di
인터내치오날레
볼로냐 중앙역 방향
Via Galliera
인테르나치오날레
Piazza dell 8 Agosto
Via Irnerio
chat
Marconi
Reno
Via G.
Via dell Indipendenza
V.A. Righi
트라토리아 델 로소
Trattoria del Rosso
Via Moline
국립 회화관
Pinacoteca Nazionale
Via Riva
메트로폴리탄
카보우르
Via Marsala
볼로냐 대학 본관
Università di Bologna
Via Zamboni
넵투누스 분수
Fontana di Nettuno
팰리스
메트로폴리타나 교회
포데스타 궁전
(집정관 궁전)
Palazzo del Podesta
S.Giacomo Maggiore
Via San Vitale
Via del Pratello
Via Ugo Bassi
시청사
아폴로
V.Rizzoli
이탈리 Eataly
탐부리니 Tamburini
Viale G.B. Ercolani
산 프란체스코 교회
S. Francesco
중앙 경찰서
오롤로조
시립 고고학 박물관
Museo Civico Archeologico di Bologna
Via Sant' Isaia
라 스파고라
로마
시모니 Simoni
Strada Maggiore
마조레 광장
Piazza Maggiore
Via Barberia
산 페트로니오 대성당
Basilica di San Petronio
Via Farini
V.Guerrazzi Aldrovandi
베빌라콰 궁전
Palazzo Bevilaqua-Sanuti
Via Massimo da Zeglio
산 도메니코 교회
S. Domenico
라 소르베테리아 카스틸리오네
La Sorbetteria Castiglione
볼로냐
Bologna
0   500m
N
트렙비 Trebbi
Viale XII Giugno
Via Castiglione
Via Dante
갈바니
GALVANI
Via Orfeo
A

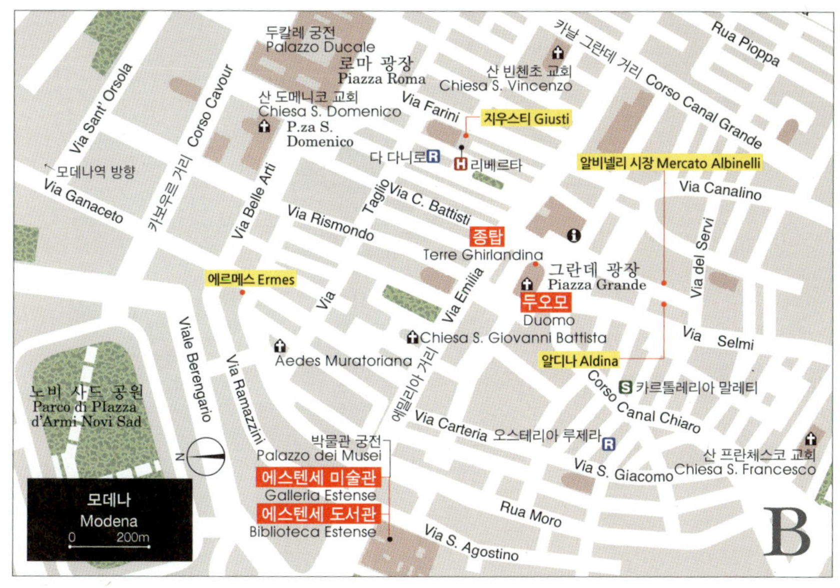

두칼레 궁전
Palazzo Ducale
로마 광장
Piazza Roma
산 빈첸초 교회
Chiesa S. Vincenzo
카날 그란데 거리 Corso Canal Grande
Rua Pioppa
Via Sant' Orsola
Corso Cavour
산 도메니코 교회
Chiesa S. Domenico
P.za S. Domenico
Via Farini
지우스티 Giusti
모데나역 방향
Via Ganaceto
Via Belle Arti
Via Rismondo
Taglio Via C. Battisti
다 다니로
리베르타
알비넬리 시장 Mercato Albinelli
Via Canalino
Via
종탑
Terre Ghirlandina
Via Emilia
그란데 광장
Piazza Grande
Via del Servi
에르메스 Ermes
두오모
Duomo
Via Selmi
Viale Berengario
Via Ramazzini
Aedes Muratoriana
Chiesa S. Giovanni Battista
알디나 Aldina
카르톨레리아 말레티
노비 사드 공원
Parco di Piazza d'Armi Novi Sad
N
박물관 궁전
Palazzo dei Musei
Via Carteria
오스테리아 루제라
Corso Canal Chiaro
모데나
Modena
0   200m
에스텐세 미술관
Galleria Estense
에스텐세 도서관
Biblioteca Estense
Via S. Giacomo
Rua Moro
Via S. Agostino
산 프란체스코 교회
Chiesa S. Francesco
B

산타 테레사 학교
Collegi de les Teresianes
Marius
C. de Balmes
바르셀로나 북부
Barcelona Norte
0   200m
N
C.
Freixa
C.
Raset
C. Modolell
C. Vallmajor
C. de Muntaner
C. de Copèrnic
Pàdua
C. de Saragossa
Augusta
라 보나노바
La Bonanova
카탈루냐 철도
Ferrocarrils de la Generalitat de Catalunya
C. de Gandúxer
C. de Descartes
Plaça Molina
플라사 몰리나
레셉스
Lesseps
지하철 3호선
L3
C. J. Sebastian
문타네르
Muntaner
산 제르바시
Sant Gervasi
카사 비센스
Casa Vicens
포에타 에두아르트 마르키나 정원
Jardins Poeta Eduard Marquina
C. Calvet
C. de Aribau
C. Brusi
폰타나
Fontana
C. Astúr
에르메스 S
루이 뷔통 S
C. de Laforja
C. Alfons XII
C. de Balmes
그라시아
Gràcia
라 타베르나 델 쿠라 R
쇼지로
Ros de Ola
A B
C D
프랑세스크 마시아 광장
Pl. Francesc Macià
C. Avenir
보타푸메이로 R
코바동가 H
Trav. de Gràcia
S 루루에냐
이솝 Hisop
레노 R
C. Buenos Aires
디아고날 거리
Via Augusta
자르디네토 R
플라시 플래시 R
아비타트 S
아돌포 도밍게스 S
C. de Londres
라 다마 R
아스토리아 H
S 구치
C. de Villarroel
C. de Paris
프티 파리 R
C. del Comte d'Urgell
공업 대학
Universitat Industrial
C. de Còrsega
고유키 R
조안 카를로스 1세 광장
Pl. Rei Joan Carlos I
필마 S
디아고날
Diagonal
음악 박물관
지하철 5호선
오스피탈 클리닉
Hospital Clinic
덴푸라야 R
C. del Rosselló
디아고날
Passeig de Gràcia
병원
Hospital Clinic
C. de Aribau
C. de Muntaner
C. de Balmes
양코 S
스파게티 S
트라갈루스 R
빈손 S
카사 밀라
Casa Milà
C. de Casanova
단테 H
C. de Provença
사르가델로스 S
해피 북스 S
알렉산드라 H
콘데스 데 바르셀로나 H
C. de Mal
del Comte
Borell
엔산체
ENSANCHE
치코아 R
라사르테 Lasarte
Rambla de Catalunya
레헨테
콘데스 데 바르셀로나 H

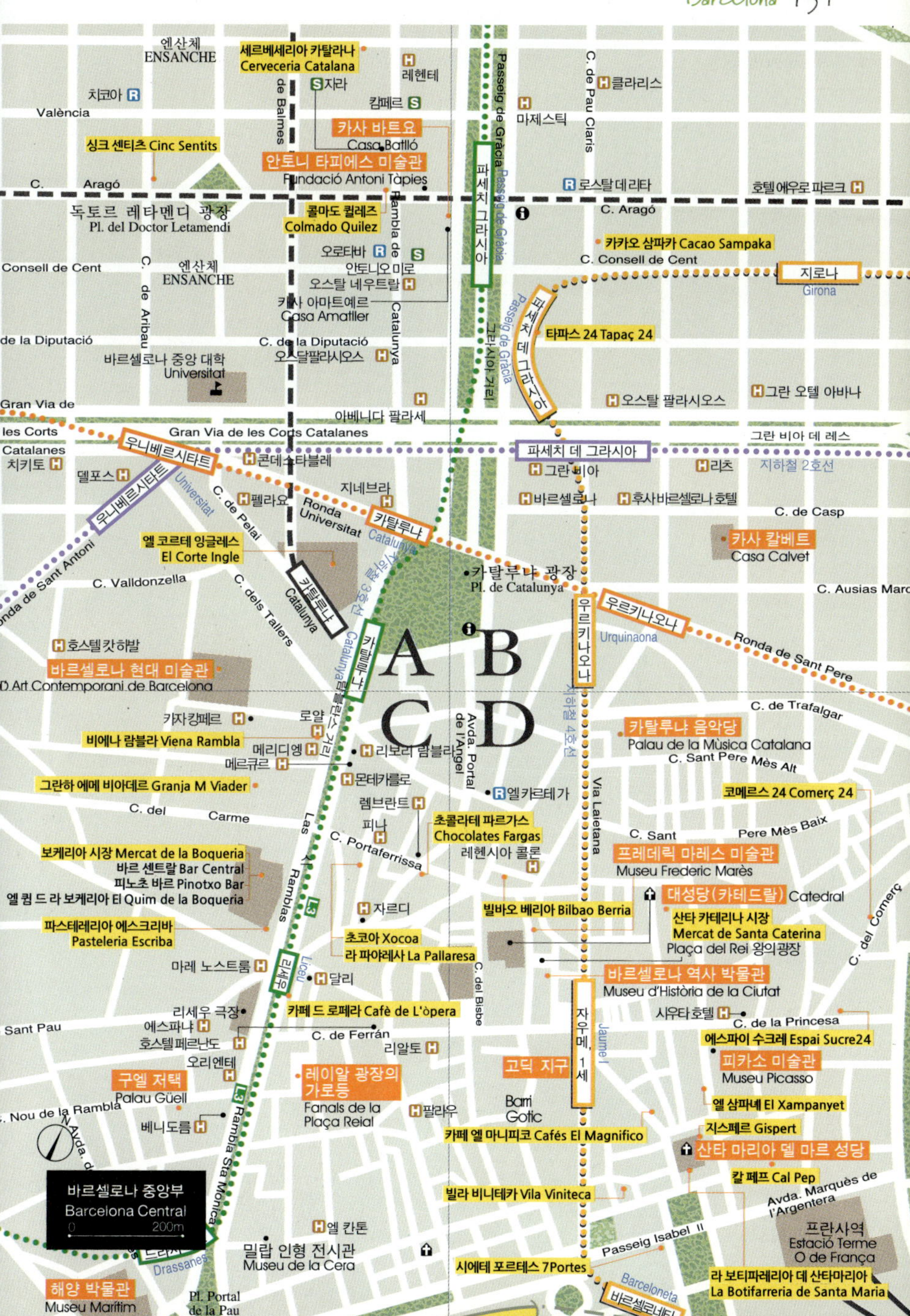
엔산체 ENSANCHE
세르베세리아 카탈라나 Cerveceria Catalana
레헨테
치코아
València
징라
캄페르
마제스틱
C. de Pau Claris
클라리스
싱크 센티츠 Cinc Sentits
카사 바트요 Casa Batlló
안토니 타피에스 미술관 Fundació Antoni Tàpies
파세치 그라시아
로스탈데리타
호텔에우로파르크
C. Aragó
C. Aragó
독토르 레타멘디 광장 Pl. del Doctor Letamendi
콜마도 퀼레즈 Colmado Quilez
카카오 삼파카 Cacao Sampaka
C. Consell de Cent
Consell de Cent
엔산체 ENSANCHE
오로타바
안토니오 미로
파세치 데 그라시아
지로나 Girona
de la Diputació
C. de Aribau
오스탈 네우트랄
카사 아마트예르 Casa Amatller
타파스 24 Tapaç 24
바르셀로나 중앙 대학 Universitat
C. de la Diputació
오달팔라시오스
오스탈 팔라시오스
그란 오텔 아바나
Gran Via de
아베니다 팔라세
les Corts
Catalanes
Gran Via de les Corts Catalanes
파세치 데 그라시아
그란 비아 데 레스
치키토
우니베르시타트
콘데스타블레
파세치 데 그라시아
그란 비아
리츠
지하철 2호선
델포스
Universitat
지네브라
그란 비아
바르셀로나
후사바르셀로나 호텔
우니베르시타트
C. de Pelai
펠라요
Ronda Universitat
카탈루냐 Catalunya
C. de Casp
엘 코르테 잉글레스 El Corte Ingle
카탈루냐
카사 칼베트 Casa Calvet
Ronda de Sant Antoni
C. Valldonzella
C. dels Tallers
Catalunya
카탈루냐
카탈루냐 광장 Pl. de Catalunya
우르키나오나 Urquinaona
C. Ausias Marc
호스텔캇하발
바르셀로나 현대 미술관 Ò Art Contemporani de Barcelona
A B C D
Avda. Portal de l'Angel
Ronda de Sant Pere
C. de Trafalgar
카자캄페르
로얄
카탈루냐 음악당 Palau de la Mùsica Catalana
비에나 람블라 Viena Rambla
메리디엥
리보리 람블리오
C. Sant Pere Mès Alt
메르큐르
몬테카를로
그란하 에메 비아데르 Granja M Viader
렘브란트
Via Laietana
코메르스 24 Comerç 24
C. del Carme
Las Ramblas
피냐
C. Portaferrissa
초콜라테 파르가스 Chocolates Fargas
C. Sant
Pere Mès Baix
보케리아 시장 Mercat de la Boqueria
바르 센트랄 Bar Central
피노초 바르 Pinotxo Bar
엘 큄 드 라 보케리아 El Quim de la Boqueria
레헨시아 콜론
프레데릭 마레스 미술관 Museu Frederic Marès
자르디
C. del Comerç
파스테레리아 에스크리바 Pasteleria Escriba
초코아 Xocoa
라 파야레사 La Pallaresa
빌바오 베리아 Bilbao Berria
대성당(카테드랄) Catedral
산타 카테리나 시장 Mercat de Santa Caterina
Plaça del Rei 왕의광장
마레 노스트룸
리세우 Liceu
달리
바르셀로나 역사 박물관 Museu d'Història de la Ciutat
리세우 극장
에스파냐
C. del Bisbe
시우타 호텔
C. de la Princesa
카페 드 로페라 Cafè de L'òpera
자우메 1세 Jaume I
에스파이 수크레 Espai Sucre24
호스텔페르난도
C. de Ferrán
리알토
Sant Pau
오리엔테
고딕 지구
피카소 미술관 Museu Picasso
구엘 저택 Palau Güell
레이알 광장의 가로등 Fanals de la Plaça Reial
팔라우
엘 삼파녜 El Xampanyet
지스페르 Gispert
Nou de la Rambla
Avda. de
베니도름
Barri Gotic
카페 엘 마니피코 Cafés El Magnifico
산타 마리아 델 마르 성당
Rambla Sta Mònica
칼 페프 Cal Pep
Avda. Marquès de l'Argentera
빌라 비니테카 Vila Viniteca
바르셀로나 중앙부 Barcelona Central
0   200m
드라사네스 Drassanes
엘 칸톤
밀랍 인형 전시관 Museu de la Cera
Passeig Isabel II
프란사역 Estació Terme O de França
시에테 포르테스 7Portes
Barceloneta
바르셀로네타
해양 박물관 Museu Marítim
Pl. Portal de la Pau
라 보티파레리아 데 산타마리아 La Botifarreria de Santa Maria

알키미아 Alkimia
Carrer de Córsega
Carre de la Marina
Carrer de la Industria
Carrer de
CEM Claror
Jardins di
Antoni Puigvert
Carrer de Sicilia
Carrer del Rosselló
Carrer de
Sardenya
Jardins de
Caterina Albert
Basillca de la
Sagrada Familla
Sagrada Familia
A

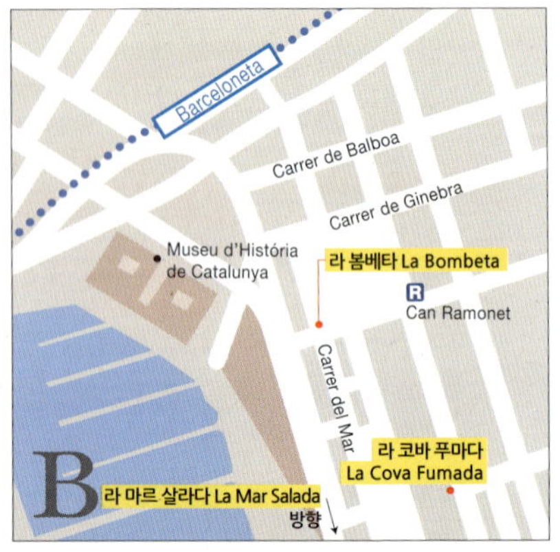
Barceloneta
Carrer de Balboa
Carrer de Ginebra
Museu d'História
de Catalunya
라 봄베타 La Bombeta
Can Ramonet
Carrer del Mar
라 코바 푸마다
La Cova Fumada
B
라 마르 살라다 La Mar Salada
방향

L'Hostaletl
Carrer de Santa Clara
carretera Madrid- Francia
산트 피우 Sant Pau
Tarano
Sant Pol de Mar 역
C

Carrer del Mas Catofa
Carrer Central
Carrer de la
Coma
엘 세예르 데 칸 로카
El Celler de Can Roca
CONSUM
I SERVEIS
NFORMATICA
Carrer de Collsacabra
Carretera de Taiala
Carrer de Joan Miro i Ferra
D
Carrer de Carles Riba i Bracons

* 세부 골목 생략 됨

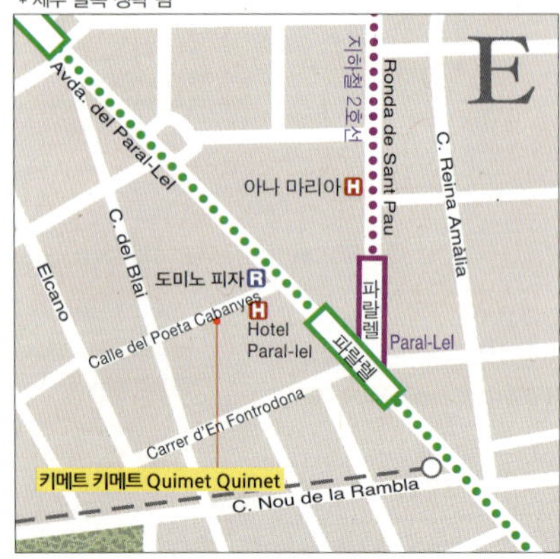
E
지하철 2호선
Ronda de Sant Pau
Avda. del Paral-Lel
아나 마리아
C. Reina Amàlia
C. del Blai
Elcano
도미노 피자
파랄렐
Calle del Poeta Cabanyes
Hotel
Paral-lel
파랄렐
Paral-Lel
Carrer d'En Fontrodona
키메트 키메트 Quimet Quimet
C. Nou de la Rambla

MEMO

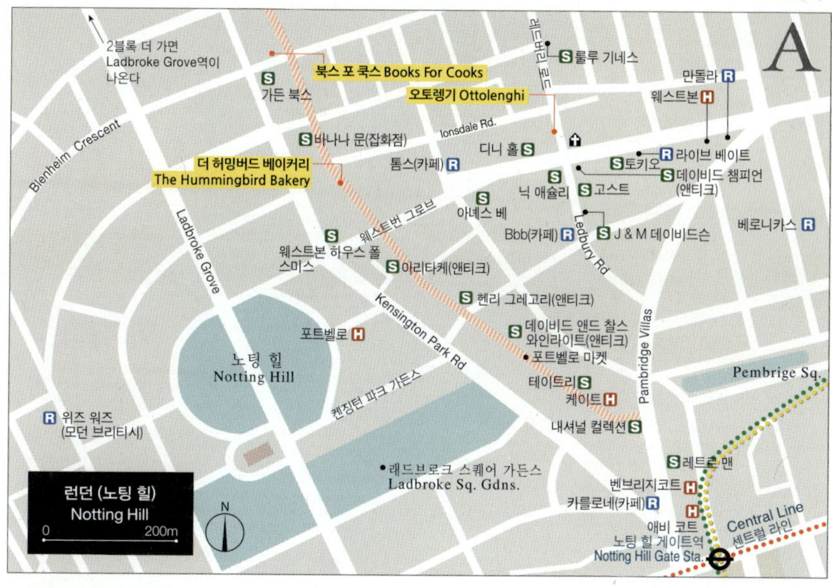

A
2블록 더 가면 Ladbroke Grove역이 나온다
북스 포 쿡스 Books For Cooks
가든 북스
오토렝기 Ottolenghi
룰루 기네스
만돌라
웨스트본
Blenheim Crescent
바나나 문(잡화점)
Ionsdale Rd.
디니 홀
라이브 베이트
더 허밍버드 베이커리 The Hummingbird Bakery
톰스(카페)
토키오
데이비드 챔피언 (앤티크)
닉 애슐리
고스트
Ladbroke Grove
아녜스 베
베로니카스
웨스트번 그로브
Bbb(카페)
J & M 데이비드슨
웨스트본 하우스 폴 스미스
아리타케(앤티크)
Ledbury Rd.
헨리 그레고리(앤티크)
Kensington Park Rd
데이비드 앤드 찰스 와인라이트(앤티크)
포트벨로
포트벨로 마켓
Pembridge Villas
노팅 힐 Notting Hill
켄징턴 파크 가든스
테이트리
케이트
Pembrige Sq.
위즈 워즈 (모던 브리티시)
내셔널 컬렉션
레트르맨
래드브로크 스퀘어 가든스 Ladbroke Sq. Gdns.
벤브리지코트
카를로네(카페)
런던 (노팅 힐) Notting Hill
0   200m
N
애비 코트
노팅 힐 게이트역 Notting Hill Gate Sta.
Central Line 센트럴 라인

B
레트르맨
런던 엠버시
코버그
인버네스 게이트
퀸스웨이역 Queensway Sta.
센트럴 라인 Central Line
블랙 라이온 게이트
애비 코트
노팅 힐 게이트역 Notting Hill Gate Sta.
블랙 앤드 블루
켄징턴 프레스
켄징턴 가든스 Kensington Gdns.
미세스 클락(앤티크)
카페 아프로
리브라 앤티크스
크랭크스
루시 캠벨(앤티크)
처칠 암스
스톡 스프링앤티크
오린저리 Orangery
갤러리 애트킨스
폰트(꽃집)
바월드 오리엔탈 아트
아이라 그레이엄(앤티크)
라운드 연못 Round Pond
조너단 혼(앤티크)
런던 앤티크스 갤러리
입구
켄징턴 궁전 Kensington Palace
스시 원
야외 음악당 Bandstand
켄징턴 앤티크 센터
앤스
St. Mary Abbots
콜로뉴 앤드 코튼
피엘 패션 (케이크)
카페 루주
포트메이리온
로열 가든
팰리스 게이트
매기 존스
런던 (켄징턴) Kensington
0   200m
N
St. MaryAbbots
타워 레코드
윌러스
마일스턴
WC

위타드 Wittard
플라자 쇼핑 센터
옥스퍼드 스트리트
막스 앤 스펜서
옥스퍼드 스트리트 유스호스텔
더 허밍버드 베이커리
The Hummingbird Bakery
Soho Sq.
Noel St.
Wardour St.
Dean St.
Frith St.
Greek St.
Charing Cross Rd.
St. Giles High St.
High Holborn
더미니언(극장)
토트넘 코트 로드역
Tottenham Court Rd
이탈리안 키친
돈머 웨어하우스
Donmar Werehouse
트래블로지
런던 코벤트 가든
Parker St.
Kingsway
Wild St.
Drury Lane
몬마우스 커피 하우스
Monmouth Coffee House
뉴 런던 (극장)
알부투스 Arbutus
밀크 바 Milk Bar
바라피나 Barrafina
밀크 앤 허니
Milk & Honey
프린치 Princi
야와차 Yauatcha
후무스 브로스
Hummus Bros
페르난데즈 앤 웰스
Fernandez & Wells
Berwick St.
Compton St.
Old Compton St.
Shaftesbury Ave.
피닉스(극장)
래디슨 마운트배튼
St.
Earlham St.
Shelton St.
팰리스(극장)
케임브리지
(극장)
세인트 마틴스
(극장)
포토그래퍼스 갤러리
Photographer's Gallery
더 티 하우스 The Tea House
코벤트 가든역
Covent Garden Sta.
로열 오페라 하우스
포춘(극장)
드루어리 레인
(극장)
극장 박물관
Theatre Museum
벤스 쿠키 Ben's Cookies
코벤트 가든
Covent Garden
더치스(극장)
런던 교통 박물관
퀸스(극장)
차이나타운
아트/유니온(극장)
솔즈베리
세인트 폴 교회
St. Paul
주빌리 마켓
스트랜드 팰리스
쿠루쿠루
리릭(극장)
아폴로
(극장)
왕케이
레스터 스퀘어역
Leicester Sq. Sta.
노엘 코워드
윈덤스(극장)
피카딜리(극장)
피카딜리 서커스
피카딜리 서커스역
Piccadilly Circus Sta.
레스터 광장
런던 콜리시엄
(극장)
London Coliseum
와하카 Wahaca
사보이(극장)
샤보이
리전트 팰리스
아쿠아스큐텀
크라이티어라언(극창)
워터스톤스
프린스 오브 웨일스(극장)
아델피(극장)
고멧 버거 키친
Gourmet Burger Kitchen
클레오파트라의 바늘
Cleopatra's Neec
코미디(극장)
Comedy
버버리
22 저민 스트리트
A B
C D
국립 초상화 미술관
National Portrait Gallery
세인트 마틴 교회
St Martin-in-the-Fields
닥스
세인트 제임스 교회 St. James
헤이마켓(극장)
Regent St.
포트넘 앤 매이슨 Fortnum & Mason
Britain & London
Visitor Centre
Jermyn St.
캐번디시
세인트 제임스
허 매저스티스(극장)
시슬 채링 크로스
채링 크로스역
Charing Cross Sta.
채링 크로스역
Charing Cross Sta.
플레이어스
(극장)
빅토리아 임뱅크먼트
Victoria Embankment
Gardens
임뱅크먼트 피어
임뱅크먼트역
Embankment Sta.
세인트 제임스 스퀘어
St. James's Sq.
크리스티
Mall
Pall Mall
리전트 스트리트
ICA 갤러리
ICA Gallery
애드미럴티 아치
Admiralty Arch
구 해군 본부
Old Admiralty
셜록 홈스 펍
트라팔가 스튜디오
플레이하우스(극장)
로열 호스 가즈
헝거포드 브리지(보행자 전용)
Hungerford Bridge
애버뉴
로랑제
퀸스 채플
Queen's Chapel
말버러 하우스
Malborough House
세인트 제임스 궁전
St. James's Palace
칼턴 하우스 테라스
Carlton House Terrace
Horse Guards Rd.
호스 가즈
Horse Guards
뱅퀴팅 하우스
Banqueting House
클라런스 하우스
Clarence House
The Mall
카페테리아
Guards Rd.
Whitehall
수상관저
NO. 10
Downing St.
국방부
Ministry of Defence
BA 런던 아이
(대관람차)
BA London Eye
N
St. James's Park Lake
King Chales Rd.
워털루 피어
Waterloo Pier
(수상 버스 승선장)
런던 (소호 주변)
London
0   200m
더 몰 The Mall
Birdcage Walk
세인트 제임스 파크
St. James's Park
캐비닛 워 룸
Cabinet War Rooms
Great George St.
웨스트민스터역
Westminster Sta.
Bridge St.
웨스트민스터 밀레니엄 피어
수상 버스 티켓 판매소
Westminster Bridge
근위병 박물관
Guards Museum
웰링턴 병영
Wellington Barracks
가즈 채플
Guards Chapel
세인트 제임스 파크역
St. James's Park Sta.
Tothill St.
Petty France
세인트 마거릿 교회
St. Margaret's Church
웨스트민스터 사원
Westminster Abbey
팔러먼트 광장
Parliament Square
철철 상
빅 벤
Big Ben
웨스트민스터 홀
Westminster Hall
국회 의사당
Houses of Parliament

Bunhill Fields
치터 하우스
Charter House
Barbican
Exhbition Hall
바비컨
Barbican
패링턴역
Farringdon Sta.
Farringdon Rd.
바비컨역
Barbican Sta.
Beech St.
세인트 존 St.John
바비컨 센터
Barbican Centre
바비컨 아트 갤러리
Barbican Art Gallery
바비컨 홀
Barbican Hall
바비컨(극장)
Barbican
패브릭 N
센트럴 마켓
Central Markets
West Smithfield Long Lane
Aldersgate St.
St. Giles
Cripplegate
세인트 바솔로뮤 교회
St. Bartholomew the Great
무어게이트역
Moorgate Sta.
이 올드 마이터 Ye Olde Mitre
클럽 가스콘
런던 박물관
Museum of London
시티
City
예루살렘 태번
Jerusalem Tavern
London Wall
시티 월
City Wall
Wall
Moorgate
Farringdon St.
세인트 바솔로뮤 병원
St. Bartholomew's Hospital
길드홀 갤러리
Guildhall Galleries
시티 템스링크역
City Thameslink Sta.
Newgate St.
길드홀
Guildhall
Gresham St.
중앙 형사 재판소
Old Bailey
잉글랜드 은행 박물관
증권 거래소
Stock Exchange
세인트 폴스역
St. Paul's Sta.
치프사이드
Cheapside
잉글랜드 은행
Bank of England
피터노스터 스퀘어
Paternoster sq.
New Bridge St.
세인트 폴 대성당
St. Paul's Cathedral
세인트 매리르보 교회
St. Mary le Bow Church
뱅크역
Bank Sta.
Cornhill
시티 오브 런던
유스호스텔 H
런던 세인트 폴
유스호스텔 H
던
i
A   B
C   D
맨션 하우스
Mansion House
미트라스 템플
Temple of Mithras
King William St.
시티 오브 런 관광 안내조
City of London Information Centre
Queen St.
세인트 스티븐 월브룩
St. Stephen Walbrook
Tudor St.
Queen   Victoria   St.
맨션 하우스역
Mansion House Sta.
Cannon St.
머메이드 시어터(극장)
Mermaid Theatre
Upper   Thames   St.
캐넌 스트리트역
Cannon St. Sta.
블랙프라이어스역
Blackfriars Sta.
밀레니엄 브리지
The Millennium Bridge
새뮤얼 피프스 R
템스 강
River Thames
서더크 브리지
Southwark Bridge
블랙프라이어스 브리지
Blackfriars Bridge
밀레니엄 마일
Millennium Mile
셰익스피어 글로브 극장 & 박물관
Shakespeare Globe Theatre & Exhibition
Sea Containers House
뱅크사이드 갤러리
Bankside Gallery
골든 하인드호
Golden Hinde
Hopton St.
Holland St.
테이트 모던
Tate Modern
로즈 극장터
Blackfriars Rd.
Park St.
런던 브리지역
London Bridge Sta
Stamford St.
Sumner   Park   St.
서더크 관광안내소
서더크 대성당
Southwark Cathedral
Hatfields
홀리데이 인 익스프레스
비노폴리스 시티 오브 와인
Vinopolis City of Wine
Southwark Cathedral i
서더크
Southwark
프리미어 트래블 인/런던 서더크 H
Southwark St.
버러 마켓 Borough Market
더 앵커 & 호프 The Anchor & Hope
브라마 홍차 & 커피 박물관
Brama Museum of Tea & Coffee
런던 (시티)
City
N
이스트역
East Sta.
서더크역
Southwark Sta.
The Cut
Union   St.   Rd.
0   200m

런던 (나이츠브리지)
Knightsbridge
0   200m

N

Kensington   Rd.
알렉산드라 게이트

Exhibiton Rd.
Ennismore Gdns.

그니스코 폴스키

프린스 가든스
Prince's Gdns.

과학 박물관
브롬프턴 예배당
Brompton Oratory

빅토리아 앤드 앨버트 미술관
Victoria and Albert Museum

렘브란트 H

프랭클린
에거턴 가든
Egerton Gdn.

서로 스퀘어
Thurloe Sq.

켄징턴 하우스

사우스 켄싱턴역
South Kensington Sta.

Pelham   St.

펠럼 크레스트
Pelham Crescent

온슬로 스퀘어
Onslow Sq.

Fulham   Rd.

Elystan   St.

Cale   St.

로열 마스던 병원
Royal Marsden Hospital

브롬프턴 체스트 병원
Brompton Chest Hospital

시드니 하우스

세인트 루크 교회
St. Luke's Church

로열 브롬프턴 병원
Royal Brompton Hospital

첼시 스퀘어
Chelsea Sq.

첼시 가

Old Church St.

첼시 대학

첼시 예술 대학
Chelsea Sch. Art

칼라일 스퀘어
Carlyle Sq.

매놀로 블래닉 S

블루버드 S

폴턴 스퀘어
Poulton Sq.

칼라일의 집
Carlyle's House

Brompton Rd.
브롬프턴 로드

월턴 스트리트

Walton St.
월턴 스트리트

Piccadilly Line

Hans Rd.

나이츠브리지 그린 H
나이츠브리지역
Knightsbridge Sta.

해러즈 Harrods

보퍼트 H

비첨 플레이스
Beauchamp Pl.

57 폰트 스트리트 H

한스 플레이스
Hans Pl.

Pont   St.

레녹스 가든스
Lennox Gardens.

Milner   St.

캐피털 H

밀레니엄 첼시 H

Sloane   St.
슬론 스트리트

Cadogan   Pl.

하비 니클스
쉐라톤 파크 타워 H S
배질 스트리트 H

디너 바이 헤스턴 블루멘탈
Dinner by Heston Blumenthal

하얏트 론데스 H
벨그레이브 스퀘어
Belgrave Sq.

하얏트 칼턴 타워 H

커더건 H

Chesham St.

커더건 스퀘어
Cadogan Sq.

서클 라인 Circle   Line

Draycott   Ave.

Cadogan   St.

11 커더건 가든스 H

런던 아트포스트 H
펜자

피터 존스

슬론 H

Sloane   Ave.

경찰서
Police Sta.

Sloane   St.

Eaton

로열 코트 S

슬론 스퀘어
Sloane Sq.

슬론 스퀘어역
Sloane Square

월렛 H

Lower   Sloane   St.

요크 공작 저택
Duke of York's H.Q.

웨스턴 홀스 앤티크 S
페이스 에이트 S

세이프웨이 S

Kings Rd.
킹스 로드

마크스 앤드 스펜서 S

Leonard's Terrace

Smith   St.

버턴스 코트
Burton's Court

Hospital   Rd.

왕립 병원
Royal Hosp

레인로 가든스
Ranelagh Gdns.

Redesdale St.

anor St.

Flood St.

ley   St.

Tite   St.

Royal   St.

고든 램지 Gordon Ramsay

라 탕트 클레르(프랑스 요리) R

국립 육군 박물관
Nat'l Army Museum

첼시 피직 가든
Chelsea Physic Garden

첼시 임뱅크먼트

Chelsea Embankment

템스 강   River Thames

London 437
런던 (메이페어)
Mayfair
0 200m
N

유스턴역 방향
Blandford
Baker
St.
듀런츠
유니온 카페 & 레스토랑
월리스 컬렉션
Wallace Collection
Manchester Sq.
링컨 하우스
St.
클리프턴 포드
Queen Anne St.
프랭클린
더 골든 하인드 The Golden Hind
위그모어 홀
Cavendish Sq.
All Souls
랭엄 힐튼

래디슨 SAS 포트먼
Portman Sq.
처칠 인터콘티넨탈
워드 리어
Wigmore St.
James St.
돈 훈안 타파스 바
스톡포트
와가마마
레스토랑 이탈리아노
셀프리지 시슬
셀프리지
Oxford St.
Bhs
존 루이스
DH 애번스
옥스퍼드 서큘역
Oxford Circus Sta.
런던 펠레이디엄
마크스 앤드 스펜서
보더스
모스틴
사보이 코트
슬 마블 아치
Orchard St.
래디슨 버크셔
데베넘스
본드 스트리트역
Bond St. Sta.
디킨스 앤드 존스
하노버 스퀘어
Hanover Sq.
Gt. Marlborough St.
리버티
벌랜드
마크스 앤드 스펜서
로라 애슐리
그레이스 앤티크 마켓
브라운스
사우스 몰턴 스트리트
South Molton St.
New Bond St
펜윅
Carnaby St.
Regent St.
메이즈 Maze
North Audley St.
Green St.
런던 메리어트
Davies St.
클라리지스 호텔 Claridge's Hotel
(애프터눈티)
Maddox St.
소더비
Conduit St.
버버리
카스 코너
eaker's Corner
Grosvenor Sq.
그로브너 스퀘어
미국 대사관
Grosvenor
St.
웨스트버리
Bruton St.
오스틴 리드
Upper Brook St.
Upper Grosvenor St.
리시(티룸)
South St.
오드리
밀레니엄 브리태니아 메이페어
A B
그로브너 하우스
Mount St.
Park Lane
Audley St.
C D
Berkeley Sq.
브라운스 호텔 Brown's Hotel
(애프터눈티)
왕립 미술원
Royal Academy
Berkeley St.
더 울슬리
The Wolseley
메이페어 인터콘티넨털 런던
토머스 구드
더 체스터필드 메이페어 Chesterfield Mayfair
(애프터눈티)
홀리데이 인
런던 메이페어
도체스터
Charles St.
워싱턴
펜턴
미라벨
St. James's
타마린드
Curzon St.
플래밍스 메이페어
그린 파크역
Green Park Sta.
힐튼 런던 뮤스
알 술탄
그린 파크
제임스 클럽
베리 브로스 앤드 루드
스태퍼드
런던 힐튼
더 리츠 런던
The Ritz London(애프터눈티)
듀크스
음악당
Bandstand
엘 피라타
메트로폴리탄
애서니움
파크 레인 호텔 쉐라톤
스펜서 하우스
Spencer House
WC
퀸 엘리자베스 게이트
포 시즌스
인터콘티넨털 런던
일본 대사관
그린 파크
Green Park
세인트 제임스 궁전
St. James's Palace
로즈 가든
앱슬리 하우스
Apsley House
WC
웰링턴 박물관
Wellington Museum
랭커스터 하우스
Lancaster House
앨버트 게이트
하이드 파크 코너역
Hyde Park Corner Sta.
웰링턴 아치Wellington Arch
버킹엄 궁전 티켓 판매소
Knightsbridge
버클리
레인즈버로우 호텔
Lanesborough Hotel
(애프터눈 티)
퀸 빅토리아 기념비
Queen Victoria Memorial
니클스
핼킨
버킹엄 팰리스 가든스
Buckingham Palace Gdns.
Grosvenor Place
버킹엄 궁전
Buckingham Palace

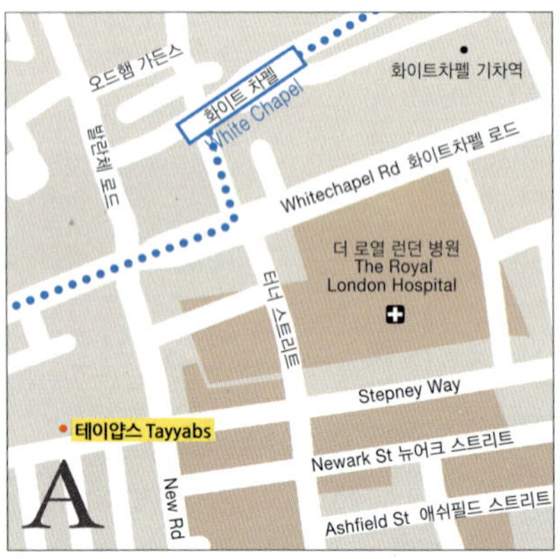
오드햄 가든스
화이트 차펠
White Chapel
화이트차펠 기차역
블릭제 로드
Whitechapel Rd 화이트차펠 로드
더 로열 런던 병원
The Royal
London Hospital
테너 스트리트
Stepney Way
테이얍스 Tayyabs
Newark St 뉴어크 스트리트
New Rd
Ashfield St 애쉬필드 스트리트
A

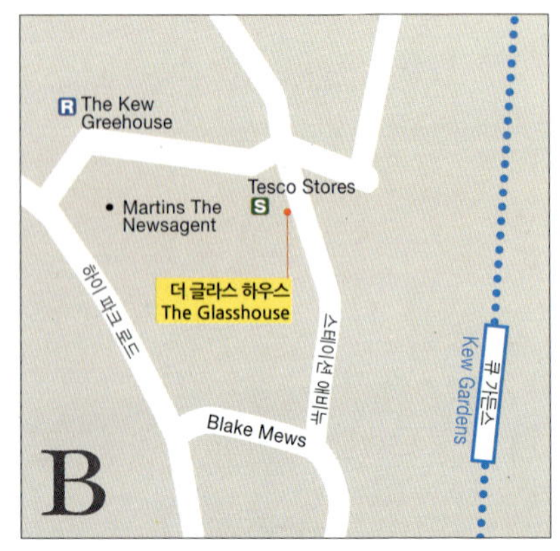
The Kew
Greehouse
Tesco Stores
Martins The
Newsagent
하이 파크 로드
더 글라스 하우스
The Glasshouse
스테이션 애비뉴
Blake Mews
Kew Gardens
큐 가든스
B

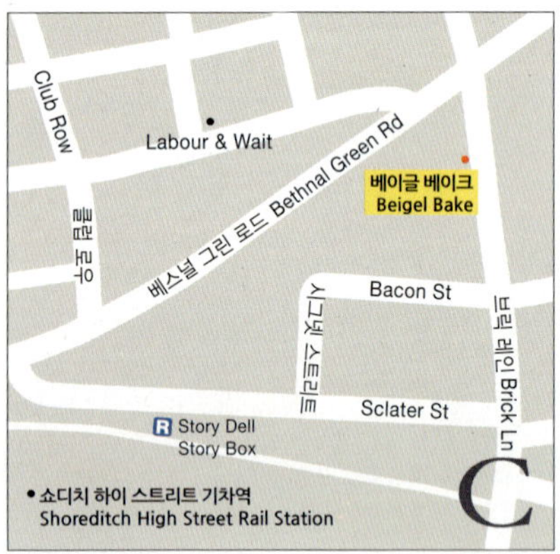
Club Row
Labour & Wait
베스널 그린 로드 Bethnal Green Rd
베이글 베이크
Beigel Bake
클럽 로우
Bacon St
스클렛 스트리트
브릭 레인 Brick Ln
Sclater St
Story Dell
Story Box
쇼디치 하이 스트리트 기차역
Shoreditch High Street Rail Station
C

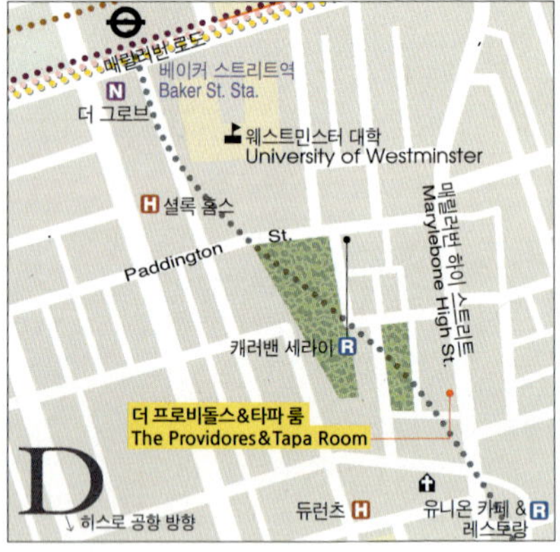
매럴러번 로드
베이커 스트리트역
Baker St. Sta.
더 그로브
웨스트민스터 대학
University of Westminster
셜록 홈스
매럴러번 하이 스트리트
Marylebone High St.
Paddington St.
캐러밴 세라이
더 프로비도스&타파 룸
The Providores&Tapa Room
히스로 공항 방향
듀런츠
유니온 카페 &
레스토랑
D

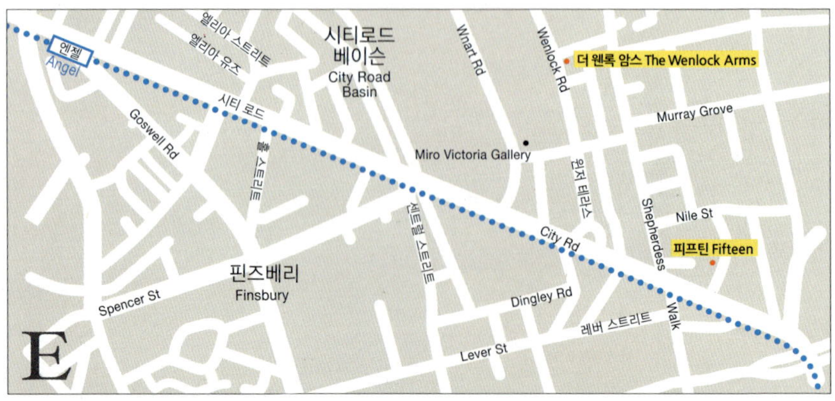
엔젤
Angel
엘리아 스트리트
엘리아 유즈
시티로드
베이슨
City Road
Basin
Wnart Rd
Wenlock Rd
더 웬록 암스 The Wenlock Arms
시티 로드
Goswell Rd
Murray Grove
Miro Victoria Gallery
윈저 테라스
Shepherdess
Nile St
City Rd
핀즈베리
Finsbury
세실 스트리트
피프틴 Fifteen
Spencer St
Dingley Rd
Lever St
레버 스트리트
Walk
E

INDEX

ㅁ

ㅂ

ㅈ

여행이 즐거워지는 유럽 식당 가이드

유럽의 맛집

2011년 12월 2일 초판 1쇄 발행
2014년 9월 15일 초판 3쇄 발행

지은이 | 김보연
발행인 | 이원주
발행처 | (주)시공사
출판등록 | 1989년 5월 10일(제3-248호)

주소 | 서울특별시 서초구 사임당로 82(우편번호 137-879)
전화 | 편집(02)2046-2847 · 영업(02)2046-2800
팩스 | 편집(02)585-1755 · 영업(02)588-0835
홈페이지 | www.sigongsa.com

ISBN 978-89-527-6355-6 14980